实用畜禽饲料配方手册

赵昌廷　编著

中国农业大学出版社

图书在版编目（CIP）数据

实用畜禽饲料配方手册/赵昌廷编著．－北京：中国农业大学出版社，1996.9
ISBN 7-81002-781-6

Ⅰ．实…　Ⅱ．赵…　Ⅲ．饲料-配方-手册　Ⅳ．S816-62

中国版本图书馆 CIP 数据核字（96）第 06814 号

责任编辑　孟　梅
封面设计　郑　川

出　版	中国农业大学出版社
发　行	
经　销	新华书店
印　刷	北京丰华印刷厂
版　次	1996 年 9 月第 1 版
印　次	2000 年 9 月第 3 次印刷
开　本	16　11 印张　274 千字
规　格	787×1092
印　数	11001～16000
定　价	15.00 元

内 容 简 介

本书共六章和附录部分。第一章概述了饲料配方技术及其应用中存在的问题和制定饲料配方应掌握的基本原则。第二章概述了常用饲料分类及其在畜禽饲料配方中的大致配比范围。详细介绍了饲料配方设计的基本步骤以及某些原料(如鱼粉、粗饲料等)用量的控制方法。第三章详细介绍了饲料配方的使用以及典型配方的借鉴方法,从营养水平调整、原料品种调整和原料配比调整三方面进行了列举。其中畜禽饲料配方常用原料增减比例表的制定与使用方法为饲料配方的设计和调整提供了更简捷的途径,并在第四、五、六章的禽、畜、水产动物饲料配方设计与使用的介绍中做了必要的列举。

附录部分主要介绍了饲料去毒和饲料掺假的简易识别方法,畜禽粪便再生饲料的制作与使用,以及饲养标准和常用饲料成分等。

本书对常规配方计算技术做了较大改进,内容更通俗实用,可供饲料厂、饲养场(户)和畜牧专业师生参考。

前　言

我国的畜牧业生产主要分布于广大乡村。随着大批养殖大户、专业户的涌现，饲养业开始向规模化、效益型发展，带动了饲料工业的兴起，从而加快了配合饲料饲喂畜禽技术的推广普及，给养殖户带来可观的收益。但是，饲料搭配不合理仍成为制约养殖效益进一步提高的重要环节，其中饲料配方的计算就是一大难题。由于电子计算机配方技术的应用受到一定的条件限制，而常用的"试差法"需反复调整、计算。因此，一般均采用经验配方或借鉴典型配方配制畜禽饲粮，不分品种、不考虑畜禽的生长和生产的不同阶段，造成很大的饲料浪费，并因原料配比不当造成某些代谢性疾病的发生，经济损失严重。为此，笔者将自己多年来研究的结果和收集的有关资料整理成册，奉献给同行和从事饲养业的农民朋友。

本书以多元线性方程组作为设计家畜、家禽和水产动物饲料配方的数学模式，应用二阶、三阶和四阶行列式求解，无论手算，还是借助电子计算器计算，均比常规计算方法速度快，求值准确，并且考虑营养指标多。配方设计与使用是贯穿全书的基本内容，在饲料配方设计方面详细介绍了方程设计的基本步骤；以"试差"或"定量"与简单方程相结合的计算步骤；以及如何用目标值控制某些原料用量的计算步骤，可根据具体需要灵活掌握和运用。在饲料配方使用方面详细介绍了如何借鉴典型配方；如何调整营养水平、原料品种及配合比例，以指导养殖户在使用饲料配方的过程中应适时、适情，予以适当的调整，不可生搬硬套。尤其是饲料配方常用原料增减比例表的制定，使饲料配方人工计算技术更据有配料多样化、应用灵活、方便、实用的特点。作为工具书可参照书中的配方和调整示例变化配方原料、调制畜禽饲粮，又可参考介绍的方法、步骤制定新的饲料配方和原料增减比例表，所以适用于不同文化层次的需要。

附录部分介绍的饲料去毒和饲料掺假识别，方法简便、实用，能较好地帮助养殖户控制饲料质量。介绍的畜禽粪便再生饲料的制作与使用，旨在指导养殖户走综合养殖的路子，增强抵御市场冲击的能力。收集的饲养标准的资料种类较齐全。饲料成分的通用部分为中国饲料数据库最新公布的数据，很有参考价值。

在北京农业大学出版社诸位老师的指导和支持下，本书得以顺利面世，特此表示感谢。

在编写过程中，虽然参阅了大量的最新研究论著，但由于自己水平所限，书中肯定存在不足之处，敬请读者指正。

赵昌廷

1996 年 1 月

（地址：山东省垦利县中心路 2 号，邮编：257500）

目　录

第一章 概 述

一、饲料配方技术及其应用中的问题

（一）饲料配方技术的推广应用概况

饲料配方饲喂畜禽技术的推广应用,改变了饲料单一的传统饲喂方式,促进了农村养殖专业户的兴起,饲养数量由百只、千只乃至数万只,规模不断扩大,发展后劲十足,经济效益有了很大提高,推动了我国畜牧业的快速发展。近几年来,随着电脑优化配方技术被各大型和部分中型畜牧场、饲料加工厂采用,使配合饲料产品在品种和质量方面都有很大改善,年产量大幅度提高,1992 年的配合饲料和混合饲料产量已达 3800 万吨,为我国畜牧业向专业化、规模化、效益型转化奠定了物质基础。

但是,我国是一个农业大国,经济发展很不平衡,分布在广大边远地区的中、小型饲养场、饲料厂由于受经济和技术条件的限制,仍然延用"试差法"等常规配方技术设计饲料配方,产品品种单一,质量低劣,起不到配合饲料应有的作用。而农村广大的养殖专业户和饲养大户则主要是借鉴典型饲料配方或凭经验配合畜禽饲粮。不分品种,不考虑畜禽的生长和生产的不同阶段,延用一个配方;或一个配方长期使用,造成很大的饲料浪费,并常造成某些营养性和代谢性疾病的发生,经济损失严重。因此,饲料搭配不合理仍为制约农村养殖业经济效益进一步提高的重要环节。

（二）常用饲料配方技术存在的问题

目前,我国使用的饲料配方设计与计算方法很多,但在实际应用中各有其利弊。如试差法是最常用的配料方法,先根据经验粗略地编制一个配方,然后依据饲养标准多去少补,反复计算,逐项调整,直到所有营养指标基本符合或接近饲养标准为止,十分繁琐。对角线法虽然简单,但只适用于饲料品种少、指标单一的配方计算。而联立方程法虽然条理明晰、以计算为主,但当饲料原料种类和营养指标增多时计算复杂,有时不易得到正常值。

电脑优化配方技术可帮助人们在短时间内完成复杂的数学处理过程,可配制出全价、低成本的饲料配方。但是,电脑软件设计时输入的营养标准、饲料营养成分含量等都是以某一确定值输入的,而实际情况往往是难以确定的,如能量、蛋白质指标须随着环境温度变化而适时增减;饲料原料的养分含量因品种、来源、质量等级不同而有差异;有时并不能仅仅通过增减一定的安全系数便能解决。此外,也不能考虑配合饲料的容积和适口性。总之,一切对畜禽不利的因素都不能在电脑配方设计过程中得到调整,而只有通过人的知识和经验加以解决。将来即使电脑发展到能模拟人的大脑进行工作,但也不能完全代替人脑;即使电脑配方技术完全普及,也不可能完全代替人工计算,有时电脑给出的数据还须要人工辅助分析和调整。

(三) 线性方程设计饲料配方的特点

电脑优化设计饲料配方最常用的数学模型是线性规化法,可使用多种原料,同时计算满足能量、蛋白质、钙和磷、赖氨酸、蛋氨酸、胱氨酸等多种营养指标的全价饲料配方,并且是最低成本的配方。而采用手工计算饲料配方,由于计算能力(计算的方式和速度)的局限性,要同时快速、准确地完成较复杂的计算是不可能的。但是,将行列式解二元、三元、四元线性方程组的数学原理,应用于畜禽饲料配方的计算过程,设计出一套较完整的计算步骤,可较好地弥补常规手工计算方法的某些不足之处。其特点:

1. 通过将配方原料分类编组自成比例,使原料品种多样化,并控制于比较适宜的配比范围之内。

2. 通过增减方程目标值(即营养指标),以控制相应的配方原料的用量。

3. 欲调整饲料配方的某项营养指标,只要对原方程的计算步骤作相应的修正,即很快求得新的饲料配比。

4. 求出常用饲料的增、减比例,以便于饲料原料的加入、替代或配合比例的随时调整。

5. 应用灵活,实用性强。借助微型计算器计算,求值更为快速、精确。

行列式解线性方程的数学原理见附录。

二、制定饲料配方应掌握的基本原则

(一) 必须以饲养标准为依据

饲养标准中规定了对不同种类、性别、年龄、体重、生产用途以及不同生产性能的畜禽,在正常生理状态下,应供给的各种营养物质的需要量,即营养指标。如种用后备畜禽需要供给较低的能量,而育肥畜禽则需要供给较高的能量;幼龄畜禽需要较多的蛋白质、维生素,而老龄畜禽则蛋白质需要量降低。设计饲料配方时,先要根据饲养动物有针对性的选择饲养标准,然后依据饲养标准提供的各项主要营养指标为参数,选择相应的饲料原料。如设计肉仔鸡的饲料配方则参考肉仔鸡的饲养标准,选择适口性好,消化利用率高,蛋白、能量值均较高的原料。从而使饲料配方设计有了明确的目标,使原料选择避免了盲目性。凡是设计合理的饲料配方,无论使用的饲料原料有多少种,都是以饲养标准所提供的营养指标为依据的,所以能表现出良好的饲喂效果。

但是,再完善的饲养标准也只能反映畜禽对各种营养物质需要的近似值,其内容和数值都是针对某种特定动物而言,并且具有特定的环境等因素。所以,使用饲养标准时要灵活变通,根据本场的饲养管理条件、饲料资源及质量情况、畜禽健康状况等,予以适量的调整。

(二) 要注意营养的全面和平衡

配合饲料不是各种原料的简单组合,而是一种有比例的复杂的营养配合。这种营养配合愈接近饲养对象的营养需要,愈能发挥其综合效应。为此,设计饲料配方时不仅要考虑各营养物质的含量,还要考虑各营养素的全价性和平衡性。营养物质的含量应符合饲养标准;营养素的全价性即各营养物质(如能量与蛋白质;氨基酸与维生素;氨基酸与矿物质等)之间以及同类营养物质(如氨基酸与氨基酸;维生素与维生素)之间的相对平衡,否则就影响饲粮的营养性。若饲粮中能量偏低而蛋白质偏高,动物就会将部分蛋白质降解为能量使用,从而造成蛋白质饲料的浪费;若赖氨酸偏低会限制其他氨基酸的利用,从而影响体蛋白的合成;若钙含量过高会阻碍磷和锌的吸收。因此,在制定饲料配方时要充分考虑各营养物质的全面性和平衡性,不足部分必须用添加剂补足。应指出:添加合成氨基酸时要注意其生物活性,如L-赖氨酸盐酸盐的生物活性是L-赖氨酸的78.8%;DL-色氨酸的相对生物活性,对猪为L-色氨酸的80%;对鸡为50%~60%,计算饲料配方时应进行效价换算。

(三)就地取材开发饲料资源

制定饲料配方应尽量选择资源充足、价格低廉而且营养丰富的原料,尽量减少粮食比重,增加农副产品以及优质青、粗饲料的比重。譬如利用玉米胚芽饼、粮食酒糟等替代部分玉米、稻谷等能量饲料;利用脱毒棉仁饼、菜籽饼、芝麻饼、苜蓿粉等替代部分大豆饼、鱼粉等价格昂贵的蛋白质饲料;糠麸、茎蔓、优质牧草等只要因饲养对象而合理使用,对节约精料、降低成本都会产生良好效果。

(四)多种原料的合理搭配与安全性

饲料的合理搭配包括两方面的内容,一是各种饲料之间的配比量,二是各种饲料的营养物质之间的互补作用和制约作用。饲粮中各种原料的配比量适当与否,可关系到饲粮的适口性、消化性和经济性。如粗纤维含量高的饲料用量过多会影响其他饲料营养物质的消化和吸收,鱼粉用量太高会增加成本,降低养殖效益。多种饲料搭配使用可发挥各种营养物质的互补作用,有效地提高饲料的生物学价值,提高饲料的利用率。经喂猪试验表明,玉米蛋白因缺乏色氨酸和赖氨酸,其生物性价值仅51%;而单用肉骨粉,其生物学价值也仅42%。但采用两份玉米配合一份肉骨粉,则生物学价值不是两者的平均数,而是61%,提高了饲料蛋白质的利用率。

饲料的安全性指畜禽食后无中毒和疾病的发生,也不致于对人类产生潜在危害。如棉仁饼含有对单胃动物有害的游离棉酚,利用前应采取脱毒处理;被病畜禽以及农药、工业废水等污染的饲料、严重霉变的饲料均不可利用。

(五)要考虑畜禽的消化生理特点

以草食为主的牛、羊、兔等可大量利用青、粗饲料。而以籽食为主的猪、鸡等要控制粗纤维含量高的饲料的用量。尤其是生长快、生产性能高的畜禽更要严格限制饲粮中的粗纤维含量,否则就会延长饲养周期,增加饲养成本。一般鸡的饲粮中粗纤维含量宜控制在4%以下,仔猪5%以下、生长猪8%以下,生产牛13%~24%。

(六)配方原料及营养指标要适时调整

饲料原料和饲养标准虽然是制定畜禽饲料配方的重要依据,但总有其适用的条件,任一条件的改变都可能引起动物对营养需要量的改变。根据变化了的条件随时调整营养指标中的有关养分的含量,或调整某些原料的配比是十分必要的。如高温季节动物采食量减少,应适量提高饲粮的各项营养水平,以补充因饲料摄入减少而造成的能量、粗蛋白质及氨基酸等主要营养物质的不足所导致的生产性能降低。而寒冷季节动物采食量增加,则应提高饲粮的能量水平,以补充因寒冷所造成的能量消耗的增加,从而降低饲料消耗。

当饲料的质量、价格发生变化时;当对畜禽的饲养管理方式改变时,如家禽由平养改为笼养;或当发生某些传染病以及营养代谢性疾病时,都要适当调整饲料配方中有关原料的配合比例或某一营养指标的含量。

对饲料配方适时调整的目的,就是为了使所设计的饲料配方能调制出在营养方面可满足需要,在价格方面比较低廉,且适口性和消化利用率均佳的配合饲料。

(七) 借鉴典型配方不可生搬硬套

典型饲料配方的推广应用对改变我国传统的饲喂畜禽方式、提高广大养殖专业户的经济效益和推动我国畜牧业的迅速发展起了积极作用。

典型饲料配方之所以受广大农民朋友的欢迎,就在于其实用性强,可视畜查方,照方配料,一不用计算原料配比多少,二不用核算营养指标余缺,为饲养户尤其是初学者提供了方便。但是,典型饲料配方是在特定的饲养方式和饲养管理条件下产生的,原料的来源比较稳定,质量比较有保障。因此,配方中所提示的营养值和饲喂效果对不同情况的饲养户来说肯定具有一定的差异,借鉴时不宜生搬硬套。应根据各自的实际情况和所用原料的实际营养成分含量对典型配方提示的营养值进行复核、调整后方可使用。

典型饲料配方最大的优点是原料选择一般比较合理,尤其更适用于本地区的饲料来源,原料的配合比例均在较适宜的范围之内,参照选择原料可避免盲目性。

第二章 饲料原料、饲养标准与配方设计

满足畜禽在不同生理状态下对各种营养物质的需要,离不开饲料原料、饲养标准和饲料配方三大要素。其中饲料原料是畜禽生命活动的物质基础,是通过实验室分析的手段确定的;饲养标准是畜牧科技工作者通过科学试验和大量的生产实践,加以总结的结果。二者都以表格的形式表现,为计算饲料配方参考时提供了方便。

设计饲料配方要以《饲料成分及营养价值表》为准绳,以《饲养标准》为依据,二者缺一不可。

一、常用饲料原料

(一) 饲料分组及营养特性

国际饲料分类法根据饲料的营养特性,将饲料分为粗饲料、青绿饲料、青贮饲料、能量饲料、蛋白质补充饲料、矿物质、维生素和饲料添加剂 8 大类。中国饲料分类法首先根据国际饲料分类原则将饲料分成 8 大类,然后结合中国传统饲料分类习惯分为青绿饲料类、树叶类、青贮饲料类、块根(块茎、瓜果)类、干草类、农副产品类、谷实类、糠麸类、豆类、饼粕类、糟渣类、草籽树实类、动物性饲料类、矿物质饲料类、维生素饲料类、添加剂及其他 16 亚类。为了便于饲料配方设计和多元素方程的组成,将饲料试作以下分组。

1. 能量饲料:按饲料分类标准,饲料干物质中粗纤维含量小于等于18%、粗蛋白质含量小于20%的均属能量饲料。

(1) 谷实类:此类饲料主要包括玉米、高粱、大麦、小麦、稻谷等,含有效能值高、消化性好、粗纤维含量除大麦、燕麦等外均低,是畜禽配合饲料中最主要的能量原料。其中黄玉米对家禽的肤色、脚色及蛋黄色有良好的着色效果,且用量大。但猪用玉米过量会增加体内脂肪沉积,影响肉的品质,瘦肉率减少。玉米因含玉米角质淀粉,鱼类对其消化利用率比麦类谷物差很多,可造成胃胀、肠及肛门阻塞而导致死亡。

高粱含有较高的单宁,不但适口性差,而且能降低蛋白质及氨基酸的利用率。单宁具有涩肠止泻的作用,宜用于有腹泻症候的动物。大麦、小麦粉碎太细会因粘嘴而降低适口性,用量都不宜太多。

(2) 糠麸类:此类饲料主要包括小麦麸、大麦麸、米糠、高粱糠等,是谷物加工的副产品。与原粮成分相比,粗蛋白质、粗纤维、维生素尤其是 B 族维生素及矿物质含量均有所提高,而能量降低,容积增大。小麦麸含有较多的植酸磷。植物中的植酸磷吸收率很低,但因小麦麸中含有植酸酶可分解植酸磷而提高吸收率。麸皮是畜禽的磷源饲料,又可为家畜尤其是牛、羊的能源饲料。俗称麸皮属阴性凉,不易喂怀孕母畜;其实是小麦麸的轻泻作用,能通肠润便,是种猪的良好饲料。

还有一些糠类用量要少或仅作粗饲料用。如高粱糠含较多的单宁,多用易引起便秘;砻糠、

统糠的粗纤维含量很高,难消化,营养价值极低,仅可作牛、羊的粗饲料。

(3)油脂类:包括猪油、牛油、羊油等动物油脂和大豆油、花生油、棉籽油、菜籽油等植物性油脂,是动物的高热能和必需脂肪酸的重要来源之一。主要用于仔禽、幼猪和某些经济动物,可提高配合饲料的能量水平,改善饲料利用率,促进脂溶性维生素的吸收。添加油脂可提高饲料的适口性,调节采食量,促进增重和抗病能力,提高成活率。

动物油和植物油混合使用,因脂肪酸之间的互补作用可提高其利用率。未经脱毒处理的棉籽油、菜籽油、蓖麻油以及变质的油脂均不可喂饲动物。

(4)块根类:植物块根经切片、晒干、粉碎后作饲料的主要有甘薯、木薯等。薯类含淀粉量高,而蛋白质含量很低且品质不佳;含氨基酸不完全,缺乏蛋氨酸和胱氨酸。适口性差,在鸡、猪饲粮中用量要少,但可作为牛、羊的主要热能来源。

木薯含有氢氰酸,对生长猪的影响较大,可通过加热、干燥、水煮除去。甘薯含有抗胰蛋白酶,可阻碍蛋白质消化;并含有生长抑制因子,加热均能消除。

萝卜、胡萝卜为多汁块根饲料,可鲜贮至冬春季节后作家畜的维生素补充饲料。萝卜具有宽肠行气、增强食欲,帮助消化的功效。胡萝卜富含胡萝卜素,在动物体内转化为维生素A。

2.蛋白质饲料:按饲料分类标准,饲料干物质中粗纤维含量小于等于18%,粗蛋白质含量大于等于20%的均属蛋白质饲料。根据来源不同分为动物蛋白质饲料、植物蛋白质饲料、单细胞蛋白质饲料和非蛋白质含氮物等。它们是动物生长、发育、繁殖、产肉、蛋、奶所需的重要营养物质。

(1)植物蛋白质饲料:此类饲料主要包括豆类、饼粕类、玉米蛋白粉等,是一般畜禽配合饲料中的重要原料。其中以处理好的大豆及其饼粕含蛋白质较高,品质最好,消化利用率高,是各种动物均可使用的优良蛋白质源饲料。而处理不良的生大豆及其饼粕含有抗营养因子,喂禽可导致腹泻、发育受阻、产蛋下降。但牛可有效利用未处理的饼粕。棉仁粕不经处理含有害物质棉酚较多,幼畜禽和种畜禽慎用。而反刍动物对棉酚几乎无毒性反应,是良好的蛋白质饲料,可适当提高用量。菜籽饼粕含三种有害成分,即芥子酸、芥子酶和单宁。芥子酸可使动物的脂肪代谢异常;芥子酶可致甲状腺肿大。单宁的含量因品种而异,高的可超过褐高粱的单宁含量。菜籽饼作为饲料原料应先脱毒处理,并适当控制用量。

花生饼粕最易感染霉菌而产生黄曲霉毒素,贮存不当易引起中毒。雏鸡不宜使用,成鸡控制在4%以下。但感染霉菌的花生饼粕经氨处理去毒后可饲喂牛、羊。

芝麻粕因加热过度而有焦糊味使适口性变差,并且造成维生素损失、各种氨基酸的生物学价值降低,使用时应注意。

(2)动物蛋白质饲料:此类饲料主要包括鱼粉、肉骨粉、血粉、羽毛粉、皮革粉、蚕蛹粉等。其中以鱼粉的使用面最广,用量最大,生物学价值最高。在禽和猪的饲粮中有鱼粉作原料,可提高饲料的适口性,改善饲料报酬,促进生长,提高生产性能,这种作用对于幼龄猪、禽更为显著。但加热不当的产品会产生糜烂素,有时鸡的饲粮中加入6%以上就有发生肌胃糜烂的可能。而鱼饵料中的鱼粉用量高达50%左右。肉骨粉富含钙、磷;血粉富含赖氨酸;羽毛粉的含硫氨基酸含量较高,可促进羽毛生长。这些饲料可提供一定量的蛋白质,且价格较低,适量选用有利于降低饲料成本。

此外,虾糠含有虾红素,有助于鸡脚胫、蛋黄以及虾类的着色,可适量选用。蚕蛹粉富含蛋氨酸、赖氨酸、色氨酸和B族维生素,主要供鱼饲料使用。

6

（3）单细胞蛋白质饲料：此类饲料主要为酵母菌等有益细菌经发酵制成的菌体蛋白粉，粗蛋白质含量高，脂肪含量很低，维生素含量比较丰富，并含有未知生长因子，有促进动物食欲、促进生长的作用，可替代 50％的鱼粉选用。

（4）非蛋白氮：非蛋白氮为蛋白质以外的含氮化合物。主要有尿素、缩二尿等。反刍动物瘤胃内的微生物可利用尿素等含氮化合物分解的氨，生产菌体蛋白作为自身的蛋白源。1 千克尿素（含氮量 45％以上）喂牛，相当于提供 2 千克可消化粗蛋白质。但使用应逐渐增加用量，经过 3 周以后才可完全改用含尿素的配合饲料。

3. 粗饲料：按饲料分类标准，干物质中粗纤维含量大于等于 18％的均属粗饲料。包括牧草、青干草、树叶、统糠以及植物的藤、蔓、秸、秧、荚、壳、叶等，主要作为草食家畜的饲料。其优质牧草粉（如苜蓿、三叶草粉）、叶粉（如刺槐叶粉、苋菜叶粉）可作为家禽的饲料以替代糠麸类饲料。苜蓿草粉、刺槐叶粉是维生素的良好来源，并含有未知生长因子和黄色素，少量使用有促进生长和促进蛋黄着色的作用。

粗饲料含有较高的粗纤维。粗纤维只有在反刍动物的瘤胃内被微生物分解利用，而在其它畜禽胃肠内难于消化，所以其本身无营养价值，配合饲料中含量太高会影响其它营养物质的消化和吸收。但适量可刺激胃肠运动，促进营养物质的消化和吸收。

4. 糟渣类饲料：按饲料分类标准，有的属于能量饲料，如粉渣、糖渣等；有的属于蛋白质饲料，如豆腐渣、啤酒糟、酱渣等；有的属于粗饲料，如酒糟等。这一类饲料主要作为猪和反刍动物的能量和蛋白质来源，以替代部分精饲料。其干燥制品也可作为家禽饲料，但要限制用量。少量使用具有未知生长因子的效果，有促进产蛋、提高种蛋授精率和孵化率，以及减少脂肪肝发生的作用。

5. 矿物质饲料：可供饲用的常量矿物元素饲料有骨粉、贝壳粉、石粉、蛋壳粉、碳酸钙、磷酸盐类以及食盐、小苏打等。这一类饲料主要作为钙、磷、钠等元素的补充剂，一般配合饲料中缺多少补多少，过多或过少对动物均有不利影响。钙磷以 1.5～2∶1 的比例适宜。

用作饲料钙源的蛋壳粉主要为食品加工厂的废弃蛋壳，经干燥灭菌、粉碎而得。饲喂产蛋鸡，其钙的吸收利用率优于石粉，可增强蛋壳的硬度。而孵化厂废弃的蛋壳，其壳中的钙大部分被雏鸡在胚胎期所吸收，已无饲用价值。

6. 饲料添加剂：饲料添加剂的种类很多，分为营养性添加剂，如微量元素、维生素、氨基酸、胆碱等；非营养性添加剂，如抗菌保健剂、生长促进剂、调味剂、饲料防霉剂、中草药制剂等。添加剂用量少、作用大，使用时要严格掌握剂量，同时还要注意各种添加剂之间的拮抗作用。如维生素 C 水溶液呈酸性，具有强还原性，可使维生素 B_1、B_2、B_{12}和叶酸降低功效。胆碱、小苏打呈强碱性，可使多种维生素失效。微量元素也不可与维生素直接混合，混合前应先分别用载体稀释，扩大到一定量后再混合均匀，以发挥各自的作用。

（1）微量元素添加剂：微量元素是动物体必不可少的、需要量极微的营养成分，有铜、铁、锰、锌、碘、硒、钴等矿物元素，以化合物的形式存在，一般按产品说明剂量加入配合饲料，勿须一一计算。

（2）维生素添加剂：用于畜禽配合饲料的合成维生素制剂有泰国维他、维生素 AD_3 粉、维生素 B_2、维生素 K 等。复合维生素的使用量可适当高于产品指定量；单项维生素一般根据动物需要有针对性地选用。

（3）氨基酸添加剂：此类产品主要有蛋氨酸、赖氨酸和复合氨基酸等合成制剂，是补充配合饲料中氨基酸平衡的重要原料,应缺多少补多少,不可过分超量。添加时还要注意产品的纯度和生物活性以及被动物利用的效率。如蛋氨酸的纯度为 98.5％以上,而其类似物(羟基蛋氨酸钙盐等)的纯度在 90％左右。L-赖氨酸盐酸盐的生物活性为 L-赖氨酸的 78.8％;DL-色氨酸的生物活性在猪为 L-色氨酸的 80％;在鸡为 50％～60％,计算配方时应注意换算添加量。

(4) 抗生素添加剂:抗生素又称抗菌素,是防治动物疾病的重要药物之一,并有促进生长的作用。但因抗菌药物的长期、大剂量广泛应用引起了一系列的社会问题。如耐药菌株的产生,使某些抗菌药物的使用效果降低或消失,给疾病的防治带来麻烦。动物产品中的药物残留及药物对环境的污染等,对人类健康造成威胁。抗生素的合理使用应引起全社会的高度重视。

(5) 中草药添加剂:近几年来中草药添加剂发展迅速,根据其功效和用途的不同又分为清热剂、祛寒剂、补益剂、促产剂等,在畜牧生产中应酌情选用。中草药种类繁多、资源丰富,在动物保健、助长、防病治病等方面可用单味,亦可十几味配伍,变化自如、应用灵活,且微生物不易产生耐药性,对动物体副作用少,其疗效有时优于抗菌药物,应用愈来愈广泛。

(6) 生态制剂:生态制剂是由促生活菌经发酵制成的生物剂,分单菌制剂和复合菌制剂。促生活菌由健康动物的肠道分离,经人工培养而得,所以具有恢复动物肠道菌群平衡、促进消化酶和维生素合成、防止腐败菌产生毒素、提高饲料利用率、避免药物在畜体内残留和抗药性菌株产生等功效,在国外已被广泛采用。我国的生态制剂还处于实验性和应用性研究阶段,现已有促菌生、调痢生、乳酸菌 K 和枯草杆菌制剂等。其中以大连医学院用 DM_{423} 菌株制成的止痢灵和四川农业大学用 SA_{38} 菌株制成的调痢生应用较广,效果很好。

(二) 最低价格原料的选择方法

设计饲料配方的目的是要得到一个营养物质既能满足畜禽需要、适合生产要求,而成本又最低的饲粮。低成本的饲粮取决于低成本的原料,这就须要评定原料的营养成本。其方法常把能量饲料玉米和蛋白质饲料大豆饼作为饲料价格的代表,把二者各自的市价看作标准价,并以此作为基础价格,求出它们的能量和蛋白质的分配系数。计算步骤如下:

1. 计算能量和蛋白质的价格系数:已知玉米的能量(代谢能)为 3.28 兆卡/千克、粗蛋白质 8.9％;市价为 1.10 元/千克。大豆饼的代谢能为 2.52 兆卡/千克、粗蛋白质 40.9％;市价 1.60 元/千克。设能量价格系数为 x、蛋白质价格系数为 y,组成二元线性方程组:

$$\begin{cases} 3.28x + 8.9y = 1.10 \\ 2.25x + 40.9y = 1.60 \end{cases}$$

方程解:
$$\begin{cases} x = 0.2752 \\ y = 0.0222 \end{cases}$$

即能量价格系数为 0.2752,蛋白质价格系数为 0.0222。

2. 计算常用饲料的标准价和价比:用能量价格系数和蛋白质价格系数分别乘以各饲料的能量和蛋白质含量,得出各原料的能量和蛋白质的合理价格分配值,二者之和为该饲料的标准价。再将该饲料的市价除以标准价所得市价与标准价之比,简称价比。将计算方法及结果列表 2-1 以作对照。

3. 选择饲料配方原料:比较各种饲料原料的价格比值,价比为 1 的原料,表明其市价与标准价相吻合,价格合理。价比大于 1 的原料则市价高于标准价,价格较贵。价比小于 1 的原料则市价低于标准价,价格便宜。选择原料的原则是,从价比最低者开始,根据饲料的营养特性、来源余缺等确定最适用量。价比虽高，且非用不可的原料，则确定最低用量。

表 2-1　常用饲料标准价、价比对照示例

饲料	市价(元/千克)	能量(兆卡/千克)($x=0.2752$)	粗蛋白质(%)($y=0.0222$)	标准价(元/千克)	价比
玉米	1.10	$3.28x=0.9027$	$8.9y=0.1976$	1.10	1
大豆饼	1.60	$2.52x=0.6935$	$40.9y=0.9080$	1.60	1
棉仁饼	1.20	$2.16x=0.5944$	$40.5y=0.8991$	1.49	0.8
花生饼	1.40	$2.78x=0.7651$	$44.7y=0.9923$	1.76	0.8
国产鱼粉	3.80	$2.74x=0.754$	$52.5y=1.1655$	1.92	2
进口鱼粉	4.20	$2.79x=0.7678$	$62.9y=1.3964$	2.16	1.9
羽毛粉	2.40	$2.73x=0.7513$	$77.9y=1.7294$	2.48	1
酵母粉	3.60	$2.52x=0.6935$	$52.4y=1.8568$	2.55	1.4
小麦麸	0.80	$1.63x=0.4486$	$15.7y=0.3485$	0.80	1

（三）饲料的大致配比范围

用于制定畜禽饲料配方的各种原料都有一个适宜的配比范围。这个配比范围是由多方面因素决定的，主要包括畜禽的营养需要、对饲料的消化利用能力和适口性，以及饲料的营养特性、资源贫富、价格高低等方面。

譬如能量饲料中，玉米的资源丰富、适口性好，家禽用量高达 70％，而高粱因含单宁适口性差，用量仅 10％左右；在草食家畜却可占日粮的 30％。小麦麸虽适口性好，但粗纤维含量高，在肉仔鸡饲料中仅占 5％以下或不选用，而育成鸡能用到 30％；在草食家畜可做精饲料用。

蛋白质饲料中，大豆饼（粕）是家禽的基础蛋白源饲料，用量 10％～35％；而棉籽饼、菜籽饼因含有毒素、适口性差，用量仅 5％左右，但可作为反刍动物主要的蛋白质补充料。鱼粉虽是最优质的动物性蛋白质饲料，但因货源紧缺、价格昂贵，一般控制在最低用量。

粗饲料是草食家畜的主要营养来源，不饲喂精料也能维持生命；而家禽基本不能利用，喂猪也仅起填充胃肠的作用。

骨粉是家禽较好的矿物元素补充饲料，而反刍动物却不喜食，骨粉的腥味会影响其采食量，最好少用或不用。

为设计饲料配方时方便，将各种饲料在不同动物配合饲料中的大致配比范围列表和简述如下，以供参考。

1. 猪禽常用饲料大致配比范围见表 2-2。

2. 草食动物常用饲料的配比范围较宽，大部分饲料的配合比例可根据营养需要和原料资源而酌情确定。而有些饲料须限制用量，如米糠可作为能量来源，但多用因含脂肪高而易引起腹泻。全脂米糠用量为 20％以下，脱脂米糠用量为 30％左右。菜籽粕对牛适口性差，用量过多还可引起甲状腺肿大，产奶牛用量为 10％以下，肉牛用量为 10％～20％。糟渣类是反刍动物的良好饲料，但酱渣含盐量高，用量不宜超过 20％。

草食动物的矿物质补充饲料以无机盐类为主，骨粉适口性差，会因有异味而影响采食量。动物性饲料一般不使用，但种公畜用 6％以下可促进精子生成。

表 2-2 常用饲料的大致配比范围

饲料 \ 配比范围	禽 (%)				猪 (%)		
	育雏期	育成期	产蛋期	肉仔禽	生长(育肥)	后备(空怀)	繁殖(泌乳)
谷实数	65	60	60	50~70	60	40	60
玉米	35~65	35~60	35~60	50~70	40~60	20~40	40~60
高粱	5~10	15~20	5~10	5~10	10~20	20~30	10~20
小麦	5~10	5~10	5~10	10~20	10~30	10~30	10~30
大麦	5~10	10~20	10~20	1~5	10~30	10~30	10~30
碎米	10~20	10~20	10~20	10~30	10~40	10~40	10~30
植物蛋白类	25	15	20	35	20	10	15
大豆饼	10~25	10~15	10~25	20~35	10~20	5~10	10~15
花生饼	2~4	2~6	5~10	2~4	10~20	5~10	10~15
棉(菜)籽饼	3~6	4~8	3~6	2~4	5~10	10~15	2~4
芝麻饼	4~8	4~8	3~6	4~8	5~10	5~10	5~10
动物蛋白类	10以下(珍禽10左右)				6以下		
糠麸类	5以下	10~30	5以下	10~20	10~20	10~20	
粗饲料	优质苜蓿粉5左右				10~20	20~30	10~20
青绿青贮类	青绿饲料按日采食量的10~30				占精料量的30~50		
矿物质类	1.5~2.5	1~2	6~9	1~2	1~2	1~2	2~3

3. 鱼虾类饵料配方中以蛋白质饲料为主,其中动物性饲料约占50%左右,且主要为优质鱼粉。植物性蛋白质饲料主要为大豆饼粕,草食性鱼类对其消化性好,可增加用量。酵母粉的使用量为5%~10%,可替代部分鱼粉。

大麦、小麦、糠麸是鱼类较好的饲料,一般用量为10%左右,糠麸用量在草食性鱼类可达10%~30%,糟渣类亦可酌量使用。油脂的用量为3%左右,可有助于蛋白质的消化利用。

分组原料的百分比确定:

应用线性方程设计多种原料的饲料配方时,须要按各种原料的营养特性分组并自成比例。这个"比例"是以本组原料在饲料配方中的大致配合量与本组原料各自在饲料配方中的大致配比范围计算而确定的。例如,育雏鸡的饲料配方中谷实类原料约占65%,该类饲料组有玉米和高粱两种。查饲料的大致配比范围表,玉米为35%~65%、高粱为5%~10%,求玉米和高粱在谷实类饲料组中各自应占的百分比:

高粱占:5%÷65%≈8%

玉米占:(65%-5%)÷65%≈92%

即可确定谷实类饲料组中玉米占90%、高粱占10%为宜。

(四) 常用饲料成分及营养价值表的使用

饲料成分及营养价值表客观地表现了每种饲料的营养成分种类及其含量高低,是制定饲料配方时合理选择饲料原料并确定其适宜配比的重要依据。但是,饲料因品种、产地、加工工艺、质量等级等因素的影响,营养价值会有一定的差异。制定饲料配方时,应以本地区科研部门的有关饲料分析资料为依据,参考中国农业科学院的《中国饲料数据库》公布的最新数字确定某些营养值。如玉米,常用其能量值为3.37兆卡/千克,而《中国饲料数据库》公布的为3.28兆卡/千克,目前多数资料都采用这个数值。

饲料资源是饲料配方使用稳定性的保证,制定饲料配方的原料应立足于选用本地资源丰

10

富或来源渠道广的饲料。为确保饲料原料营养价值使用的可靠性,对来路不明或质量有问题的饲料,最好先到有关部门化验分析后再使用。如因条件所限,不能对饲料进行逐一化验分析,则参考饲料成分表,确定较低的营养价值或按其平均值进行测算。

计算饲料配方的营养水平时,将饲料成分表中提示的各种饲料原料的各种营养值与饲养标准表中提示的各项营养指标相对应;饲料配方中各种原料的同种营养值之和应等于或基本接近于营养指标。

二、饲 养 标 准

(一)饲养标准的含义

畜牧生产中,为了科学饲养畜禽,通过科学试验和生产实践的总结,规定了畜禽在不同体重、年龄、生理状态和生产水平条件下,每天应给予的能量及各种营养物质的大致数量指标,称为饲养标准。

饲养标准种类很多,大致可分为两类。一类是国家规定和颁布的饲养标准,称为国家标准。如1986年国家农牧渔业部批准并颁布的"中华人民共和国鸡的饲养标准";美国国家研究所委员会制定的"NRC饲养标准"等。另一类是大型育种公司根据各自培育的优良品种或品系的特点,制定的符合该品种或品系营养需要的饲养标准,称为专用标准。如由国外引进的良种鸡(美国艾维茵国际禽场有限公司培育的艾维茵肉鸡、英国罗斯育种公司培育的罗斯蛋鸡等)均有专用的饲养标准。

(二)饲养标准的使用

饲养标准中主要包括能量(代谢能、消化能、净能)、蛋白质(粗蛋白质、可消化粗蛋白质)、蛋白能量比、粗脂肪、粗纤维、钙、磷(总磷、有效磷)及各种必需氨基酸等项指标。每项营养指标都有其特殊的营养作用,缺少、不足或超量均可能对畜禽产生不良影响。

1. 能量:能量是畜禽的重要营养指标之一,在全部营养物质需要中占有最大的比重。能量指标的满足主要来源于能量饲料,配制饲粮时应根据能量指标的高低和饲喂对象的生理特点确定能量饲料的品种,如鸡主要以玉米为能源,而牛羊可用粉渣等副产品补充能量来源。饲养标准中的能量单位因畜种而异,家禽常以代谢能表示;猪、羊、兔等常以消化能表示;奶牛以产奶净能表示、肉牛以产肉净能表示。其换算单位主要有兆焦/千克、兆卡/千克、等,计算饲料配方时切要注意识别,不可混淆。

2. 蛋白质:蛋白质亦属重要营养指标之一,一般常用粗蛋白质指标,配制家畜饲粮有的要考虑可消化粗蛋白的含量。蛋白质是动物生长、生产、繁育后代和维持生命必不可少的营养物质,为一定的保障系数,饲粮中的含量宜稍高于营养指标。同时还要考虑多品种饲料蛋白尤其是动、植物蛋白的适量搭配,以提高其生物活性,提高蛋白质的利用率。

3. 蛋白能量比:蛋白能量比是饲料中粗蛋白质与能量的比值,常以克/兆焦或克/兆卡表示,是家禽很重要的营养指标。当采食量在一定范围内,家禽有调节采食量以满足能量需要的本能。如果饲粮中能量偏低而蛋白质偏高时,会因采食量增加而造成蛋白质的浪费;当能量偏高而蛋白质偏低时,会因采食量减少而影响生长和生产水平。所以,当能量指标降低时也要相应降低蛋白质指标；而能量指标增加时也应增加蛋白质指标，使蛋白质和能量保持适当的比例。

4. 粗脂肪：在畜禽饲粮中一般不必考虑粗脂肪的含量。但水生动物对脂肪有很高的利用能力，尤其在越冬前投喂含脂肪量较高的饵料能减少越冬死亡。一般鱼用饵料中脂肪含量控制在 4%～10%之间。

5. 粗纤维：粗纤维可有效地被反刍动物所利用，饲粮中的含量可高达 24%以上。粗纤维对多数畜禽无实际营养价值，应控制其含量。

6. 钙、磷、钠：饲粮中的钙、磷、钠含量应控制在营养指标的范围之内，过高或过低对畜禽都不利。钙磷比例要适当，一方过高或过低也可影响二者的吸收和利用。家禽对饲粮中的植酸磷消化利用率较低，仅 30%左右，所以常以满足有效磷指标为主。

钠值的满足主要是添加食盐，一般不考虑饲料原料中的钠含量，只要按规定量加入食盐即可。如果某些原料（鱼粉、酱油渣）中含盐量过高，或使用口服补液盐、小苏打饮水时，则食盐的添加量应降低或不添加，以避免超量。

7. 氨基酸：氨基酸的需要多数能从饲料原料中获得，只有少数限制性氨基酸常不能满足。家禽、鱼类饲粮中的第一限性氨基酸为蛋氨酸，第二限性氨基酸为赖氨酸；而家畜饲粮中赖氨酸为第一限性、蛋氨酸为第二限性。达到必需氨基酸的满足和平衡，最简便和常用的方法是使用添加剂，否则就要加大动物性饲料的用量。各种氨基酸的满足和平衡，有利于体蛋白质的合成，可提高饲料的利用率。

微量元素和维生素一般作为安全余量按畜禽需要添加其复合制剂。微量元素制剂按产品规定量添加；维生素复合剂可提高添加量 1.5～2 倍；或根据需要添加单项维生素以补充不足。

三、饲料配方设计

饲料配方的设计采用了简单的二元、三元和四元线性方程组，应用二阶和三阶行列式求解，无论是手工计算，还是借助计算器运算，均简便快速、求值精确。利用表格的形式化简计算，更为易学、易记、实用。

定量与简单方程计算相结合设计饲料配方的方法；"试差"方程配平法设计饲料配方的方法；方程计算与原料增减比例表相结合设计饲料配方的方法；多种原料饲料配方的方程设计方法；典型饲料配方借鉴法；以及饲料配方的调整方法等，可弥补常规配方技术之不足，将在以下章节结合实际应用时介绍。

（一）设计饲料配方的基本步骤

以设计鸡的饲料配方为例，介绍线性方程设计在实际应用时的简捷计算步骤，所采用的数学原理见附录。

第一步：列出所用饲料的营养成分和饲养标准。现有饲料原料玉米、大豆饼、进口鱼粉、小麦麸、骨粉、碳酸钙、食盐、蛋氨酸和维生素、微量元素复合添加剂等，欲配制京白蛋鸡 0～8 周龄的饲料配方。查"鸡常用饲料成分及营养价值"表和京白蛋鸡的"饲养标准"表，将所用饲料营养成分和饲养标准列表（表 2-3）。

表 2-3　饲料营养成分及饲养标准

饲料名称	代谢能（兆卡/千克）	粗蛋白（%）	钙（%）	有效磷（%）	赖氨酸（%）	蛋氨酸（%）	蛋＋胱氨酸（%）	色氨酸（%）
玉米	3.28	8.9	0.02	0.12	0.24	0.15	0.29	0.07
大豆饼	2.52	40.9	0.3	0.24	2.38	0.59	1.2	0.63
进口鱼粉	2.79	62.9	3.87	2.76	4.9	1.84	2.42	0.73
小麦麸	1.63	15.7	0.11	0.24	0.58	0.13	0.39	0.2
骨粉			36.4	16.4				
碳酸钙			40.0					
饲　养　标　准								
0～8周	2.85	19	1	0.4	0.95	0.38	0.64	0.17

第二步：确定方程目标值。首先由饲料配合总量（100%）中留出 2%（以钙的指标大小而定）作为矿物质及各类饲料添加剂的机动数。为控制鱼粉用量，将蛋＋胱氨酸确定一个适宜量，可用饲养标准中的粗蛋白指标与 32（以鱼粉的蛋＋胱氨酸含量而定）的比值大致确定：

$$19\% \div 32 = 0.59\%$$

即确定代谢能为 2.85 兆卡/千克、粗蛋白质为 19%、蛋＋胱氨酸为 0.59%、配合量为98%四项作为方程目标值。

第三步：列表计算。

1. 列出方程设计模式表：设配方原料的配合量，玉米为 x_1、大豆饼为 x_2、进口鱼粉为 x_3、小麦麸为 x_4，将饲料营养成分和方程应满足的目标值列入方程模式表（表 2-4）。

表 2-4　饲料成分及方程设计模式

饲料名称 / 配合量 / 营养成分	玉米	大豆饼	进口鱼粉	小麦麸	目标值
	x_1	x_2	x_3	x_4	0.98
代谢能（兆卡/千克）	3.28	2.52	2.79	1.63	2.85
粗蛋白质（%）	8.9	40.9	62.9	15.7	19
蛋氨酸＋胱氨酸（%）	0.29	1.2	2.42	0.39	0.59

2. 消元：用方程表中 x_1 的各系数作减数分别去减其同行 x_2、x_3 和 x_4 的系数；再用 x_1 的各系数分别乘以 0.98 的积去减其目标值：

1－1	1－1	1－1	0.98－(1×0.98)
2.52－3.28	2.78－3.28	1.63－3.28	2.85－(3.28×0.98)
40.9－8.9	62.9－8.9	15.7－8.9	19－(8.9×0.98)
1.2－0.29	2.42－0.29	0.39－0.29	0.59－(0.29×0.98)

将所得值填入行列表（消元后，因行 1 的各值为零，故消去行 1 与列 1）。

3. 应用三阶行列式求解：先用列 2、列 3 和列 4 求出 D 的值；再用替代列依次取代列 2、列3 和列 4 求出 Dx_2、Dx_3 和 Dx_4 的值。Dx_1 计算从略，最后用 x_2、x_3、x_4 的值求出 x_1 的值。计算时可直接使用行列表，先剪下替代列，然后用替代列随意替代各列，应用对角线法则展开求解。

行 列 表

	列 2	列 3	列 4	替代列
行 2	－0.76	－0.49	－1.65	－0.3644
行 3	32	54	6.8	10.278
行 4	0.91	2.13	0.1	0.3058

解：

	列 2	列 3	列 4	
	−0.76	−0.49	−1.65	应用对角线
$D=$	32	54	6.8	法则展开
	0.91	2.13	0.1	

$$=[(-0.76)\times54\times0.1+32\times2.13\times(-1.65)$$
$$+0.91\times(-0.49)\times6.8]-[0.91\times54\times(-1.65)$$
$$+32\times(-0.49)\times0.1+(-0.76)\times2.13\times6.8]$$
$$=[(-4.104)+(-112.464)+(-3.0321)]$$
$$-[(-81.081)+(-1.568)+(-11.0078)]$$
$$=[-119.6001]-[-93.6568]$$
$$=-25.9433$$

	列 2	列 3	替代列	
	−0.76	−0.49	−0.3644	
$Dx_4=$	32	54	10.278	展开
	0.91	2.13	0.3058	

$$=[(-0.76)\times54\times0.3058+32\times2.13\times(-0.3644)$$
$$+0.91\times(-0.49)\times10.278]-[0.91\times54\times(-0.3644)$$
$$+32\times(-0.49)\times0.3058+(-0.76)\times2.13\times10.278]$$
$$=[(-12.55)+(-24.8375)+(-4.583)]$$
$$-[(-17.9066)+(-4.7949)+(-16.638)]$$
$$=[-41.9705]-[-39.3396]$$
$$=-2.6309$$

	列 2	替代列	列 4	
	−0.76	−0.3644	−1.65	
$Dx_3=$	32	10.278	6.8	展开
	0.91	0.3058	0.1	

$$=[(-0.76)\times10.278\times0.1+32\times0.3058\times(-1.65)$$
$$+0.91\times(-0.3644)\times6.8]-[0.91\times10.278\times(-1.65)$$
$$+32\times(-0.3644)\times0.1+(-0.76)\times0.3058\times6.8]$$
$$=[(-0.7811)+(-16.1462)+(-2.2549)]$$
$$-[(-15.4324)+(-1.1661)+(-1.5804)]$$
$$=[-19.1823]-[-18.1789]$$
$$=-1.0034$$

14

	替代列	列 3	列 4
	-0.3644	-0.49	-1.65
$Dx_2=$	10.278	54	6.8
	0.3058	2.13	0.1

展开

$$=[(-0.3644)\times 54\times 0.1+10.278\times 2.13\times(-1.65)$$
$$+0.3058\times(-0.49)\times 6.8]-[0.3058\times 54\times(-1.65)$$
$$+10.278\times(-0.49)\times 0.1+(-0.3644)\times 2.13\times 6.8]$$
$$=[(-1.9678)+(-36.122)+(-1.0189)]$$
$$-[(-27.2468)+(-0.5036)+(-5.278)]$$
$$=[-39.1087]-[-33.0284]$$
$$=-6.0803$$

即：

$$x_4=\frac{Dx_4}{D}=\frac{-2.6309}{-25.9433}=0.1014$$

$$x_3=\frac{Dx_3}{D}=\frac{-1.0034}{-25.9433}=0.0387$$

$$x_2=\frac{Dx_2}{D}=\frac{-6.0803}{-25.9433}=0.2344$$

$$x_1=0.98-0.2344-0.0387-0.1014$$
$$=0.6055$$

4. 检验：将 x_1、x_2、x_3 和 x_4 的值代入方程表检验，其代谢能值为 2.8500、粗蛋白值为 19.0021、蛋氨酸＋胱氨酸值为 0.5901，均近似于目标值 2.85、19 和 0.59（表 2-5）。

表 2-5 方程检验及结果

饲料名称 配 合 率（ ％ ） 营养成分	玉米 $x_1=60.55$	大豆饼 $x_2=23.44$	进口鱼粉 $x_3=3.87$	小麦麸 $x_4=10.14$	目标值 98
代谢能(兆卡/千克)	$3.28x_1$	$2.52x_2$	$2.79x_3$	$1.63x_4$	2.8500
粗蛋白质(%)	$8.9x_1$	$40.9x_2$	$62.9x_3$	$15.7x_4$	19.0021
蛋氨酸＋胱氨酸(%)	$0.29x_1$	$1.2x_2$	$2.42x_3$	$0.39x_4$	0.5901

第四步：计算矿物质饲料用量。求得主要饲料原料的配合率为玉米 60.55％、大豆饼 23.44％、进口鱼粉 3.87％、小麦麸 10.14％，经计算可提供钙 0.24％、有效磷 0.26％，与饲养标准比较相差：

钙： $1\%-0.24\%=0.76\%$

有效磷： $0.4\%-0.26\%=0.14\%$

设骨粉的配合量为 x、碳酸钙的配合量为 y，组成二元线性方程组，应用二阶行列式或二元一次方程求解：

$$\begin{cases} 36.4x+40y=0.76 \\ 16.4x+0y=0.14 \end{cases}$$

解：

15

$$D=\begin{vmatrix} 36.4 & 40 \\ 16.4 & 0 \end{vmatrix}$$

$$=36.4\times0-16.4\times40$$

$$=-656$$

$$Dx=\begin{vmatrix} 0.76 & 40 \\ 0.14 & 0 \end{vmatrix}$$

$$=0.76\times0-0.14\times40$$

$$=-5.6$$

$$Dy=\begin{vmatrix} 36.4 & 0.76 \\ 16.4 & 0.14 \end{vmatrix}$$

$$=36.4\times0.14-16.4\times0.76$$

$$=-7.368$$

即：

$$x=\frac{Dx}{D}=\frac{-5.6}{-656}=0.0085$$

$$y=\frac{Dy}{D}=\frac{-7.368}{-656}=0.0112$$

将 x、y 的值代入方程组检验,其钙值为 0.7574、有效磷值为 0.1394,均近似于目标值0.76 和 0.14。求得骨粉的用量为 0.85%、碳酸钙的用量为 1.12%。

第五步:制定饲料配比及营养水平表。将各种饲料原料的配合比例及所含代谢能、粗蛋白质和钙、有效磷水平填入表内。重新计算各种必需氨基酸的含量,不足部分用添加剂补充。最后按需要加入维生素和微量元素等饲料添加剂,即求得京白蛋鸡0～8周龄的饲料配方(表 2-6)。

表 2-6 线性方程设计蛋鸡育雏期饲料配方示例

饲料名称	配比(%)	营 养 水 平		饲养标准	相差(±)
玉米	60.55	代谢能(兆卡/千克)	2.85	2.85	
大豆饼	23.44	粗蛋白质　　(%)	19	19	
进口鱼粉	3.87	钙　　　　　(%)	1.0	1.0	
小麦麸	10.14	有效磷　　　(%)	0.4	0.4	
骨粉	0.85	蛋氨酸　　　(%)	0.38	0.38	
碳酸钙	1.12	蛋氨酸+胱氨酸 (%)	0.66	0.64	+0.02
食盐	0.37	赖氨酸　　　(%)	0.95	0.95	
蛋氨酸	0.07	色氨酸　　　(%)	0.24	0.17	+0.07
合计	100.41	另添加微量元素、维生素复合剂适量			

(二) 饲料配方原料配合比例的控制

配合饲料常用的各种原料,因其对畜禽的不同品种、用途、年龄等具有不同的营养特点。在设计饲料配方时,应根据具体情况将其分别限制于较适宜的用量范围,如常用的鱼粉、羽毛粉、棉仁饼、菜籽饼、高粱以及糠麸等,都有各自的适宜用量范围。下面介绍几种控制方法,供饲料配方设计过程中参考。

1. 方程目标值控制法:在饲料配方的线性方程设计过程中,通过调整方程目标值的高低以达到控制相应的配方原料用量的方法。如鱼粉,尤其是进口鱼粉,在家禽饲粮和鱼类饵料中

16

占有较重要的地位。但由于货源紧缺、价格昂贵，常适当控制其用量。一般鸡、鸭、鹅等普通家禽饲粮中的鱼粉用量控制在 5％左右；而野鸡、鹌鹑等珍禽饲粮中控制在 10％左右；一般鱼类饵料中控制在 25％～50％之间。

在家畜饲料配方中主要是控制粗纤维含量高的原料的用量，设计方程时可通过粗纤维目标值给予控制。如猪饲料配方控制粗纤维含量为 8％的方程设计。在此主要介绍设计家禽饲料配方时常遇到的鱼粉用量的方程控制。

见"基本步骤"，方程目标值确定时，将营养指标蛋白质的值被 32 去除，即得到一个能满足的蛋氨酸＋胱氨酸较低值，并且能把鱼粉用量控制在较低的比例。但不一定是人所满意的比例，若想满意，就要重新修正方程。如"基本步骤"中首先计算出鱼粉的配合比例为 3.87％，认为偏低，欲提高到 6％左右。可修正方程目标值蛋氨酸＋胱氨酸由 0.59 增至 0.6（见表 2-7 框线部分），重新求得鱼粉的配合比例为 5.67％。即蛋氨酸＋胱氨酸值每增加或减少 0.01％，鱼粉用量可增加或减少 2％左右。

表 2-7 修正后的方程模式

配合量 营养成分	饲料名称	玉米	大豆饼	进口鱼粉	小麦麸	目标值 0.98
		x_1	x_2	x_3	x_4	
代谢能（兆卡/千克）		3.28	2.52	2.79	1.63	2.85
粗蛋白质（%）		8.9	40.9	62.9	15.7	19
蛋氨酸＋胱氨酸（%）		0.29	1.2	2.42	0.39	0.6

消元后的行列表

	列 2	列 3	列 4	替代列
行 2	−0.76	−0.49	−1.65	−0.3644
行 3	32	54	6.8	10.278
行 4	0.91	2.13	0.1	0.3158

应用对角线法则依次展开。

D 值不变，$D=-25.9433$

求得 x 值
$$\begin{cases} x_1 = 0.6127 \\ x_2 = 0.1994 \\ x_3 = 0.0567 \\ x_4 = 0.1112 \end{cases}$$

方程目标值修正后设计的京白蛋鸡育雏期饲料配方见表 2-9。

2. 分组原料自成比例控制法：将按分类标准分类相同的原料为一组，并个自分配一定的比例，以控制其在饲料配方中较适宜的配比范围的方法。详细步骤见第四章"分组法"。

3. 定量控制法：即直接确定某种原料在饲料配方中的配合比例的方法。如以基本原料玉米、大豆饼、进口鱼粉、小麦麸等设计京白蛋鸡育雏期饲料配方，先确定鱼粉的用量为 6％，计算其提供能量和粗蛋白质为：

代谢能：2.79×6％＝0.1674（兆卡）

粗蛋白：62.9％×6％＝3.774％

与饲养标准比较相差：

代谢能:2.85 兆卡－0.1674 兆卡＝2.6826 兆卡

粗蛋白:19％－3.774％＝15.226％

配合量为 92％(总量 100％,减去 6％的鱼粉和 2％的矿物质饲料添加量)。

设计求玉米、大豆饼、小麦麸配合量的三元方程(表 2-8)。

表 2-8　饲料组成及方程模式

配　合　量 营养成分＼饲料名称	玉米 x_1	大豆饼 x_2	小麦麸 x_3	目标值 0.92
代谢能(兆卡)	3.28	2.52	1.63	2.6826
粗蛋白(%)	8.9	40.9	15.7	15.226

消元后将所得值填入行列表

行列表

	列 2	列 3	替代列
行 2	－0.76	－1.65	－0.335
行 3	32	6.8	7.038

应用对角线法则展开求解。

$$D=47.632$$

$$x 值为\begin{cases} x_3=5.3711/D=0.1128 \\ x_2=9.3347/D=0.1960 \\ x_1=0.92-0.196-0.1128=0.6112 \end{cases}$$

计算、配平矿物质和各种必需氨基酸,以及复合维生素、微量元素等,即获得京白蛋鸡育雏期饲料配方(表 2-9)。可见,将动物性饲料直接定量,能使计算部分更为简便。

4.增减比例控制法:即在保证饲料配方原料及营养水平基本稳定的前提下,通过调整配方中几种基本原料的配合比例,以达到控制某种原料用量或加入一定量的其它原料的方法。求出常用原料的增减比例,为自行设计饲料配方或借鉴典型饲料配方以及饲料配方的灵活使用提供了方便。例如,"基本步骤"计算出进口鱼粉用量为 3.87％,欲再增加 2％时,查"家禽饲料配方常用原料增减比例"(表 3-9)可知,应同时增加玉米 0.44％、小麦麸 1.5％;并减少豆饼3.76％、骨粉 0.18％。调整后的饲料配方及营养水平见表 2-9。

表 2-9　不同方法控制鱼粉用量的饲料配方比较

饲料名称	配合率(%)			营　养　水　平				饲养标准
	目标控制	定量控制	增减法控制		目标控制	定量控制	增减法控制	
玉米	61.27	61.12	60.99	代谢能				
大豆饼	19.94	19.6	19.68	(兆卡/千克)	2.85	2.85	2.85	2.85
进口鱼粉	5.67	6.0	5.87	粗蛋白　(%)	19	19	19	19
小麦麸	11.12	11.28	11.64	钙　　　(%)	1	1	1	1
骨粉	0.61	0.53	0.67	有效磷　(%)	0.4	0.4	0.42	0.4
碳酸钙	1.2	1.23	1.12	蛋氨酸　(%)	0.38	0.38	0.38	0.38
食盐	0.37	0.37	0.37	蛋+胱氨酸(%)	0.65	0.65	0.65	0.64
蛋氨酸	0.05	0.05	0.05	赖氨酸　(%)	0.96	0.97	0.97	0.95
合计	100.23	100.18	100.39	另加入复合维生素、微量元素等适量				

（三）浓缩饲料的配方设计与使用

浓缩饲料是由蛋白质饲料、矿物质饲料和包括氨基酸、维生素、微量元素等各类饲料添加剂调制而成的高营养浓度（除能量较低外）的混合饲料，约占全价配合饲料的1/4左右。使用时只要按需要加入一定量的能量饲料等原料稀释后即成为全价配合饲料。浓缩饲料体积小，运输方便，使用简便，是加速推广普及配合饲料喂畜禽的有效措施。

1. 浓缩饲料的配方设计：浓缩饲料配方是以相应的全价饲料配方为基础，去掉全部或部分能量饲料（也可去掉部分蛋白质饲料或矿物质饲料，应根据实际需要确定），将剩余原料换算成百分比，即为浓缩饲料配方。例如：已设计出京白蛋鸡0～8周龄的饲料配方，见表2-10。

表 2-10　京白蛋鸡育雏期饲料配方

原　料	玉　米	大豆饼	进口鱼粉	小麦麸	骨　粉	碳酸钙	食　盐	蛋氨酸	合　计
配比(%)	61.27	19.95	5.67	10.89	0.61	1.2	0.37	0.05	100

去掉配方中的玉米和小麦麸，剩余原料组成浓缩饲料，约占配合量的百分比为：

$100\% - 61.27\% - 10.89\% = 27.84\%$

计算浓缩饲料中各种原料的百分比：

大豆饼：$19.95\% \div 27.84\% \times 100\% = 71.66\%$

进口鱼粉：$5.67\% \div 27.84\% \times 100\% = 20.37\%$

骨粉：$0.61\% \div 27.84\% \times 100\% = 2.19\%$

碳酸钙：$1.2\% \div 27.84\% \times 100\% = 4.31\%$

食盐：$0.37\% \div 27.84\% \times 100\% = 1.33\%$

蛋氨酸：$0.05\% \div 27.84\% \times 100\% = 0.18\%$

计算浓缩饲料的营养浓度为：代谢能2.374兆卡/千克、粗蛋白质42.12%、钙3.52%、有效磷1.09%、蛋氨酸0.97%、蛋氨酸＋胱氨酸1.53%、赖氨酸2.70%。

2. 浓缩饲料的稀释使用：浓缩饲料是由全价饲料去掉能量饲料原料后的剩余部分，使用时只要再如数配入去掉的部分原料即可。故此，这就决定了浓缩饲料与全价饲料一样，具有一定的局限性。但是，由于浓缩饲料使全价饲料的配合程序简单化，对于配合饲料喂畜禽技术在农村的推广应用更具有实效性。如果浓缩饲料中需要增加其它的原料，就要重新计算各稀释原料的配比；或把浓缩饲料作为一种原料使用。下面介绍两种使用浓缩饲料配制全价配合饲料的方法。

（1）定量配入法：即浓缩饲料的配合量固定不变，只计算稀释原料配合量的方法。例如：购入京白蛋鸡0～8周龄的浓缩饲料，只要加入玉米61.27%、小麦麸11.12%，调匀后即可饲喂。欲增加约5%的高粱或约10%的碎米时，计算方法如下：

① 计算能量饲料应提供的营养含量。已知浓缩饲料含代谢能2.374兆卡/千克、粗蛋白质42.12%。当浓缩饲料的配合量为27.84%时，可提供：

代谢能：$2.374 \times 27.84\% = 0.6609$（兆卡）

粗蛋白：$42.12\% \times 27.84\% = 11.73\%$

与饲养标准比较相差：

配合量：$100\% - 27.84\% = 72.16\%$

代谢能：2.85 兆卡 $- 0.6609$ 兆卡 $= 2.1891$ 兆卡

粗蛋白：$19\% - 11.73\% = 7.27\%$

② 求解由玉米、高粱、小麦麸设计的方程组。见表2-11。

表2-11　原料组成及方程模式

配合量 营养成分 \ 原料	玉米90%　高粱10% x_1	小麦麸　100% x_2	目标值 0.7216
代谢能（兆卡）	3.246	1.63	2.1891
粗蛋白（%）	8.91	15.7	7.27

$$x\,值\begin{cases}x_1=0.6180\\x_2=0.1123\end{cases}$$

③ 计算各种稀释原料的混合量

玉米：$0.6180 \times 90\% = 0.5562$

高粱：$0.6180 \times 10\% = 0.0618$

小麦麸为 0.1123

即用玉米 55.62%、高粱 6.18%、小麦麸 11.23%，配入浓缩饲料 27.84%，便获得京白蛋鸡育雏期饲料配方（编号2）；以及增加12.21%碎米设计的饲料配方（编号3），见表2-13。

（2）计算配入法：即将浓缩饲料作为一种原料，设计方程求解配合量的方法。例如：仍然以稀释京白蛋鸡0～8周龄的浓缩饲料，并增加约5%的高粱或约10%的碎米为例。

① 确定方程目标值为，配合量100%，应满足代谢能2.85兆卡/千克、粗蛋白质19%。

② 求解由浓缩饲料、玉米、高粱、小麦麸设计的方程组，见表2-12。

表2-12　原料组成及方程模式

配合量 营养成分 \ 饲料名称	玉米90%　高粱10% x_1	浓缩饲料　100% x_2	小麦麸　100% x_3	目标值 1
代谢能（兆卡/千克）	3.246	2.374	1.63	2.85
粗蛋白（%）	8.91	42.12	15.7	19

$$x\,值\begin{cases}x_1=0.6236\\x_2=0.2852\\x_3=0.0912\end{cases}$$

③ 计算各种原料的配合率，即浓缩饲料占28.52%、玉米占56.12%、高粱占6.24%、小麦麸占9.12%，混合均匀后则为京白蛋鸡育雏期饲料配方（编号4）；以及增加12.14%碎米的饲料配方见表2-13。

表2-13　浓缩饲料不同原料稀释及营养水平比较

饲料配方编号		1	2	3	4	5
浓缩饲料	（%）	27.84	27.84	27.84	28.52	27.42
玉米	（%）	61.27	55.62	48.85	56.12	48.55
小麦麸	（%）	10.89	11.23	10.52	9.12	11.89
高粱	（%）		6.18		6.24	
碎米	（%）			12.21		12.14
合计	（%）	100.00	100.87	99.42	100.00	100.00

3. 浓缩饲料稀释方法的分析比较

（1）当浓缩饲料的配比定量时，配方2与配方1比较，因增加的高粱其能量值低于玉米，

20

使配合量增加 0.87％,而代谢能降为 2.83 兆卡/千克,粗蛋白质降为 18.84％。配方 3 与配方 1 比较,因增加的碎米其能量值高于玉米,使配合量减少 0.58％,而代谢能升为2.867兆卡/千克、粗蛋白质升为 19.1％,其它成分含量均有所提高。

(2) 当浓缩饲料作为一种原料计算配入时,配方 4 因增加的高粱其能量值低于玉米,而使浓缩饲料的用量增加 0.68％;配方 5 则因增加了高能量值的碎米而使其用量减少 0.42％,但是各种营养含量基本保持原有的水平。

分析表明,浓缩饲料定量配合受稀释原料的影响较大,使用时必须按产品说明选择相应的原料。若要增加其他原料,则应选择类同且主要营养含量接近;或两种以上的原料搭配后能使主要营养含量基本接近的原料。否则便采取计算确定浓缩饲料及其稀释原料的配合比例的方法。

第三章　饲料配方的调整技术

　　饲料配方是调制配合饲料的重要依据,没有好的饲料配方就难以调制出饲喂效果优良的配合饲料。但是,再好的饲料配方都不是固定不可改变的,都要根据畜禽的生长情况、生产水平、机体状况以及环境温度高低等因素的变化而适当调整饲料配方的营养水平;都要根据原料的余缺、价格的高低、质量等级等及时调整原料的配合比例,或更换新的原料品种。亦就是说,无论是典型饲料配方、经验饲料配方、手工计算的饲料配方,还是电脑运算的优化饲料配方,都有一定的局限性,只能作为调制畜禽配合饲料的基础配方,在使用过程中必须根据具体情况,适时适情予以适当的调整。下面以家禽饲料配方的调整为例介绍几种调整方法。

一、饲料配方的营养水平调整技术

　　畜禽的饲料配方是根据畜禽的不同生长情况或不同生产性能对营养物质的不同需要量而划分阶段设计的,如奶牛的各个泌乳阶段、生长猪的不同体重阶段、蛋鸡的不同产蛋期等,都有依据营养需要而设计的饲料配方。使用过程中,应随时根据变化了的情况对营养水平进行适当的调整。如高温或低温季节需要根据畜禽采食量的减少或增加情况调整饲粮的营养水平,以满足畜禽对营养物质的实际需要。有试验表明:产蛋鸡在高温季节,代谢能提高 3%、粗蛋白质提高 12.8%、蛋氨酸提高 17.9%、赖氨酸提高 7.6%,可使产蛋率提高 15.2%、饲料用于产蛋的效率提高 15.7%,产蛋饲料成本降低 8.9%,而降低代谢能 4.9%。而提高粗蛋白质 6.7%的试验组则产蛋率下降 7.38%,产蛋饲料成本提高 8.5%。可见高温季节适量提高饲粮的营养水平是十分必要的。再如家畜的泌乳率由高峰期开始下降时;蛋鸡的产蛋率由高峰期开始下降时,为减少粗蛋白质的消耗而采取逐渐调整降低粗蛋白质水平的方法。此外,当畜禽发生营养代谢性疾病时亦需要对有关的营养成分进行适量的调整。下面以京白蛋鸡 0～8 周龄的饲料配方为基础配方,介绍简捷调整营养水平的方法。

(一) 以"基本步骤"调整营养水平的方法

　　即通过修正线性方程设计饲料配方的基本步骤而实现对营养水平调整的方法。例如:欲将京白蛋鸡 0～8 周龄饲料配方的粗蛋白质水平由 19%降为 18%,由"基本步骤"(第二章)修正、调整如下:

　　1. 修正原方程组的目标值,将粗蛋白质 19%修正为 18%(见表 3-1 中的框线部分)。

表 3-1　方程设计模式

配合量　　营养成分	玉米	大豆饼	进口鱼粉	小麦麸	目标值
	x_1	x_2	x_3	x_4	0.98
代谢能(兆卡/千克)	3.28	2.52	2.79	1.63	2.85
粗蛋白质(%)	8.9	40.9	62.9	15.7	18
蛋氨酸+胱氨酸(%)	0.29	1.2	2.42	0.39	0.59

22

2. 修正方程消元后先列表中的有关数值(框线部分)。

行 列 表

	列Ⅱ	列Ⅲ	列Ⅳ	替代列
行Ⅱ	−0.76	−0.49	−1.65	−0.3644
行Ⅲ	32	54	6.8	9.278
行Ⅳ	0.91	2.13	0.1	0.3058

3. 修正方程运算步骤中的有关数值

D 值不变，$D = -25.9433$

$$Dx_4 = \begin{vmatrix} -0.76 & -0.49 & -0.3644 \\ 32 & 54 & 9.278 \\ 0.91 & 2.13 & 0.3058 \end{vmatrix}$$

$= [(-0.76) \times 54 \times 0.3058 + 32 \times 2.13 \times (-0.3644)$

$\quad + 0.91 \times (-0.49) \times 9.278 - [0.91 \times 54 \times (-0.3644)$

$\quad + 32 \times (-0.49) \times 0.3058 + (-0.76) \times 2.13 \times 9.278]$

$= [(-12.55) + (-24.8375) + (-4.1371)]$

$\quad - [(-17.9066) + (-4.7949) + (-15.0192)]$

$= [-41.5246] - [-37.7207]$

$= -3.8039$

$$Dx_3 = \begin{vmatrix} -0.76 & -0.3644 & -1.65 \\ 32 & 9.278 & 6.8 \\ 0.91 & 0.3058 & 0.1 \end{vmatrix} = -2.4289$$

$$Dx_2 = \begin{vmatrix} -0.3644 & -0.49 & -1.65 \\ 9.278 & 54 & 6.8 \\ 0.3058 & 2.13 & 0.1 \end{vmatrix} = -2.6148$$

即：

$$\begin{cases} x_4 = -3.8039/D = 0.1466 \\ x_3 = -2.4289/D = 0.0936 \\ x_2 = -2.6148/D = 0.1008 \\ x_1 = 0.98 - 0.1008 - 0.0936 - 0.1466 = 0.639 \end{cases}$$

修正后的饲料配合率为玉米 63.9％、大豆饼 10.08％、进口鱼粉 9.36％、小麦麸 14.66％。

4. 调整钙磷比例：以上饲料配比含钙质 0.42％、有效磷 0.39％，与饲养标准比较相差钙 0.58％、有效磷 0.01％。修正二元线性方程组的目标值(框线部分)。

$$\begin{cases} 36.4x + 40y = 0.58 \\ 16.4x + 0y = 0.01 \end{cases}$$

23

解：D 值不变，$D=-656$

$$Dx=\begin{vmatrix} \boxed{\begin{matrix} 0.58 \\ 0.01 \end{matrix}} & \begin{matrix} 40 \\ 0 \end{matrix} \end{vmatrix}=-0.4$$

$$Dy=\begin{vmatrix} \begin{matrix} 36.4 \\ 16.4 \end{matrix} & \boxed{\begin{matrix} 0.58 \\ 0.01 \end{matrix}} \end{vmatrix}=-9.148$$

即：

$$x=\frac{\boxed{-0.4}}{-656}=0.0006$$

$$y=\frac{\boxed{-9.148}}{-656}=0.0139$$

饲料配方中添加骨粉 0.06%、碳酸钙 1.39% 可满足钙磷需要。

5. 制定饲料配方表，重新计算，配平氨基酸、适量添加维生素、微量元素复合剂等，即获得新的饲料配方(表 3-3)。

（二）以调整原料配比调整营养水平的方法

即通过调整饲料配方中几种基本原料的配合比例以实现对几种主要营养成分的含量增加或减少的调整方法。例如：欲将京白蛋鸡 0～8 周龄饲料配方的代谢能水平增加 0.05 兆卡，即 2.90 兆卡/千克；粗蛋白质水平由 19% 提高到 19.5%，调整方法如下：

1. 计算配方中玉米 10%、大豆饼 10% 和小麦麸 10% 所提供的营养含量：

代谢能 $=3.28\times10\%+2.52\times10\%+1.63\times10\%$

   $=0.743$(兆卡)

粗蛋白质 $=8.9\%\times10\%+40.9\%\times10\%+15.7\%\times10\%$

    $=6.55\%$

2. 确定方程目标值

配合量 $=10\%+10\%+10\%=30\%$

代谢能 $=0.743$ 兆卡 $+0.05$ 兆卡 $=0.793$ 兆卡

粗蛋白质 $=6.55\%+0.5\%=7.05\%$

3. 设计方程求解：求提高能量和粗蛋白值后的玉米、大豆饼和小麦麸的配合比例(表 3-2)。

表 3-2 以基本原料调整营养水平方程模式

原料 调整比例 营养成分	玉米	大豆饼	小麦麸	目标值
	x_1	x_2	x_3	0.3
代谢能(兆卡)	3.28	2.52	1.63	0.793
粗蛋白质(%)	8.9	40.9	15.7	7.05

求得 x 值 $\begin{cases} x_1=0.1171 \\ x_2=0.1245 \\ x_3=0.0584 \end{cases}$

即调整玉米、大豆饼和小麦麸的用量为：

玉米＝50.55％＋11.71％＝62.26％

大豆饼＝13.44％＋12.45％＝25.89％

小麦麸＝0.14％＋5.84％＝5.98％

基本原料的配合比例调整后可满足代谢能 2.90 兆卡/千克和粗蛋白质 19.5％,其他营养指标基本保持原有水平(表 3-3)。

表 3-3　基础饲料配方营养水平调整方法比较

原料　（％）	基础配方	原料配比及营养水平调整	
		修正计算步骤法	调整原料配比法
玉米	60.55	63.9	62.26
大豆饼	23.44	10.08	25.89
进口鱼粉	3.87	9.36	3.87
小麦麸	10.14	14.66	5.98
骨粉	0.85	0.06	0.85
碳酸钙	1.12	1.39	1.12
食盐	0.37	0.37	0.37
蛋氨酸	0.07	0.05	0.05
合计	100.41	99.87	100.39
营　养　水　平			
代谢能(兆卡/千克)	2.85	2.85	2.90
粗蛋白质(％)	19	18	19.5
钙　　　(％)	1.0	1.0	1.0
有效磷　(％)	0.4	0.4	0.4
蛋氨酸　(％)	0.38	0.4	0.38
蛋氨酸＋胱氨酸(％)	0.66	0.64	0.66
赖氨酸　(％)	0.95	0.94	0.99

(三) 营养代谢性疾病与营养水平调整

营养物质是动物机体新陈代谢的物质基础.营养物质的缺乏、超量或比例失调均可引起新陈代谢紊乱,影响畜禽的健康和正常的生产过程、甚至危机生命,发现后应立即给予补充或调整。

1. 营养缺乏性疾病与饲料配方调整:常见的营养缺乏性疾病有:①软骨症。主要因饲粮中钙或磷不足,或钙磷比例失调引起。常见于幼龄畜禽、怀孕母畜和产蛋母鸡。②佝偻症,主要因维生素 D 缺乏引起;常见于幼畜,而禽表现为腿软和蛋壳变薄。③渗出性素质和脑软化症,是幼禽常见的硒及维生素 E 缺乏症。此外,还有家禽因缺硫引起的啄毛癖,家畜因某些微量元素不足引起的食土癖等。

畜禽患营养缺乏症时,对于饲料配方的调整原则是缺什么补什么,缺多少补多少。如钙磷不足或比例失调,则应重新调整饲料配方中矿物质原料的用量,平衡钙磷比例。某项维生素不足可用其单项制剂添加补充;禽的食羽癖、貂的食毛症可在饲粮中添加 1％的羽毛粉或 1％的石膏,但须相应调低其它矿物质原料的用量。

2. 营养代谢障碍与饲料配方调整

(1) 痛风:本病多发生于家禽,常见于鸡,主要由营养平衡失调引起。如饲粮中蛋白质含量过高,使尿酸盐产生增多,造成在组织器官内蓄积;钙含量过高,因多余的钙质由肾脏排泄,造成肾脏损害而引起尿酸盐排泄障碍等。其次发生于某些传染病过程,如肾型传染性支气管炎等。无论哪种原因引起的痛风,发病期间饲粮中粗蛋白质降为12%左右,有利于肾功能的恢复。由高钙引起的痛风症应同时调整钙磷比例。

(2) 脂肪肝:常发生于鸡、鹅,以肉用鸡种多见。一般认为由于饲粮中能量过高或缺乏嗜脂因子所致。饲粮中应添加胆碱,并调低能量水平。增喂青饲料或青干草粉也有利于肝脏恢复。

二、饲料配方原料配合比例的调整

饲料配方在使用过程中常会遇到某种原料的变更,如用价格低廉的原料替代昂贵的原料;用货源宽余的原料替代紧缺的原料;用不耐久存的原料替代易贮存的原料;或将某种原料加入配方中;或将配方中的某种原料去掉,而配方的配合量不变,且主要营养成分的浓度仍然基本保持原有的水平。上述调整如果应用"试差法"等常规计算技术均不够理想。而应用简单的"解线性方程法",通过调整配方中几种基本原料的配合比例,或计算出基本原料与限量原料的增减比例,即可实现对饲料配方原料的调整。下面介绍饲料配方原料的加入法、替代法、求增减比例法以及常用原料增减比例表的制定与使用,以供参考。

(一) 替代法

饲料配方某种原料的替代分为全部替代和部分替代。例如,欲用国产鱼粉替代基础配方中的进口鱼粉,计算3.87%的进口鱼粉所提供的代谢能和粗蛋白质作为方程目标值:

代谢能 $= 2.74 \times 3.87\% = 0.108$(兆卡)

粗蛋白 $= 62.9\% \times 3.87\% = 2.4342\%$

设配方原料玉米的调整比例为 x_1,国产鱼粉为 x_2,小麦麸为 x_3,组成三元线性方程组(表3-4)。

表3-4 配方原料及方程设计模式

原料 调整比例 营养成分	玉米 x_1	国产鱼粉 x_2	小麦麸 x_3	目标值 0.0387
代谢能(兆卡)	3.28	2.74	1.63	0.108
粗蛋白(%)	8.9	52.5	15.7	2.4342

求得 x 值 $\begin{cases} x_1 = -0.0054 \\ x_2 = 0.0486 \\ x_3 = -0.0045 \end{cases}$

即:基础配方中配入国产鱼粉4.86%,并同时减少玉米0.54%、小麦麸0.45%,便可替代全部进口鱼粉。原料替代后的营养水平见表3-8。因国产鱼粉的钙磷含量比进口鱼粉的高,以增减法调整为宜。

(二) 加入法

欲向基础配方中加入4%的花生仁饼,先计算出4%花生仁饼所提供的代谢能和粗蛋白质作为方程目标值:

代谢能 $= 2.78 \times 4\% = 0.1112$(兆卡)

粗蛋白＝44.7％×4％＝1.788％

设基础配方中玉米的调整比例为 x_1、大豆饼为 x_2、小麦麸为 x_3，组成三元线性方程组，见表 3-5。

表 3-5 原料组成及方程模式

营养成分 \ 调整比例 \ 原料	玉米 x_1	大豆饼 x_2	小麦麸 x_3	目标值 0.04
代谢能(兆卡)	3.28	2.52	1.63	0.1112
粗蛋白(％)	8.9	40.9	15.7	1.788

求得 x 值 $\begin{cases} x_1=-0.0026 \\ x_2=0.0468 \\ x_3=-0.0094 \end{cases}$

即：基础配方中加入 4％ 的花生仁饼，须同时增加小麦麸 0.94％；并减少大豆饼 4.68％、玉米 0.26％。调整后的营养水平见表 3-8。

（三）求配方原料增减比例法

饲料配方中的各种原料之间，为满足某一规定的营养指标而形成一定的比例关系，当其中一种原料的比例发生改变时，其它原料的比例必须随之增加或减少。根据这一特点，应用解线性方程法求出几种基本原料的增减比例，以利于随时增减原料品种或调整原料配比。

1. 求动物性原料的增减比例法：以求解鱼粉、玉米、大豆饼、小麦麸和骨粉等原料的比例关系为例，将计算方法介绍如下：

当鱼粉的比例为 1 时，其代谢能 2.79 兆卡/千克、粗蛋白质为 62.9％、钙为 3.87％，组成以玉米的比例为 x_1，大豆饼的比例为 x_2，小麦麸的比例为 x_3、骨粉的比例为 x_4 的线性方程组(表 3-6)，应用三阶行列式求解。

表 3-6 配方原料调整比例方程模式

营养成分 \ 调整比例 \ 饲料名称	玉米 x_1	大豆饼 x_2	小麦麸 x_3	骨粉 x_4	目标值(鱼粉) 1
代谢能(兆卡/千克)	3.28	2.52	1.63	0	2.79
粗蛋白质(％)	8.9	40.9	15.7	0	62.9
钙　　(％)	0.02	0.3	0.11	36.4	3.87

求得 x 值 $\begin{cases} x_1=-0.2154 \\ x_2=1.8729 \\ x_3=-0.7505 \\ x_4=0.0930 \end{cases}$

即：当饲料配方中的进口鱼粉用量增加(或减少)1％时、应同时增加(或减少)玉米用量 0.22％、小麦麸用量 0.75％，并减少(或增加)大豆饼 1.88％、骨粉 0.09％。

原料调整后饲料配方的蛋氨酸＋胱氨酸和有效磷指标可能随着鱼粉用量的减少而不足，应注意配平。以增减法调整饲料配方中基本原料而获得的新配比及营养水平见表 3-8。

2. 求植物性原料的增减比例法：以求解玉米、大豆饼、小麦麸和花生仁饼的增减比例为例，介绍计算方法如下：

当花生仁饼的比例为1时，可提供代谢能为2.78兆卡/千克、粗蛋白质为44.7%。组成以玉米的比例为x_1、大豆饼的比例为x_2、小麦麸的比例为x_3的线性方程组（表3-7），应用二阶行列式求解。

表3-7　配方原料调整比例方程模式

调整比例 营养成分	玉米 x_1	大豆饼 x_2	小麦麸 x_3	目标值（花生饼） 1
代谢能（兆卡/千克）	3.28	2.52	1.63	2.78
粗蛋白质（%）	8.9	40.9	15.7	44.7

求得 x 值 $\begin{cases} x_1 = +0.0665 \\ x_2 = +1.1688 \\ x_3 = -0.2353 \end{cases}$

即：当饲料配方中的花生仁饼用量增加（或减少）1%时，应同时增加（或减少）小麦麸用量为0.24%，并减少（或增加）玉米用量为0.07%和大豆饼用量为1.17%。

植物性原料之间的配合比例的适量调整，一般对饲料配方的氨基酸和钙、磷等营养值的影响较小，可不必再重新计算调整。

表3-8　基础配方原料配合比例调整比较

原料（%）	基础配方	调整配方原料配合比例			
		替代法	加入法	增减比例法（1）	增减比例法（2）
玉米	60.55	60.01	60.29	60.77	60.27
大豆饼	23.44	23.44	18.76	21.56	18.76
进口鱼粉	3.87		3.87	4.87	3.87
小麦麸	10.14	9.69	11.08	10.89	11.10
骨粉	0.85	0.85	0.85	0.76	0.85
碳酸钙	1.12	1.12	1.12	1.12	1.12
食盐	0.37	0.37	0.37	0.37	0.37
蛋氨酸	0.07	0.11	0.08	0.06	0.08
国产鱼粉		4.86			
花生仁饼			4		4
合计	100.34	100.45	100.42	100.40	100.42
代谢能（兆卡/千克）	2.85	2.85	2.85	2.85	2.85
粗蛋白质（%）	19	19	19	19	19
钙　　（%）	1.0	1.08	1	1	1
有效磷　（%）	0.4	0.44	0.4	0.41	0.4
蛋氨酸　（%）	0.38	0.38	0.38	0.38	0.38
蛋氨酸+胱氨酸（%）	0.66	0.65	0.65	0.66	0.65
赖氨酸　（%）	0.95	0.92	0.90	0.96	0.90

3. 畜禽饲料配方常用原料增减比例表的制定与使用：根据以上计算方法，制定出畜、禽饲料配方常用原料增（+）减（-）比例表，表的横排为设计饲料配方的基本原料，竖排为限量原料。符号"+"表示增加，"-"表示减少。参与配方的每一种原料增加或减少一定量时，都必须同时增加或减少几种原料的配合比例，并且增加与减少的数量是相等的，主要营养成分的含量是相近的。使用该表时，只要参照表中所列饲料的增减比例，调整饲料配方中有关原料的品种和配比，便由此而制定出新的饲料配方。

但是，该表所选用的饲料品种及其营养成分的价值有一定的局限性和差异，只可参考使用而不可照抄照搬。最好是根据本地常用饲料原料及其营养成分的分析值,采用本章介绍的计算方法,制定出新的增减比例表备用。

(1)家禽饲料配方常用原料增减比例表及其使用方法:由表3-9列出家禽饲料配方常用原料的增减比例,表中所列原料的调整仅涉及能量、粗蛋白质以及钙值的满足。有些原料的替代可能使氨基酸失衡或钙、磷比例失调。如酵母粉、血粉、羽毛粉的蛋氨酸和赖氨酸含量比优质鱼粉的低、若用其替代鱼粉可使饲料配方的蛋氨酸和赖氨酸水平降低,必要时应重新核算,并用添加剂配平。如国产鱼粉、肉骨粉的钙磷含量比其它动物性饲料的高;如苜蓿草粉、槐叶粉含钙多而含磷少,小麦麸则含钙少而含磷多。这些饲料相互替代的数量较多时可使钙、磷比例失调,应注意调整和平衡。

表3-9 家禽饲料配方常用原料增(＋)减(－)比例(％)

基本原料 / 限量原料	玉米	大豆饼	大豆粕	进口鱼粉	国产鱼粉	动物油	小麦麸	骨粉(Ca36.4%)	骨粉(Ca30.12%)	合计
进口鱼粉	±1	±0.22	干1.88					±0.75	干0.09		0.0
进口鱼粉	±1	干0.07		干1.8				±0.96	干0.09		0.0
进口鱼粉	±1	±0.2				干1.2		干0.1		±0.1	0.0
国产鱼粉	±1	±0.0	干1.57					±0.75		干0.18	0.0
国产鱼粉	±1	干0.21		干1.49				±0.85		干0.15	0.0
国产鱼粉	±1	干0.18			干0.83			±0.09		干0.08	0.0
啤酒酵母	±1	±0.07			干0.74			干0.42		±0.09	0.0
啤酒酵母	±1	±0.22				干0.88		干0.5		±0.16	0.0
啤酒酵母	±1	±0.22	干1.4					±0.18			0.0
啤酒酵母	±1	干0.12		干1.04				±0.16			0.0
肉骨粉	±1	±0.14			干0.77			干0.16		干0.21	0.0
肉骨粉	±1	±0.3				干0.93		干0.24		干0.13	0.0
肉骨粉	±1	±0.29	干1.46					±0.46		干0.29	0.0
肉骨粉	±1	±0.07		干1.42				±0.66		干0.31	0.0
皮革粉	±1	±0.93			干1.18			干0.76		±0.01	0.0
皮革粉	±1	±1.16				干1.41		干0.88		干0.13	0.0
皮革粉	±1	±1.17	干2.22					±0.18		干0.13	0.0
皮革粉	±1	±0.83		干2.14				±0.45		干0.14	0.0
血粉	±1	±0.82	干2.46					±0.64			0.0
血粉	±1	±0.45		干2.36				±0.91			0.0
血粉	±1	±0.57			干1.3			±0.43		±0.16	0.0
血粉	±1	±0.83				干1.56		干0.56		±0.29	0.0
羽毛粉	±1	±0.58	干2.31					±0.73			0.0
羽毛粉	±1	±0.23		干2.22				±0.99			0.0
羽毛粉	±1	±0.34			干1.22			干0.27		±0.15	0.0
羽毛粉	±1	±0.59				干1.46		干0.4		±0.27	0.0
大豆粉	±1	±0.06	干0.86				干0.2				0.0
大豆粉	±1	±0.06		干0.83			干0.23				0.0
大豆粉	±1	干0.63	干0.94					±0.57			0.0
大豆粉	±1	干0.77		干0.9				±0.67			0.0
玉米蛋白粉	±1	±0.67	干1.4				干0.27				0.0
玉米蛋白粉	±1	±0.65		干1.33			干0.32				0.0
玉米蛋白粉	±1	干0.27	干1.49					±0.76			0.0
玉米蛋白粉	±1	干0.51		干1.39				±0.9			0.0
花生仁饼	±1	±0.22	干1.14				干0.08				0.0

基本原料 / 限量原料		玉米	大豆饼	大豆粕	进口鱼粉	国产鱼粉	动物油	小麦麸	骨粉(Ca36.4%)	骨粉(Ca30.12%)	合计
花生仁饼	±1	±0.21		干1.08			干0.13				0.0
花生仁饼	±1	干0.07	干1.17					±0.24			0.0
花生仁饼	±1	干0.24		干1.12				±0.36			0.0
棉仁饼	±1	±0.18	干0.93					干0.25			0.0
棉仁饼	±1	±0.05		干0.9				干0.15			0.0
菜籽饼	±1	±0.18	干0.69					干0.49			0.0
菜籽饼	±1	±0.07		干0.66				干0.41			0.0
芝麻饼	±1	±0.17	干0.89					干0.28			0.0
芝麻饼	±1	±0.03		干0.85				干0.18			0.0
碎米	±1	干0.9	干0.06				干0.04				0.0
碎米	±1	干0.91		干0.05			干0.04				0.0
碎米	±1	干1.03	干0.07					±0.1			0.0
碎米	±1	干1.04		干0.07				±0.11			0.0
高粱	±1	干0.85	±0.05					干0.2			0.0
高粱	±1	干0.81		±0.04				干0.23			0.0
裸大麦	±1	干0.6	干0.06					干0.34			0.0
裸大麦	±1	干0.62		干0.05				干0.33			0.0
小麦	±1	干0.82	干0.15				干0.03				0.0
小麦	±1	干0.88		干0.14			±0.02				0.0
小麦	±1	干0.78	干0.14					干0.08			0.0
小麦	±1	干0.8		干0.13				干0.07			0.0
稻谷	±1	干0.68	±0.13					干0.45			0.0
稻谷	±1	干0.66		±0.13				干0.47			0.0
米糠(不脱脂)	±1	干0.61	干0.05					干0.34			0.0
米糠(不脱脂)	±1	干0.61		干0.05				干0.34			0.0
啤酒糟	±1	干0.23	干0.4					干0.37			0.0
啤酒糟	±1	干0.29		干0.39				干0.32			0.0
苜蓿草粉	±1	±0.43	±0.06					干1.49			0.0
苜蓿草粉	±1	±0.44		±0.05				干1.49			0.0
槐叶粉	±1	±0.41	±0.0					干1.41			0.0
槐叶粉	±1	±0.41		±0.01				干1.42			0.0
甘薯叶粉	±1	±0.35	±0.05					干1.4			0.0
甘薯叶粉	±1	±0.36		±0.05				干1.41			0.0
米糠饼	±1	干0.44	±0.08					干0.48			0.0
米糠饼	±1	干0.45		干0.08				干0.47			0.0

但配方原料的少量替代对各项营养指标的影响是很小的。使用饲料配方时,若对某种原料进行调整,应本着"使用前可大调,使用中应小调,由少到多"的原则。

① 增减原料配比量法:根据饲料原料的价格高低、来源余缺等随时适量调整配方原料的配比量,对降低饲料成本很有帮助。

例如,以基本原料组成的饲料配方中,进口鱼粉用量偏高,要想减少3%,查"原料增减比例表"可计算出相关原料玉米、大豆饼、小麦麸和骨粉的增(+)减(-)值:

玉米=-0.22%×3=-0.66%

大豆饼=+1.88%×3=+5.64%

小麦麸=-0.75%×3=-2.25%

骨粉=+0.09%×3=+0.27%

即当进口鱼粉减少3%时,则应同时减少玉米0.66%和小麦麸2.25%,并增加大豆饼

5.64％和骨粉 0.27％。配方的氨基酸水平有所降低,应用添加剂配平。

② 原料加入法:配方中原料的加入实际也是原料的部分替代,因为每种原料的加入都会使与其相应的原料的配比量发生较大的改变。

例如:以基本原料组成的饲料配方中要想加入棉仁饼 3％,查"原料增减比例表"可计算出与其相关的玉米、大豆饼和小麦麸的增(＋)减(－)值:

玉米＝＋0.18％×3＝＋0.54％

大豆饼＝－0.93％×3＝－2.79％

小麦麸＝－0.25％×3＝－0.75％

即当加入棉仁饼 3％时,应同时增加玉米 0.54％,并减少大豆饼 2.79％和小麦麸 0.75％。配方的各项营养指标基本保持原有水平。加入棉仁饼,主要使与其相应的大豆饼的配比量减少较多。

③ 原料替代法:饲料配方中某种原料的替代既可全部替代,也可部分替代,要视情而定。既可替代一种原料,也可同时替代几种原料,应灵活掌握。

例如:以基本原料为主组成的饲料配方中配有菜籽饼 4％,因货源短缺想用棉仁饼 4％等量替代,查"原料增减比例表"可计算出相关原料玉米、大豆饼和小麦麸的增(＋)减(－)值:

替代原料 / 基本原料		玉米(%)	大豆饼(%)	小麦麸(%)
菜籽饼 (%)	－4	×(－0.18)＝－0.72	×(＋0.69)＝＋2.76	×(＋0.49)＝＋1.96
棉仁饼 (%)	＋4	×(＋0.18)＝＋0.72	×(－0.93)＝－3.72	×(－0.25)＝－1
增减值 (%)	0	0	－0.96	＋0.96

即用棉仁饼 4％替代等量菜籽饼,应同时减少大豆饼 0.96％和增加小麦麸 0.96％,可使配方的各项营养指标基本保持原有水平。

(2) 猪饲料配方常用原料增减比例表及其使用方法:由表 3-10 列出猪饲料配方常用原料增减比例,使用方法与鸡的配方原料增减比例表相同。所列原料的增减比例是以满足消化能、粗蛋白质以及钙的水平而计算的,调整配方中的动物性原料时,也须注意平衡氨基酸和钙、磷比例。

表 3-10 猪饲料配方常用原料增(＋)减(－)比例(％)

限量原料 / 基本原料		玉米	大豆饼	大豆粕	进口鱼粉	国产鱼粉	小麦麸	骨粉 (Ca36.4%)	骨粉 (Ca30.12%)	合计
进口鱼粉	±1	±0.65	干1.75				±0.19	干0.09		0.0
进口鱼粉	±1	±0.49		干1.66			±0.28	干0.11		0.0
进口鱼粉	±1	±0.41				干1.16	干0.34	±0.09		0.0
国产鱼粉	±1	±0.19	干1.52				±0.51		干0.18	0.0
国产鱼粉	±1	±0.03		干1.44			±0.59		干0.18	0.0
国产鱼粉	±1	干0.35			干0.86		±0.29		干0.08	0.0
酵母粉	±1	±0.1	干1.43				±0.33			0.0
酵母粉	±1	干0.05		干1.36			±0.41			0.0
酵母粉	±1	干0.41			干0.8		±0.11	±0.1		0.0
酵母粉	±1	干0.06				干0.94	干0.17	±0.17		0.0
肉骨粉	±1	±0.2	干1.5				±0.59		干0.29	0.0
肉骨粉	±1	±0.04		干1.43			±0.68		干0.29	0.0
肉骨粉	±1	干0.33			干0.85		±0.38		干0.2	0.0
肉骨粉	±1	±0.01				干0.98	±0.09		干0.12	0.0

基本原料 限量原料		玉米	大豆饼	大豆粕	进口鱼粉	国产鱼粉	小麦麸	骨粉 (Ca36.4%)	骨粉 (Ca30.12%)	合计
皮革粉	±1	±1.18	∓2.22				±0.17		∓0.13	0.0
皮革粉	±1	±0.95		∓2.11			±0.29		∓0.13	0.0
皮革粉	±1	±0.37			∓1.25		±0.14		±0.02	0.0
皮革粉	±1	±0.9				∓1.46	∓0.57		±0.13	0.0
血粉	±1	±1.61	∓2.45				∓0.16			0.0
血粉	±1	±1.35		∓2.32			∓0.03			0.0
血粉	±1	±0.75			∓1.37		∓0.55		±0.17	0.0
血粉	±1	±1.3				∓1.58	∓1.01		±0.29	0.0
大豆粉	±1	∓0.72	∓0.96				±0.68			0.0
大豆粉	±1	∓0.82		∓0.91			±0.73			0.0
玉米蛋白粉	±1	∓0.06	∓1.43				±0.49			0.0
玉米蛋白粉	±1	∓0.21		∓1.36			±0.57			0.0
花生仁饼	±1	±0.21	∓1.1				∓0.11			0.0
花生仁饼	±1	±0.22		∓1.17			∓0.05			0.0
棉仁饼	±1	±0.58	∓0.83				∓0.75			0.0
棉仁饼	±1	±0.49		∓0.79			∓0.7			0.0
菜籽饼	±1	±0.06	∓0.72				∓0.34			0.0
菜籽饼	±1	∓0.02		∓0.68			∓0.3			0.0
芝麻饼	±1	∓0.02	∓0.94				∓0.04			0.0
芝麻饼	±1	∓0.13		∓0.89			±0.02			0.0
碎米	±1	∓1.07	∓0.08				±0.15			0.0
碎米	±1	∓1.08		∓0.07			±0.15			0.0
高粱	±1	∓0.8	±0.05				∓0.25			0.0
高粱	±1	∓0.8		±0.05			∓0.25			0.0
大麦	±1	∓0.75	∓0.1				∓0.15			0.0
大麦	±1	∓0.77		∓0.09			∓0.14			0.0
小麦	±1	∓0.84	∓0.15				∓0.01			0.0
小麦	±1	∓0.84		∓0.15			∓0.01			0.0
稻谷	±1	∓0.66	±0.14				∓0.48			0.0
稻谷	±1	±0.64		±0.13			∓0.49			0.0
米糠	±1	∓0.61	∓0.05				∓0.34			0.0
米糠	±1	∓0.61		∓0.05			∓0.34			0.0
米糠饼	±1	∓0.53	∓0.11				∓0.36			0.0
米糠饼	±1	∓0.54		∓0.1			∓0.35			0.0
高粱糠	±1	∓0.78	±0.03				∓0.25			0.0
高粱糠	±1	∓0.78		±0.03			∓0.25			0.0
啤酒糟	±1	±0.17	∓0.28				∓0.89			0.0
啤酒糟	±1	±0.2		∓0.27			∓0.93			0.0
苜蓿草粉	±1	±0.58	±0.09				∓1.67			0.0
苜蓿草粉	±1	±0.58		∓0.09			∓1.67			0.0
槐叶粉	±1	∓0.03	∓0.11				∓0.86			0.0
槐叶粉	±1	∓0.05		∓0.1			∓0.85			0.0
甘薯蔓粉	±1	±0.5	±0.43				∓1.93			0.0
甘薯蔓粉	±1	±0.54		±0.41			∓1.95			0.0
花生秧粉	±1	±0.31	±0.22				∓1.53			0.0
花生秧粉	±1	±0.33		±0.21			∓1.54			0.0
谷糠	±1	±0.57	±0.43				∓2			0.0
谷糠	±1	±0.59		±0.41			∓2.02			0.0

① 增减原料配比量法：由玉米、大豆饼、小麦麸、谷糠等基本原料组成的饲料配方中，欲减少小麦麸10%，查"原料增减比例表"，可计算出相关原料玉米、大豆饼和谷糠的增（＋）减（－）值：

玉米＝＋0.57%×5＝＋2.85%

大豆饼＝＋0.43%×5＝＋2.15%

谷糠＝＋1%×5＝＋5%

即饲料配方中减少小麦麸10%，应同时增加玉米2.85%、大豆饼2.15%和谷糠5%。

② 原料加入法：基础配方中欲加入高粱糠10%和酵母粉3%，查"原料增减比例表"可计算出相关原料玉米、大豆饼和小麦麸的增（＋）减（－）值：

基本原料 限量原料		玉米（%）	大豆饼（%）	小麦麸（%）
高粱糠 （%）	＋10	×（－0.78）＝－7.8	×（＋0.03）＝＋0.3	×（－0.25）＝－2.5
酵母粉 （%）	＋3	×（＋0.1）＝＋0.3	×（－1.43）＝－4.29	×（＋0.33）＝＋0.99
增减值 （%）	＋13	－7.5	－3.99	－1.51

即饲料配方中加入高粱糠10%和酵母粉3%，应同时减少玉米7.5%、大豆饼3.99%和小麦麸1.51%。

③ 原料替代法：以基本原料组成的饲料配方中，配有国产鱼粉3%，欲用一定量的肉骨粉替代之，而又不使配方中的小麦麸配比改变。查"原料增减比例表"：国产鱼粉每减少1%，须减少小麦麸0.51%；而肉骨粉每增加1%，须增加小麦麸0.59%，可换算出肉骨粉的替代量：

0.51%÷0.59%×3%＝2.59%

并由此换算出玉米、大豆饼和骨粉的增（＋）减（－）值：

基本原料 替代原料		玉米（%）	大豆饼（%）	小麦麸（%）
国产鱼粉 （%）	－3	×（－0.19）＝－0.57	×（＋1.52）＝＋4.56	×（＋0.18）＝＋0.54
肉骨粉 （%）	＋2.59	×（＋0.2）＝＋0.52	×（－1.5）＝－3.89	×（－0.29）＝－0.75
增减值 （%）	－0.41	－0.05	＋0.67	－0.21

即饲料配方中减少国产鱼粉3%和加入肉骨粉2.59%，应同时减少玉米0.05%和骨粉0.21%，并增加大豆饼0.67%。

(3) 奶牛、肉牛补充精料配方常用原料增减比例表及其使用方法：由表3-11列出以满足产奶净能和粗蛋白质水平而换算的奶牛补充精料配方常用原料增减比例；由表3-12列出以满足产肉净能和粗蛋白质水平而换算的肉牛补充精料配方常用原料增减比例。因牛的饲料配方中一般不用动物性原料，而植物性原料配合比例的适量增减和配方原料的替代对配方的营养水平影响较小，一般不须要再调整。以介绍奶牛精料配方常用原料的增减为例。

① 增减原料配比量法：以玉米、大豆饼、棉仁饼、小麦麸等原料组成的精料配方中，欲再增加棉仁饼5%，查"原料增减比例表"，可换算出相关原料玉米、大豆饼和小麦麸的增（＋）减（－）值：

玉米＝－0.3%×5＝－1.5%

大豆饼＝－1.06%×5＝－5.3%

小麦麸＝＋0.36%×5＝＋1.8%

即奶牛精料配方中的棉仁饼用量再增加5%,应同时增加小麦麸1.8%,并减少玉米1.5%和大豆饼5.3%。

表3-11　奶牛补充精料配方常用原料增(+)减(-)比例(%)

替代原料 / 基本原料		玉米	大豆饼	大豆粕	小麦麸	合计
大麦	±1	∓0.81	∓0.03		∓0.16	0.0
大麦	±1	∓0.82		∓0.03	∓0.15	0.0
高粱	±1	∓0.29	±0.19		∓0.9	0.0
高粱	±1	∓0.21		±0.19	∓0.98	0.0
稻谷	±1	∓0.33	±0.14		∓0.81	0.0
稻谷	±1	∓0.27		±0.14	∓0.87	0.0
碎米	±1	∓1.35	∓0.15		±0.5	0.0
碎米	±1	∓1.41		∓0.16	±0.57	0.0
花生仁饼	±1	∓0.47	∓1.28		±0.75	0.0
花生仁饼	±1	∓1.01		∓1.31	±1.32	0.0
棉仁饼	±1	∓0.3	∓1.06		±0.36	0.0
棉仁饼	±1	∓0.74		∓1.09	±0.83	0.0
菜籽饼	±1	±0.07	∓0.72		∓0.35	0.0
菜籽饼	±1	∓0.23		∓0.74	∓0.03	0.0
葵花仁饼	±1	±0.86	∓0.3		∓1.56	0.0
葵花仁饼	±1	±0.46		∓0.3	∓1.43	0.0
玉米蛋白粉	±1	±0.45	∓1.37		∓0.08	0.0
玉米蛋白粉	±1	∓0.13		∓1.4	±0.53	0.0
啤酒糟	±1	±0.1	∓0.31		∓0.79	0.0
啤酒糟	±1	∓0.03		∓0.32	∓0.65	0.0
米糠	±1	∓0.88	∓0.12		±0.0	0.0
米糠	±1	∓0.93		∓0.13	±0.06	0.0
米糠饼	±1	∓0.28	∓0.03		∓0.69	0.0
米糠饼	±1	∓0.29		∓0.03	∓0.68	0.0
高粱糠	±1	∓1.35	∓0.12		±0.47	0.0
高粱糠	±1	∓1.43		∓0.13	±0.56	0.0
玉米皮	±1	∓0.38	±0.16		∓0.78	0.0
玉米皮	±1	∓0.32		±0.17	∓0.85	0.0
苜蓿粉	±1	±0.92	±0.19		∓2.11	0.0
苜蓿粉	±1	±1		±0.2	∓2.2	0.0

表 3-12　肉牛补充精料配方常用原料增(＋)减(—)比例(%)

替代原料 ＼ 基本原料		玉米	大豆饼	大豆粕	小麦麸	合计
大麦	±1	∓0.6	±0.02		∓0.42	0.0
大麦	±1	∓0.6		±0.03	∓0.43	0.0
高粱	±1	∓0.48	±0.14		∓0.66	0.0
高粱	±1	∓0.42		±0.14	∓0.72	0.0
碎米	±1	∓1.29	∓0.14		±0.43	0.0
碎米	±1	∓1.35		∓0.14	±0.49	0.0
花生仁饼	±1	∓0.38	∓1.26		±0.64	0.0
花生仁饼	±1	∓0.87		∓1.28	±1.15	0.0
棉仁饼	±1	∓0.26	∓1.05		±0.31	0.0
棉仁饼	±1	∓0.66		∓1.05	±0.73	0.0
菜籽饼	±1	±0.07	∓0.72		∓0.35	0.0
菜籽饼	±1	∓0.21		∓0.73	∓0.06	0.0
葵花仁饼	±1	±0.88	∓0.29		∓1.59	0.0
葵花仁饼	±1	±0.77		∓0.29	∓1.48	0.0
玉米蛋白粉	±1	±0.68	∓1.31		∓0.37	0.0
玉米蛋白粉	±1	±0.17		∓1.33	±0.16	0.0
啤酒糟	±1	±0.11	∓0.31		∓0.8	0.0
啤酒糟	±1	∓0.01		∓0.32	∓0.67	0.0
米糠	±1	∓1.1	±0.12		∓0.02	0.0
米糠	±1	∓1.09		±0.12	∓0.03	0.0
米糠饼	±1	∓0.28	∓0.03		∓0.69	0.0
米糠饼	±1	∓0.29		∓0.03	∓0.68	0.0
高粱糠	±1	∓0.65	±0.07		∓0.42	0.0
高粱糠	±1	∓0.63		±0.07	∓0.44	0.0
玉米皮	±1	∓0.01	±0.23		∓1.22	0.0
玉米皮	±1	±0.07		±0.24	∓1.31	0.0
苜蓿粉	±1	±1.01	±0.21		∓2.22	0.0
苜蓿粉	±1	±1.09		±0.22	∓2.31	0.0
稻谷	±1	∓0.39	±0.21		∓0.82	0.0
稻谷	±1	∓0.3		±0.21	∓0.91	0.0

② 原料加入法:奶牛精料配方中欲加入大麦 10%和米糠 20%以减少玉米用量,查"原料增减比例表"可求出相关原料玉米、大豆饼和小麦麸的增(＋)减(—)值:

替代原料 ＼ 基本原料		玉米(%)	大豆饼(%)	小麦麸(%)
大麦　　(%)	+10	×(−0.81)=−8.1	×(−0.03)=−0.3	×(−0.16)=−1.6
米糠　　(%)	+20	×(−0.88)=−17.6	×(−0.12)=−2.4	×　0=0
增减值　(%)	+30	−25.7	−2.7	−1.6

即奶牛精料配方中加入大麦 10%和米糠 20%,应同时减少玉米 25.7%、大豆饼 2.7%和小麦麸 1.6%。

③ 原料替代法:奶牛精料配方中配有大豆饼 10%,欲用一定量的菜籽饼替代,查"原料增减比例表",菜籽饼每增加 1%,大豆饼则减少 0.72%,由此可换算出相关原料菜籽饼、玉米和

小麦麸的增（＋）减（－）值：

　　菜籽饼＝10％÷0.72％＝13.89％

　　玉米＝＋0.07％×13.89＝＋0.97％

　　小麦麸＝－0.35％×13.89＝－4.86％

　　即奶牛精料配方中加入菜籽饼13.89％，可替代大豆饼10％，并同时增加玉米0.97％和减少小麦麸4.86％。

　　（4）羊、兔补充精料配方常用原料增减比例表及其使用方法：羊、兔饲粮中的精料用量较少，补充精料配方中的原料品种一般也较少。使用以满足消化能和粗蛋白质水平而换算的羊饲料配方常用原料增减比例见表5-40，兔饲料配方常用原料增减比例见表5-46。调整其饲料配方的原料配比或原料品种时，可参照牛精料配方常用原料的调整方法。

　　（5）水产动物饲料配方原料的调整：鱼、虾、蟹等水产动物饲料配方主要由蛋白质原料组成。其营养指标一般仅考虑蛋白质和矿物质的水平，氨基酸指标因配方中动物性原料用量大均可满足，粗脂肪指标可通过添加适量油脂而满足。因此，水产动物饲料配方的调整只进行同类原料之间的等量替代即可。如果提高营养指标，则用营养含量高的原料替代含量低的原料，如用含粗蛋白质高的原料替代配方中蛋白质含量低的原料以提高蛋白质水平。如果仅调整原料品种，则根据需要进行动物性原料之间；植物性蛋白质原料之间；或矿物质原料之间的等量替代。

（四）典型饲料配方的借鉴方法

　　典型饲料配方是由科研机构或畜牧生产场家通过反复试验、调整或长期生产实践的检验、多次修正而成的。在原料品种搭配及其配合比例等方面较为合理。在某一特定的饲养管理条件下，基本符合某一特定的畜禽品种的营养需要。饲喂效果好，饲料效率高，可获得比较满意的经济效益。

　　但是，再好的饲料配方也有其局限性，不能照抄照搬。这是因为，既是同种原料因品种、来源、加工工艺、饲料等级不同，其养分含量而有一定差异。例如，同是进口鱼粉，粗蛋白质含量高的达60％以上；低的50％以下；而掺杂的则含量会更低。同是豆饼，机榨和土榨的粗蛋白质含量则不同。饲料水分含量越高则含营养物越少。参考饲料成分表时应以本地区科研部门的分析数据为主。

　　故此典型饲料配方所提供的营养水平和各种原料的配合率对于借鉴者只是一个参考，使用前应对其营养含量进行复核，并通过重新调整主要原料的配合率以达到营养指标的满足。例如，以采用中国农业科学院兰州畜牧兽医研究所推广的蛋鸡中雏期饲料配方为例（表3-13），配制星杂288中雏用配合饲料，借鉴方法如下：

　　第一步，复核典型饲料配方的营养水平。查常用饲料成分表及饲养标准，计算典型饲料配方所提供的营养浓度，与饲养标准比较，若基本相符则可使用；若相差太多则应予以调整。配方复核方法及结果见表3-13。

表 3-13　典型配方营养水平复核示例

原料	配比（%）	代谢能（兆卡/千克）	粗蛋白质（%）	钙（%）	磷（%）
黄玉米	68.0	×3.28＝2.2304	×8.9＝6.052	×0.02＝0.0136	×0.27＝0.1836
小麦麸	16.0	×1.63＝0.2608	×15.7＝2.512	×0.11＝0.0176	×0.92＝0.1472
大豆饼	0.5	×2.52＝0.0126	×40.9＝0.5153	×0.3＝0.0015	×0.49＝0.0025
鱼粉	0.5	×2.79＝0.014	×62.9＝0.3145	×3.87＝0.0194	×2.76＝0.0138
苜蓿粉	13.1	×0.87＝0.114	×17.2＝2.2532	×1.52＝0.1991	×0.22＝0.0288
石粉	0.5			×35＝0.175	
骨粉	1.0			×36.4＝0.364	×16.4＝0.164
食盐	0.4				
合计	100	2.63	11.65	0.79	0.54
原方提示		2.80	11.40	0.83	0.48
营养指标		2.80	12.0	0.6	0.5

经计算典型配方所提供的营养浓度与原方所列水平及饲养标准比较,各项指标均有一定差异。其中代谢能低于提示浓度和指标0.17兆卡;粗蛋白质高于提示浓度而低于指标0.35%;钙低于提示浓度而高于指标0.19%,磷高于指标0.04%。

第二步,调整能量、粗蛋白值。根据复核结果,应提高代谢能0.17兆卡、粗蛋白质0.35%,可设计简单方程调整配方中玉米、小麦麸、大豆饼的配合率。

1. 计算典型配方中玉米、小麦麸、大豆饼的配合率及能量、粗蛋白质含量。

配合率为 $68\% + 16\% + 0.5\% = 84.5\%$

含能量为 $2.2304 + 0.2608 + 0.0126 = 2.5038$（兆卡）

含蛋白质为 $6.052 + 2.512 + 0.5153 = 9.0793$（%）

2. 计算调整后应增加的养分

增加能量为 $2.80 - 2.63 = 0.17$（兆卡）

增加蛋白质为 $12\% - 11.65\% = 0.35\%$

3. 确定目标值,设计方程求解

配合率不变,为 84.5%

能量为 $2.5038 + 0.17 = 2.6738$（兆卡/千克）

蛋白质为 $9.0793\% + 0.35\% = 9.4293\%$

表 3-14　方程设计模式

配合量\原料\养分	玉米	大豆饼	小麦麸	目标值
	x_1	x_2	x_3	0.845
代谢能（兆卡）	3.28	2.52	1.63	2.6738
粗蛋白（%）	8.9	40.9	15.7	9.4293

求得 x 值 $\begin{cases} x_1 = 0.7576 \\ x_2 = 0.0522 \\ x_3 = 0.0352 \end{cases}$

即典型配方中的玉米、大豆饼、小麦麸应调整为 75.76%、5.22% 和 3.52%（表3-16）。

第三步,调整钙、磷比例。能量和蛋白质指标配平后重新计算钙、磷水平。钙为0.79%,高于指标0.19%;磷为0.47%、低于指标0.03%。调整配方中的骨粉为1.18%,去掉石粉。钙为0.68%、磷为0.5%。

第四步,调整平衡氨基酸。重新计算饲料配比调整后的各种必需氨基酸含量,不足部分用添加剂补充。

第五步,调整配合总量。饲料配方的各项营养指标满足后,如果配合总量稍有不足或超量时,可通过增减配方中的小麦麸、苜蓿草粉等调整为100%。该配方的配合量为99.72%,可增加小麦麸0.28%,调整结果见表3-15。

表 3-15 调整前后饲料配比及营养水平比较

原料	配合率(%)		营养成分	营养水平		营养指标
	原方	调整后		原方	调整后	
黄玉米	68.0	75.76	代谢能(兆卡/千克)	2.63	2.806	2.80
小麦麸	16.0	3.8	粗蛋白　　　　(%)	11.65	12.04	12.0
大豆饼	0.5	5.22	钙　　　　　　(%)	0.83	0.68	0.60
鱼粉	0.5	0.5	磷　　　　　　(%)	0.48	0.50	0.50
苜蓿粉	13.1	13.1	蛋氨酸　　　　(%)	0.16	0.22	0.20
石粉	0.5		赖氨酸　　　　(%)	0.40	0.46	0.45
骨粉	1.0	1.18	蛋+胱氨酸　　(%)	0.32	0.40	0.40
食盐	0.4	0.4				
蛋氨酸		0.04				
合计	100	100	另加复合维生素、微量元素等适量			

第四章　家禽饲料配方设计与使用

家禽主要分为蛋用(种用)、肉用和观赏用三大类。家禽的一生中,蛋用禽分为育雏、育成期和产蛋期三个饲养阶段;肉用禽分为育雏期和育肥期两个饲养阶段。家禽不同的品种和品系、不同的生长和生产水平都有各自的饲养标准,作为饲料配方设计的依据。

一、蛋用鸡饲料配方设计与使用

(一)蛋用鸡饲料配方特点

1. 育雏期饲料配方特点:蛋用鸡 0～8 周龄为育雏期。这一时期的鸡生长速度快,新陈代谢旺盛。但消化系统发育不健全,胃的容积小,进食量有限;同时肌胃研磨饲料能力差;消化道内缺乏某些消化酶,消化能力差。因此,设计饲料配方时应选用粗纤维含量低,营养价值较高、品质优良、容易消化的饲料。如玉米、大豆饼粕、优质鱼粉、小麦麸、骨粉等常用的基本原料。配制各种营养成分齐全、含量满足或能量、蛋白质、维生素等主要营养值适量高于饲养标准的饲料配方。

2. 育成期饲料配方特点:蛋用鸡 9～20 周龄为育成期。这一时期的鸡生长仍然较快,发育旺盛,消化器官逐渐发达。为了控制生长速度,饲粮的营养指标定的比较低,有些鸡种还要适当限制饲养。设计饲料配方时可适量选用农副产品(如烘干酒糟、脱毒棉仁饼、糠麸等)和优质的植物茎叶(如苜蓿粉、叶粉等)以及青绿饲料等,以减少精饲料(如玉米、豆饼、鱼粉等)的用量。可有利于充分开发利用饲料资源,降低饲料成本。在育成后期适量增加优质植物叶粉或青绿饲料,既能减少鸡的体脂沉积,又能刺激生殖器官的发育,对于培育合格的生产鸡很有好处。

3. 产蛋期饲料配方特点:蛋用鸡 21 周龄至淘汰为产蛋期。这一时期又按产蛋率高低分为三阶段饲养法(产蛋前期、中期和后期)或两阶段饲养法(产蛋前期和后期),每一阶段分别给予不同营养指标的饲粮。

(1)产蛋前期为自开产至 40 周龄或自产蛋率由 5％达 80％以上的高峰期。这一时期的母鸡繁殖机能旺盛,代谢强度大,摄入的营养物质主要用于产蛋和增加体重。产蛋高峰期是获取经济效益的关键时期,产蛋率越高,维持时间越长,产生效益越大。这一时期除注意饲料配方原料的相对稳定外,其营养水平须要适情而调整,主要有两方面:一是当产蛋率上升缓慢时试探性提高粗蛋白质水平,以发挥母鸡的最大生产潜力;二是根据蛋壳质量调整钙的水平,以增强硬度,减少破损。为获得一个持续时间较长的产蛋高峰期,要适量增加投入。配合饲料的原料要品质优良、营养丰富;蛋白质、氨基酸、维生素等关键营养指标应适量提高,确保有个较宽松的营养范围。

(2)产蛋中期为 40～60 周龄或产蛋率 80％至 70％的高峰期过后。这一时期虽然产蛋率开始下降,但蛋重增加。为使产蛋率缓慢而平稳的下降,饲粮中的粗蛋白质水平不可降的太快,以采取试探性降低蛋白质水平较为稳妥。

（3）产蛋后期为60周龄以后或产蛋率降至70％以下，这一时期的产蛋率持续下降。由于鸡龄增加，对饲料中营养物质的消化和吸收能力下降，蛋壳质量变差，饲粮中应适当增加矿物质饲料的用量，以提高钙的水平。产蛋后期随产蛋量下降，母鸡对能量的需要量相应减少，在降低粗蛋白质水平的同时不可提高能量水平，以免使鸡变肥而影响生产性能。

设计产蛋鸡的饲料配方，除考虑鸡的生产性能外，还要考虑鸡的品种、体重、蛋的大小、蛋壳的厚薄以及每天采食量等；还要考虑鸡舍的冷热、干湿程度以及饲养管理条件等。只有综合考虑这些因素，才能充分发挥鸡的生产潜力，获取最大的经济效益。

（二）以基本原料设计蛋用鸡饲料配方

鸡的配合饲料中最基本的原料有玉米、大豆饼粕、进口鱼粉、国产鱼粉、饲料酵母、小麦麸、骨粉、石粉、贝壳粉以及各类饲料添加剂等。这些原料来源广、用量大，在家禽饲粮中普遍使用。下面介绍以蛋氨酸＋胱氨酸控制鱼粉用量设计白壳蛋鸡和褐壳蛋鸡饲料配方；借鉴并予以调整后的典型饲料配方。所用原料见表4-1。

1. 白壳蛋鸡低鱼粉饲料配方的设计与使用：鱼粉是满足鸡对氨基酸需要的重要原料，尤其是蛋氨酸，只有在优质鱼粉的用量较高时才能满足其需要量，这是很不经济的，必须适当控制鱼粉的用量。蛋氨酸的不足，最简便和最有效的方法是用添加剂补足。而胱氨酸的不足可用蛋氨酸代替，因蛋氨酸在禽体内可转化为胱氨酸使用，所以蛋氨酸和胱氨酸通常合并考虑。

表4-1　家禽饲料配方基本原料及营养价值

成分＼原料	代谢能（兆卡/千克）	粗蛋白（％）	钙（％）	有效磷（％）	赖氨酸（％）	蛋氨酸（％）	蛋＋胱氨酸（％）	色氨酸（％）
玉米	3.28	8.9	0.02	0.12	0.24	0.15	0.29	0.07
大豆饼	2.52	40.9	0.3	0.24	2.38	0.59	1.2	0.63
大豆粕	2.30	43	0.32	0.31	2.45	0.64	1.3	0.68
进口鱼粉	2.79	62.9	3.87	2.76	4.9	1.84	2.42	0.73
国产鱼粉	2.74	52.5	5.74	3.12	3.41	0.62	1.0	0.67
小麦麸	1.63	15.7	0.11	0.24	0.58	0.13	0.39	0.2
骨粉			36.4	16.4				
骨粉			30.12	13.46				
贝壳粉			33.4	0.14				
碳酸钙			40.0					
蛋氨酸							98	
赖氨酸					78.8			

由于鱼粉中（尤其进口鱼粉）的蛋氨酸含量高，饲料配方中的蛋氨酸指标和鱼粉的用量之间产生一定的相互制约关系。即当蛋氨酸＋胱氨酸的营养指标每增加或减少0.01％，则鱼粉的用量增加或减少2％（肉仔鸡约5％）左右。由表4-2列出设计京白蛋鸡全期饲料配方应满足的营养指标；由表4-3列出用蛋＋胱氨酸目标值控制鱼粉用量设计的方程模式。

表4-2　应满足的营养指标

编号	成分		代谢能（兆卡/千克）	粗蛋白（％）	钙（％）	有效磷（％）	蛋氨酸（％）	蛋＋胱（％）	赖氨酸（％）
1	生长期	0～8周	2.85	19	1.0	0.4	0.38	0.64	0.95
2		9～18周	2.80	15	0.8	0.37	0.33	0.53	0.8
3	产蛋率（％）	＜5	2.75	16.5	2.0	0.37	0.33	0.58	0.75
4		5～高峰＞65	2.75	17.5	3.5	0.42	0.35	0.65	0.83
5		＜65	2.75	15.5	3.7	0.38	0.32	0.6	0.8

表 4-3　以蛋氨酸＋胱氨酸目标值控制进口鱼粉用量设计方程模式

饲料名称 配合量 营养成分	玉米	大豆饼	进口鱼粉	小麦麸	目标值				
					1	2	3	4	5
	x_1	x_2	x_3	x_4	0.98	0.98	0.95	0.9	0.9
代谢能（兆卡/千克）	3.28	2.52	2.79	1.63	2.85	2.80	2.75	2.75	2.75
粗蛋白质（％）	8.9	40.9	62.9	15.7	19	15	16.5	17.5	15.5
蛋氨酸＋胱氨酸（％）	0.29	1.2	2.42	0.39	0.6	0.47	0.52	0.56	0.5

由基本原料并控制进口鱼粉用量而设计的白壳蛋鸡全期饲料配方见表 4-4。因配方中鱼粉用量较低，蛋氨酸、赖氨酸指标常不能满足，需要用添加剂补充。在使用时应根据需要进行原料配比或营养水平的调整。

配方 1：为白壳蛋鸡 0～8 周龄的育雏配方，需添加蛋氨酸 0.05％，各项营养指标均可满足。各类饲料添加剂按产品要求配入，复合维生素按 2 倍量添加或增添单项维生素 E、维生素 AD_3 粉等。

为减少配方中玉米用量，可加入碎米 20％，调整玉米为 40.67％、大豆饼为 18.54％、小麦麸为 13.12％。

或加入裸大麦 10％，则调整玉米为 55.27％、大豆饼为 19.34％、小麦麸为 7.72％。

或加入高粱 5％，则调整玉米为 57.02％、大豆饼为 20.19％、小麦麸为 10.12％。

为减少大豆饼用量，可加入花生仁饼 6％，调整大豆饼为 12.92％、玉米为 60.85％、小麦麸为 12.56％。

或加入芝麻饼 6％，则调整大豆饼为 14.6％、玉米为 62.29％、小麦麸为 9.44％。

为减少小麦麸的用量，可加入苜蓿草粉 4％，调整小麦麸为 5.16％、玉米为 62.99％、大豆饼为 20.18％。

或加入槐叶粉 4％，则调整小麦麸为 5.48％、玉米为 62.91％。

如果同时减少玉米、大豆饼和小麦麸用量，可同时加入高粱 5％、花生仁饼 6％、苜蓿草粉 4％，则调整玉米为 58.32％、大豆饼为 13.41％、小麦麸为 5.6％。

配方 2：为白壳蛋鸡 9～18 周龄的育成用配方，需补充蛋氨酸 0.08％、赖氨酸 0.15％，各项营养指标均可满足。复合维生素、微量元素等饲料添加剂按需要加入。

为减少玉米用量，可加入稻谷 20％，调整玉米为 51.92％、大豆饼为 10.53％、小麦麸为 11.16％。

或加入高粱 15％，则调整玉米为 52.77％、大豆饼为 8.68％、小麦麸为 17.16％。

或同时加入碎米 30％、裸大麦 10％，则调整玉米为 28.62％、大豆饼为 5.23％、小麦麸为 19.76％。

为减少小麦麸用量，可加入苜蓿草粉 6％和啤酒糟 10％，则调整小麦麸为 7.52％、玉米为 65.8％、大豆饼为 4.29％。但由于加入苜蓿草粉和减少较多的小麦麸，会使配方的含钙量增多；而含磷量减少。为平衡钙、磷比例、可用 0.3％的骨粉替代等量的碳酸钙。

如果同时加入高粱 10％、啤酒糟 10％和苜蓿草粉 4％，则调整玉米为 56.44％、大豆饼为 4.67％、小麦麸为 8.5％。

配方 3：为白壳蛋鸡开产前后用配方，是由育成期向产蛋期的过度配方。主要营养指标粗蛋白质、必需氨基酸和矿物质含量增加，为迎接产蛋高峰的到来而做好物质储备。配方中仅需添加蛋氨酸 0.06％，各项营养指标均能满足。复合维生素可按 1.5～2 倍量添加，或增添维生素 E、维生素 B_1、胆碱等适量。其它饲料添加剂均按需要量添加即可。

表 4-4　白壳蛋鸡低鱼粉饲料配方示例

适用期	生 长 期		产 蛋 期		
配方编号	1	2	3	4	5
饲 料 名 称 及 配 合 率 （％）					
玉　米	61.27	65.52	61.92	62.94	66.67
大豆饼	19.94	7.93	13.82	20.85	13.97
进口鱼粉	5.67	4.39	4.9	5.08	5.05
小麦麸	11.12	20.16	14.36	1.13	4.31
骨　粉（Ca36.4％）	0.61	0.63	0.53	0.85	0.63
碳酸钙	1.2	0.86			
贝壳粉			4.64	8.73	9.63
食　盐	0.37	0.37	0.37	0.37	0.37
蛋氨酸	0.05	0.08	0.06	0.09	0.1
赖氨酸		0.15			0.05
合　计	100.23	100.06	100.6	100.04	100.77
营 养 成 分					
代谢能（兆卡/千克）	2.85	2.80	2.75	2.75	2.75
粗蛋白（％）	19	15	16.5	17.5	15.5
钙　（％）	1	0.8	2.0	3.5	3.7
有效磷（％）	0.4	0.37	0.37	0.42	0.38
蛋氨酸（％）	0.38	0.33	0.34	0.4	0.38
蛋氨酸＋胱氨酸（％）	0.65	0.55	0.58	0.65	0.6
赖氨酸（％）	0.96	0.8	0.8	0.9	0.8

为减少玉米用量，可加入高粱 10％，调整玉米为 53.42％、大豆饼为 14.32％、小麦麸为 12.36％。

或加入稻谷 20％，则调整玉米为 48.32％、大豆饼为 16.42％、小麦麸为 5.36％。

或加入裸大麦 10％，则调整玉米为 55.92％、大豆饼为 10.42％。

或同时加入高粱 10％、碎米 20％、裸大麦 10％，则调整玉米为 26.82％、大豆饼为 12.32％、小麦麸为 10.96％。为减少大豆饼用量，可加入花生仁饼 6％，调整大豆饼为 6.8％、玉米为 61.5％、小麦麸为 15.8％。

或加入芝麻饼 6％，则调整大豆饼为 8.48％、玉米为 62.94％、小麦麸为 12.68％。

为减少小麦麸用量，可加入苜蓿粉 4％，调整小麦麸为 8.4％、玉米为 63.64％、大豆饼为 14.6％。

或加入啤酒糟 10％，则调整小麦麸为 10.66％、玉米为 59.62％、大豆饼为 9.82％。

如果同时加入高粱 10％、花生仁饼 6％、苜蓿草粉 4％，则调整玉米为 54.72％、大豆饼为 7.54％、小麦麸为 7.84％。

配方 4：为白壳蛋鸡产蛋高峰期饲料配方，需添加蛋氨酸 0.09％，其他营养水平均满足饲养标准。为获得高产稳产，配方的粗蛋白质水平应高于饲养标准一个百分点；复合维生素按产品要求的 1.5～2 倍添加，并适量添加维生素 AD_3 粉、维生素 K、胆碱等。为增强蛋壳硬度、配方中要有 3％～5％的粗粒贝壳粉或石粉。

为减少玉米用量，可加入高粱 5％，调整玉米为 58.69％、大豆饼为 21.1％、小麦麸为 0.13％。

或加入碎米 20%,则调整玉米为 42.34%、大豆饼为 19.45%、小麦麸为 3.13%。

为减少大豆饼用量,可加入玉米蛋白粉 5%,调整大豆饼为 13.4%、玉米为 61.59%、小麦麸为 4.93%。

或加入啤酒酵母粉 5%,则调整大豆饼为 13.85%、玉米为 64.04%、小麦麸为 2.03%。

如果同时加入高粱 10%、碎米 20%、啤酒酵母粉 5%,则调整玉米为 34.94%、大豆饼为 12.95%、小麦麸为 2.03%。

配方 5:为白壳蛋鸡产蛋高峰过后的饲料配方,由于产蛋率逐渐下降,配方中的粗蛋白质水平相应降低;但为增强蛋壳硬度,钙的水平需适量提高。配方中需补充赖氨酸 0.05%、蛋氨酸 0.1%,各项营养指标均可满足。

为减少玉米用量,可加入高粱 10%,调整玉米为 58.17%、大豆饼为 14.47%、小麦麸为 2.31%。

或加入裸大麦 10%,则调整玉米为 60.67%、大豆饼为 13.37%、小麦麸为 0.91%。

或加入碎米 20%,则调整玉米为 46.07%、大豆饼为 12.57%、小麦麸为 6.31%。

或同时加入高粱 10%、裸大麦 10%、碎米 20%,则调整玉米为 31.57%、大豆饼为 12.47%、小麦麸为 0.91%。

配方中的贝壳粉可用等量石粉替代。配合总量可通过增减小麦麸的用量以调整为 100%。

2. 褐壳蛋鸡低鱼粉饲料配方的设计与使用:在蛋鸡饲料配方中使用国产鱼粉作原料,可降低饲料价格。但国产鱼粉较进口鱼粉的粗蛋白质含量低;蛋氨酸、胱氨酸含量均低 50% 以上;而钙、磷含量较高。本套饲料配方是以褐壳罗曼蛋鸡的饲养标准为依据,使用玉米、大豆粕、国产鱼粉、粗制骨粉等常用的基本原料设计的。由表 4-5 列出设计褐壳蛋鸡全期饲料配方应满足的营养指标;由表 4-6 列出用蛋氨酸＋胱氨酸目标值控制鱼粉用量设计的方程模式。

由基本原料并控制国产鱼粉用量而设计的褐壳蛋鸡全期饲料配方见表 4-7。在使用配方调制配合饲料时,须用添加剂补充蛋氨酸和赖氨酸的需要量,按需要适量添加复合维生素、微量元素等。此外,还应根据原料供给等情况及时进行调整。

表 4-5　应满足的营养指标

编号	营养指标		代谢能(兆卡/千克)	粗蛋白(%)	钙(%)	有效磷(%)	蛋氨酸(%)	蛋＋胱氨酸(%)	赖氨酸(%)
1	生长期	1~8 周	2.75	18.5	1.0	0.45	0.38	0.67	0.95
2		9~20 周	2.65~2.75	14.5	0.9	0.35	0.29	0.52	0.65
3	产蛋期	21~41 周	2.65~2.75	16.5	3.4	0.45	0.34	0.67	0.74
4		42 周以上	2.65~2.75	15.0	3.7	0.35	0.31	0.58	0.68

表 4-6　以蛋氨酸＋胱氨酸目标值控制国产鱼粉用量设计方程模式

饲料名称　配合量 营养成分	玉　米	大豆粕	国产鱼粉	小麦麸	目　标　值			
					1	2	3	4
	x_1	x_2	x_3	x_4	0.98	0.98	0.9	0.9
代谢能(兆卡/千克)	3.28	2.30	2.74	1.63	2.75	2.75	2.70	2.70
粗蛋白质(%)	8.9	43	52.5	15.7	18.5	14.5	16.5	15
蛋氨酸＋胱氨酸(%)	0.29	1.3	1.0	0.39	0.53	0.41	0.47	0.43

表 4-7　褐壳蛋鸡低鱼粉饲料配方示例

适 用 期	生 长 期		产 蛋 期	
配方编号	1	2	3	4
饲 料 名 称 及 配 合 率 （%）				
玉米	58.67	64.19	63.26	66.07
大豆粕	19.39	7.5	15.38	12.28
国产鱼粉	4.92	3.89	6.29	5.46
小麦麸	15.02	22.42	6.07	6.19
骨粉(Ca30.12%)	0.96	0.54	0.81	0.27
贝壳粉	1.02	1.35	7.98	9.72
食盐	0.4	0.4	0.4	0.4
蛋氨酸	0.14	0.11	0.2	0.15
赖氨酸	0.1	0.06		
合计	100.62	100.47	100.39	100.54
营 养 成 分				
代谢能(兆卡/千克)	2.75	2.75	2.70	2.70
粗蛋白(%)	18.5	14.5	16.5	15
钙 (%)	1.0	0.9	3.4	3.7
有效磷(%)	0.45	0.35	0.45	0.35
蛋氨酸(%)	0.4	0.31	0.44	0.37
蛋氨酸+胱氨酸(%)	0.67	0.52	0.67	0.58
赖氨酸(%)	0.95	0.65	0.78	0.68

配方1：为褐壳蛋鸡1～8周龄育雏用配方，需补充蛋氨酸0.14%、赖氨酸0.1%，各项营养指标均可满足。

为减少玉米用量，可加入高粱10%，调整玉米为50.57%、大豆粕为19.79%、小麦麸为12.72%。

或加入全麦粉10%，则调整玉米为50.67%、大豆粕为18.09%、小麦麸为14.32%。

或加入碎米30%，则调整玉米为27.47%、大豆粕为17.29%、小麦麸为18.32%。

或同时加入高粱10%、全麦粉10%和碎米30%，则调整玉米为11.37%、大豆粕为16.39%、小麦麸为15.32%。

为减少大豆粕用量，可加入芝麻饼6%，调整大豆粕为14.29%、玉米为58.85%、小麦麸为13.94%。

或加入酵母粉4%，则调整大豆粕为15.23%、玉米为58.19%、小麦麸为15.66%。

或加入肉骨粉3.1%，则调整大豆粕为14.99%、玉米为58.89%、小麦麸为17.06%，并去掉配方中的骨粉。

为减少小麦麸用量，可加入苜蓿粉4%，调整小麦麸为9.06%、玉米为60.43%、大豆粕为19.59%。

或加入槐叶粉4%，则调整小麦麸为9.34%、玉米为60.31%、大豆粕为19.43%。

如果同时加入高粱10%、啤酒酵母粉4%、苜蓿草粉4%，则调整玉米为51.85%、大豆粕为15.83%、小麦麸为7.4%。

配方2：为褐壳蛋鸡9～20周龄的育成用配方。需补充蛋氨酸0.11%、赖氨酸0.06%，各项营养指标均可满足。

为减少玉米用量，可加入高粱15%，调整玉米为52.04%、大豆粕为8.1%、小麦麸为

18.97%。

　　或加入裸大麦 20%，则调整玉米为 51.79%、大豆粕为 6.5%、小麦麸为 15.82%。

　　或加入稻谷 30%，则调整玉米为 44.39%、大豆粕为 11.4%、小麦麸为 8.32%。

　　如果同时减少玉米和小麦麸的用量，可同时加入高粱 10%、稻谷 20% 和苜蓿草粉 4%，则调整玉米为 44.65%、大豆粕为 10.7%、小麦麸为 4.76%。

　　配方 3：为褐壳蛋鸡产蛋高峰期饲料配方，需补充蛋氨酸 0.2%，各项营养指标均可满足。为减少玉米用量，可加入高粱 10%、调整玉米为 55.16%、大豆粕为 15.78%、小麦麸为 3.77%。

　　或加入碎米 30%、裸大麦 10%，则调整玉米为 25.86%、大豆粕为 12.78%。

　　为减少大豆粕用量，可同时加入啤酒酵母粉 4%、花生仁饼 4% 和苜蓿草粉 4%，调整大豆粕为 6.94%、玉米为 63.58%、小麦麸为 2.19%。

　　配方 4：为褐壳蛋鸡产蛋高峰过后的饲料配方，需补充 0.15% 的蛋氨酸，各项营养指标均可满足。为减少玉米用量可加入高粱 10%、调整玉米为 57.97%、大豆粕为 12.68%、小麦麸为 3.89%。

　　或加入碎米 30%，则调整玉米为 34.87%、大豆粕为 10.18%、小麦麸为 9.49%。

　　或同时加入高粱 10% 和碎米 30%，则调整玉米为 26.77%、大豆粕为 10.58%、小麦麸为 7.19%。

　　为减少大豆粕用量，可加入花生仁饼 4%、棉仁饼 3%，调整大豆粕为 5.1%、玉米为 65.26%、小麦麸为 7.18%。

　　或加入玉米蛋白粉 4% 和菜籽饼 3%，则调整大豆粕为 4.74%、玉米为 64.24%、小麦麸为 8.56%。

　　如果用苜蓿草粉替代小麦麸 6.19%，需加入苜蓿草粉 4.15%，并调整玉米为 67.9%、大豆粕为 12.48%。

　　如果同时加入高粱 10%、花生仁饼 4%、棉仁饼 3%，则调整玉米为 57.16%、大豆粕为 5.5%、小麦麸为 4.88%。

　　或同时加入裸大麦 10%、碎米 30%、菜籽饼 3%、酵母粉 4% 和苜蓿草粉 3.76%，则调整玉米为 30.05%、大豆粕为 3.73%、去掉小麦麸。

　　配方中的贝壳粉可用等量石粉替代。配合总量可通过增减配方中的小麦麸调整为 100%。

（三）以多种原料设计蛋用鸡饲料配方

　　用于畜禽配合饲料的原料很多，为了充分开发和利用本地的饲料资源，以尽可能地降低饲料成本，常同时选用十几种原料组成配方，使饲料配方的设计和计算更加复杂化。若先将各种原料按其营养特性分组，然后设计线性方程组求解；或先将各种原料分为常用的"基本原料"和不常用、且用量少的"限量原料"。限量原料可直接定量，基本原料设计线性方程组求解，使计算步骤进一步简化。除以上两种方法外，还可应用"试差法"先草拟一个配方（或选择有代表性的配方），并计算出营养水平与饲养标准相比较，相差值再设计简单的线性方程组予以调整配平，从而减少了"试差法"反复计算、调整的麻烦。以下简要介绍分组法、定量法和试差法配合线性方程设计由多种原料组成的褐壳蛋鸡全期饲料配方。选用的饲料成分及营养价值见表 4-8。

表 4-8　家禽饲料配方常用原料及营养价值

成分 原料	代谢能 （兆卡/千克）	粗蛋白 （%）	粗纤维 （%）	钙 （%）	有效磷 （%）	赖氨酸 （%）	蛋氨酸 （%）	蛋＋胱氨酸 （%）	色氨酸 （%）
玉米	3.28	8.9	1.9	0.02	0.12	0.24	0.15	0.29	0.07
碎米	3.40	10.4	1.1	0.06	0.15	0.42	0.22	0.39	0.12
高粱	2.94	9.0	1.4	0.13	0.17	0.18	0.17	0.29	0.08
大豆饼	2.52	40.9	4.7	0.3	0.24	2.38	0.59	1.2	0.63
棉仁饼	2.16	40.5	9.7	0.21	0.28	1.56	0.46	1.24	0.43
菜籽饼	1.95	34.3	11.6	0.62	0.33	1.28	0.58	1.37	0.4
花生饼	2.78	44.7	5.9	0.25	0.31	1.32	0.39	0.77	0.42
芝麻饼	2.14	39.2	7.2	2.24	—	0.82	0.82	1.31	0.4
进口鱼粉	2.79	62.9	1.0	3.87	2.76	4.9	1.84	2.42	0.73
羽毛粉	2.73	77.9	0.7	0.2	0.68	0.89	0.59	3.52	0.4
小麦麸	1.63	15.7	8.9	0.11	0.24	0.58	0.13	0.39	0.2
苜蓿粉	0.87	17.2	25.6	1.52	—	0.81	0.2	0.36	0.37

1. 多种原料饲料配方的分组法设计与使用：所谓原料分组法，是将多种饲料原料按各自的营养特性和大致配比范围划分几个组别，以利于设计方程求解的方法。先计算出各组原料的配合率，再计算出每种原料的配合率，步骤如下：

第一步，原料分组：将现有原料按营养特性和大致配比范围分组，并自成比例（计算比例的方法见第二章）。计算各组的代谢能、粗蛋白质和蛋氨酸＋胱氨酸含量。

（1）谷实类饲料组（玉米 60%、碎米 40%），含营养物质：

代谢能＝3.28×60%＋3.4×40%＝3.328（兆卡/千克）

粗蛋白质＝8.9%×60%＋10.4%×40%＝9.5%

蛋氨酸＋胱氨酸＝0.29%×60%＋0.39%×40%＝0.33%

（2）植物性蛋白质饲料组（大豆饼 80%、花生仁饼 20%），含营养物质：

代谢能＝2.52×80%＋2.78×20%＝2.572（兆卡/千克）

粗蛋白质＝40.9%×80%＋44.7%×20%＝41.66%

蛋氨酸＋胱氨酸＝1.2%×80%＋0.77%×20%＝1.114%

（3）动物性蛋白质饲料组（进口鱼粉 70%、羽毛粉 30%），含营养物质：

代谢能＝2.79×70%＋2.73×30%＝2.772（兆卡/千克）

粗蛋白质＝62.9%×70%＋77.9%×30%＝67.4%

蛋氨酸＋胱氨酸＝2.42%×70%＋3.52%×30%＝2.75%

（4）糠麸类饲料组（小麦麸 100%），含代谢能 1.63 兆卡/千克、粗蛋白质 15.7%、蛋氨酸＋胱氨酸 0.39%。

矿物质及各类饲料添加剂由配合饲料总量中留出一定量作为机动数，最后配平。

第二步，确定方程目标值，组成四元线性方程组求解，方法见"基本步骤"。配方设计应满足的营养指标见表 4-9；原料分组及方程模式见表 4-10。

表 4-9 应满足的营养指标

编号		营养指标	代谢能 (兆卡/千克)	粗蛋白 (%)	钙 (%)	有效磷 (%)	蛋氨酸 (%)	蛋+胱氨酸 (%)	赖氨酸 (%)
1	生长期	0~8 周	2.85	18	1~1.1	0.48	0.45	0.8	1.05
2		9~20 周	2.75	15	1.1~1.2	0.4	0.3	0.53	0.66
3	产蛋期	19~35 周	2.80	19	3.8~4.2	0.42	0.41	0.73	0.82
4		35 周以上	2.75	18	4~4.4	0.4	0.37	0.67	0.76

表 4-10 原料分组及方程模式

原料分组 配合量 营养成分	玉米 60% 碎米 40%	大豆饼 80% 花生饼 20%	进口鱼粉 70% 羽毛粉 30%	小麦麸 100%	目标值 1 0.98	2 0.98	3 0.90	4 0.90
	x_1	x_2	x_3	x_4				
代谢能(兆卡/千克)	3.328	2.572	2.772	1.63	2.85	2.75	2.80	2.75
粗蛋白质(%)	9.5	41.66	67.4	15.7	18	15	19	18
蛋氨酸+胱氨酸(%)	0.33	1.114	2.75	0.39	0.59	0.49	0.62	0.58

以计算配方 1 中各种原料的配合率为例,可求得各 x 值:

$$配方 1 的 x 值为 \begin{cases} x_1 = 0.6286 \\ x_2 = 0.1122 \\ x_3 = 0.0696 \\ x_4 = 0.1696 \end{cases}$$

第三步,计算各种原料在饲料配方中所占比例:

(1) 谷实类饲料占 62.86%

其中玉米:62.86%×60%=37.72%

碎米:62.86%×40%=25.14%

(2) 植物性蛋白质饲料占 11.22%

其中大豆饼:11.22%×80%=8.98%

花生仁饼:11.22%×20%=2.24%

(3) 动物性蛋白质饲料占 6.96%

其中进口鱼粉:6.96%×70%=4.87%

羽毛粉:6.96%×30%=2.09%

(4) 糠麸类饲料小麦麸占 16.96%

(5) 矿物质饲料的用量,经计算需配入骨粉 0.7%、碳酸钙 1.2%、食盐 0.5%。

(6) 必需氨基酸补充量,经计算需补充蛋氨酸 0.21%、赖氨酸 0.32%。

第四步,制定饲料配方表。将各种饲料配比及营养水平填表,即获得褐壳(伊莎)蛋鸡饲料配方(表 4-11)。用以调制配合饲料时,再按需要配入复合维生素、微量元素等饲料添加剂。并且根据需要进行下列调整:

配方 1:为蛋鸡育雏期饲料配方,需添加蛋氨酸 0.21%、赖氨酸 0.32%,各项营养指标均可满足。配方中小麦麸用量偏高,可加入苜蓿草粉 4%,调整小麦麸为 11%、玉米为 39.44%、大豆饼为 9.22%。

或加入苜蓿草粉 4%和高粱 10%,则调整小麦麸为 9%、玉米为 30.94%、大豆饼为

9.72%。

如果减少碎米用量10%而增加高粱10%，则调整玉米为39.52%、大豆饼为9.18%、小麦麸为13.96%。

或同时加入高粱10%和苜蓿草粉4%，并减少碎米10%，则调整玉米为41.24%、大豆饼为10.42%、小麦麸为8%。

表 4-11　褐壳蛋鸡多原料饲料配方示例

适 用 期	生 长 期		产 蛋 期	
配方编号	1	2	3	4
饲 料 名 称 及 配 合 率 （%）				
玉米	37.72	37.6	37.64	36.93
碎米	25.14	25.06	25.09	24.62
大豆饼	8.98	2.48	16.17	14.74
花生仁饼	2.24	0.62	4.04	3.69
进口鱼粉	4.87	3.65	4.75	3.93
羽毛粉	2.09	1.56	2.04	1.69
小麦麸	16.96	27.03	0.27	4.4
碳酸钙	1.2	1.5		
石粉			9.2	9.9
骨粉	0.7	0.81	0.85	0.86
食盐	0.5	0.5	0.4	0.4
蛋氨酸	0.21	0.06	0.11	0.09
赖氨酸	0.32	0.06		
合计	100.93	100.93	100.56	101.25
营 养 成 分				
代谢能（兆卡/千克）	2.85	2.75	2.80	2.75
粗蛋白（%）	18	15	19	18
钙 （%）	1	1.1	3.8	4
有效磷（%）	0.48	0.4	0.42	0.4
蛋氨酸（%）	0.51	0.3	0.43	0.39
蛋氨酸＋胱氨酸（%）	0.8	0.55	0.73	0.67
赖氨酸（%）	1.05	0.67	0.89	0.82

配方2：为蛋鸡育成期饲料配方，需添加蛋氨酸0.06%和赖氨酸0.06%，各项营养指标均可满足。配方中小麦麸用量较高，可通过加入低能量的原料予以减少。如果减少进口鱼粉用量1%，并同时加入高粱10%、啤酒糟10%和苜蓿草粉6%，须调整小麦麸为11.64%、玉米为29.16%、大豆饼为1.22%、骨粉为0.9%。调整后的粗纤维含量为5.01%。

或加入裸大麦10%，并加入稻谷25.06%以替代等量的碎米，则调整小麦麸为9.85%、玉米为40.37%、大豆饼为6.89%。调整后粗纤维含量为4.3%。

配方3：为蛋鸡产蛋高峰期饲料配方，需添加蛋氨酸0.11%，各项营养指标均可满足。

如果加入高粱10%和玉米蛋白粉5%，则调整玉米为27.79%、大豆饼为9.22%、小麦麸为2.07%。

或加入高粱10%和玉米蛋白粉5%的同时减少碎米10%，则调整玉米为38.09%、大豆饼为9.92%、小麦麸为1.07%。

配方4：为产蛋鸡产蛋高峰期过后的饲料配方，需添加蛋氨酸0.09%，各项营养指标均可满足。如果加入高粱10%，则调整玉米为28.43%、大豆饼为15.24%、小麦麸为2.4%。

如果加入裸大麦 10％，则调整玉米为 30.93％、大豆饼为 14.14％、小麦麸为 1％。

如果加入棉仁饼 3％，则调整玉米为 37.47％、大豆饼为 11.95％、小麦麸为 3.65％。

如果加入菜籽饼 4％，则调整玉米为 37.65％、大豆饼为 11.98％、小麦麸为 2.44％。

如果无碎米原料，则调整玉米为 62.29％、大豆饼为 16.46％、小麦麸为 1.94％。

配方中石粉可用贝壳粉替代。配合总量可通过增减小麦麸调整为 100％。

2. 多种原料饲料配方的定量法设计与使用：所谓定量法，则是直接确定原料用量与方程计算原料用量相结合，设计多种原料配方的方法。将多种原料分为常用的"基本原料"（如玉米、大豆饼粕、鱼粉、小麦麸、矿物质饲料以及各类饲料添加剂等）和不常用、或常用且用量较少的"限量原料"（如棉仁饼、菜籽饼、鱼粉、羽毛粉、苜蓿粉等）。先将限量原料的定量值之和以及所提供的营养成分含量之和与饲养标准相比较，相差部分用基本原料设计四元或三元线性方程组求得。

定量原料用量多少的确定受原料本身的主要营养物质含量，对不同动物的营养特点和待配饲粮的营养指标高低等多方面的限制。如棉仁饼、菜籽饼因含有毒物质，在家禽饲粮中的用量受到限制，在幼雏、高产禽饲粮中用量要少；而种禽饲粮中很少用。如果待配饲粮的能量指标较高，则粗纤维含量高的原料用量要少或不能使用；如果粗蛋白指标较高，则含粗蛋白较低的原料要少些。此外，如果限量原料仅一、两种，则用量可适当高些；而品种多时则各自的用量要少些。总之，要视情而定。

仍以设计褐壳（罗曼）蛋鸡全期饲料配方为例，所用原料见表 4-8；应满足的营养指标见表 4-9。

第一步，限量原料定量：

(1) 棉仁饼，未经脱毒处理的棉仁饼含有毒性物质游离棉酚，其用量不得超过 5％。并因混有一部分棉壳和棉绒而粗纤维含量较高，故确定用量为 3％。可提供营养物质含量：

代谢能＝2.16×3％＝0.0648（兆卡）

粗蛋白质＝40.5％×3％＝1.215％

蛋氨酸＋胱氨酸＝1.24％×3％＝0.0372％

(2) 菜籽饼，菜籽饼不经脱毒处理，含有异硫氰酸盐、恶唑烷硫酮等有毒物质，而且粗纤维含量高，难以消化吸收，故确定用量为 3％，可提供营养物质含量：

代谢能＝1.95×3％＝0.0585（兆卡）

粗蛋白质＝34.3％×3％＝1.029％

蛋氨酸＋胱氨酸＝1.37％×3％＝0.0411％

(3) 羽毛粉，羽毛粉虽含粗蛋白质较高，但其消化利用率较低。其含硫氨基酸的含量较高，有利于禽羽更换或预防啄毛癖发生的作用，故确定用量为 1％。可提供营养物质含量：

代谢能＝2.73×1％＝0.0273（兆卡）

粗蛋白质＝77.9％×1％＝0.779％

蛋氨酸＋胱氨酸＝3.52％×1％＝0.0352％

(4) 苜蓿粉，优质苜蓿草粉含有丰富的胡萝卜素，粗蛋白质含量亦较高。但因粗纤维含量高而不能多用，可用其替代一部分糠麸类饲料。故确定用量为 3％，可提供营养物质含量：

代谢能＝0.87×3％＝0.0261（兆卡）

粗蛋白质＝17.2％×3％＝0.516％

蛋氨酸＋胱氨酸＝0.36％×3％＝0.0108％

第三步,计算以上四种原料的配合量,及其所提供的营养物质含量:

(1) 四种原料的配合量:

3％＋3％＋1％＋3％＝10％

(2) 可提供营养物质含量:

代谢能＝0.0648＋0.0585＋0.0273＋0.0522＝0.1767(兆卡)

粗蛋白＝1.215％＋1.029％＋0.779％＋1.032％＝3.539％

蛋氨酸＋胱氨酸＝0.0372％＋0.0411％＋0.0352％＋0.0216％＝0.1243％

(3) 与饲养标准(育雏期)比较相差:

配合量＝100％－10％＝90％

代谢能＝2.80兆卡－0.1767兆卡＝2.6233兆卡

粗蛋白质＝19％－3.539％＝15.461％

蛋氨酸＋胱氨酸＝0.58％－0.1243％＝0.4857％

第三步,基本原料用量的计算:

(1) 确定方程目标值,配合量中留出2％的机动量则为88％;含代谢能为2.6233兆卡、粗蛋白质为15.461％、蛋氨酸＋胱氨酸含量中留出0.06％的添加量则为0.4557％。

(2) 方程组成,设基本原料玉米的用量为 x_1、大豆饼为 x_2、进口鱼粉为 x_3、小麦麸为 x_4,组成四元线性方程组。配方应满足的营养指标见表4-12;由基本原料设计的方程见表4-13。

表4-12 应满足的营养指标

编号	成 分		代谢能(兆卡/千克)	粗蛋白(%)	钙(%)	有效磷(%)	蛋氨酸(%)	蛋+胱氨酸(%)	赖氨酸(%)
1	生长期	0～8周	2.80	19	1	0.45	0.38	0.67	0.95
2		9～20周	2.75	15	0.9	0.35	0.29	0.52	0.65
3	产蛋期	21～41周	2.70	17	3.4	0.45	0.34	0.67	0.74
4		42周以上	2.70	15	3.7	0.35	0.31	0.58	0.68

表4-13 多种原料饲料配方中基本原料设计方程模式

饲料名称／配合量／营养成分	玉 米	大豆饼	进口鱼粉	小麦麸	目 标 值			
					1	2	3	4
	x_1	x_2	x_3	x_4	0.88	0.88	0.80	0.80
代谢能(兆卡)	3.28	2.52	2.79	1.63	2.6233	2.5733	2.5233	2.5233
粗蛋白(%)	8.9	40.9	62.9	15.7	15.461	11.461	13.461	11.461
蛋氨酸＋胱氨酸(%)	0.29	1.2	2.42	0.39	0.61	0.48	0.58	0.5

应用"基本步骤"求解。

第四步,制定饲料配方表、计算、配平钙、磷、钠等矿物质成分和各种必需氨基酸;按需要添加各种饲料添加剂,即获得由定量和方程配平结合设计的蛋鸡全期饲料配方(表4-14)。

表 4-14　限量原料定量设计蛋鸡饲料配方示例

适　用　期	生　长　期		产　蛋　期	
配方编号	1	2	3	4
饲　料　名　称　及　配　合　率　（%）				
玉米	60.75	65.59	64.83	67.56
大豆饼	16.49	4.29	7.22	6.95
进口鱼粉	3.43	2.12	7.37	3.69
小麦麸	7.33	16	0.58	1.8
棉仁饼	3	3	3	3
菜籽饼	3	3	3	3
羽毛粉	1	1	1	1
苜蓿粉	3	3	3	3
碳酸钙	0.7	0.98		
贝壳粉			8.32	9.61
骨粉	1.22	0.85	0.61	0.66
食盐	0.4	0.4	0.4	0.4
蛋氨酸	0.08	0.07	0.09	0.08
赖氨酸	0.11	0.1		0.06
合计	100.51	100.4	99.42	100.81
营　养　成　分				
代谢能(兆卡/千克)	2.80	2.75	2.70	2.70
粗蛋白(%)	19	15	17	15
钙　　(%)	1.0	0.9	3.4	3.7
有效磷(%)	0.45	0.35	0.45	0.35
蛋氨酸(%)	0.38	0.29	0.41	0.33
蛋氨酸＋胱氨酸(%)	0.69	0.55	0.67	0.58
赖氨酸(%)	0.95	0.65	0.74	0.68

使用前或使用过程中可根据需要进行下列调整：

配方 1：为雏鸡用饲料配方，需添加蛋氨酸 0.08%、赖氨酸 0.11%，各项营养指标均可满足。

配方中因配入棉仁饼、菜籽饼和苜蓿粉，尽量不再加入粗纤维含量较高的原料。为减少玉米用量、可加入高粱 10%，调整玉米为 52.25%、大豆饼为 16.99%、小麦麸为 5.33%。

或加入裸大麦 10%，则调整玉米为 54.75%、大豆饼为 15.89%、小麦麸为 3.93%。

或加入碎米 30%，则调整玉米为 29.85%、大豆饼为 14.39%、小麦麸为 10.33%。

为减少大豆饼用量，可加入花生仁饼 4%，调整大豆饼为 11.81%、玉米为 60.47%、小麦麸为 8.29%。

或加入玉米蛋白粉 5%，则调整大豆饼为 9.04%、玉米为 59.4%、小麦麸为 11.13%。

或加入芝麻饼 4%，则调整大豆饼为 12.93%、玉米为 61.43%、小麦麸为 6.21%。

配方中鱼粉用量较低，可加入啤酒酵母粉 3%，调整玉米为 61.41%、大豆饼为 12.29%、小麦麸为 7.87%。

或加入肉骨粉 3%，则调整玉米为 61.62%、大豆饼为 12.11%、小麦麸为 8.71%、骨粉为 0.35%。

如果同时增加动物性饲料和减少玉米、大豆饼用量，则同时加入高粱 10%、花生仁饼 4% 和啤酒酵母 3%，调整玉米为 52.63%、大豆饼为 8.11%、小麦麸为 6.83%。

或同时加入碎米 30%、芝麻饼 4% 和肉骨粉 3%，则调整玉米为 31.4%、大豆饼为 6.45%、小麦麸为 10.59%。

配方 2：为育成鸡饲料配方，需添加蛋氨酸 0.07%、赖氨酸 0.1%，各项营养指标均可满足。为减少玉米用量，可加入高粱 15%，调整玉米为 52.84%、大豆饼为 5.04%、小麦麸为 13%。

或加入稻谷 20%，调整玉米为 51.99%、大豆饼为 6.89%、小麦麸为 7%。

为减少小麦麸用量，可加入米糠 10%，调整小麦麸为 12.6%、玉米为 59.49%、大豆饼为 3.79%。

或加入啤酒糟 10%，则调整小麦麸为 12.3%、玉米为 63.29%、大豆饼为 0.29%。

配方中动物性饲料用量较少，如果加入啤酒酵母粉 3%，则调整玉米为 66.25%、大豆饼为 0.09%、小麦麸为 16.54%。

或加入肉骨粉 2.94%，则调整玉米为 66.44%、小麦麸为 17.35%，并去掉大豆饼和骨粉。

如果同时加入高粱 15%、米糠 10% 和啤酒酵母粉 3%，则调整玉米为 47.4%、大豆饼为 0.34%、小麦麸为 10.14%。

或同时加入高粱 10%、稻谷 20%、啤酒糟 10%，则调整玉米为 41.19%、大豆饼为 3.39%、小麦麸为 1.3%。

配方 3：为产蛋高峰期饲料配方，需补充蛋氨酸 0.09%，各项营养指标均可满足。

因配方中配有棉仁饼、菜籽饼和苜蓿粉，最好不再加入粗纤维含量较高的原料。为减少玉米用量，可加入高粱 10%，调整玉米为 55.92%、大豆饼为 7.66%、苜蓿草粉为 2.05%，并去掉小麦麸。

或加入碎米 20%，则调整玉米为 44.23%、大豆饼为 5.82%、小麦麸为 2.58%。

配方中进口鱼粉用量偏高，增加了饲料成本。如果减少鱼粉用量 3%，则加入酵母粉 4.02%，调整鱼粉为 4.37%、玉米为 64.79%、大豆饼为 7.18%、苜蓿草粉为 2.34%、骨粉为 0.91%，并去掉小麦麸。

或在用酵母粉 4.02% 替代鱼粉 3% 的同时再加入碎米 10%，则调整玉米为 54.77%、大豆饼为 6.52%、鱼粉为 4.37%、骨粉 0.91%，并去掉小麦麸或用其补足总量。

或在减少鱼粉用量 2.35% 的同时加入肉骨粉 3.03%，则调整鱼粉为 5.02%、玉米为 65.25%、小麦麸为 0.09%，并去掉骨粉。

如用花生仁饼 3% 替代等量棉仁饼，则调整玉米为 64.08%、大豆饼为 6.5%、小麦麸为 2.32%。

如果用花生仁饼 3% 替代等量菜籽饼，则调整玉米为 64.08%、大豆饼为 5.78%、小麦麸为 2.77%。

配方 4：为蛋鸡低产期饲料配方，需补足蛋氨酸 0.08% 和赖氨酸 0.06%，各项营养指标均可满足。为减少玉米用量可加入高粱 10%，调整玉米为 59.06%、大豆饼为 7.45%、苜蓿草粉为 2.8%，并去掉小麦麸。

或加入裸大麦 10%、碎米 20%，则调整玉米为 40.96%、大豆饼为 4.95%、小麦麸为 0.4%。

如果用玉米蛋白粉 4.66% 替代全部大豆饼，则调整玉米为 66.3%、小麦麸为 5.34%。

配方中的贝壳粉可用石粉替代，配合总量可用小麦麸和苜蓿粉调整为 100%。

3. "试差"方程配平法设计蛋鸡无鱼粉饲料配方。试差法是应用较普遍的计算饲料配方的

52

方法。它是依据饲养标准、饲料资源和饲养经验等先粗略地拟定一个配方,并计算出各种营养成分的含量,将合计结果与饲养标准比较。按多退少补的原则,反复核算,逐项调整,直到达到或接近所规定的营养指标为止。此法虽然道理简单,但计算一个配方需要花费很多时间。现介绍"试差"与简单线性方程调整相结合,设计褐壳(罗曼)蛋鸡全期饲料配方的方法,可省略反复调整的麻烦。

(1)草拟配方:以设计蛋鸡育成期饲料配方(配方2)为例,配方中各种原料的大致配合比例为:谷实类饲料占65%、植物性蛋白质饲料占18%、糠麸类饲料占15%、矿物质饲料及各类饲料添加剂占2%。所用饲料成分见表4-8;应满足的营养指标见表4-5;试配结果见表4-15。

表4-15　草拟饲料配方能量、粗蛋白质计算示例

原　料	配比(%)	代谢能(兆卡/千克)	粗蛋白质(%)
玉米	55	×3.28=1.804	×8.9=4.895
高粱	10	×2.94=0.294	×9=0.9
大豆饼	11	×2.52=0.2772	×40.9=4.499
棉仁饼	3	×2.16=0.0648	×40.5=1.215
花生仁饼	4	×2.78=0.1112	×44.7=1.788
小麦麸	9	×1.63=0.1467	×15.7=1.413
苜蓿粉	6	×0.87=0.0522	×17.2=1.032
合计	98	2.7501	15.742
标准		2.75	14.5
相差(±)		+0.0001	+1.242

(2)方程调整:计算草拟配方的营养水平,代谢能为2.7501兆卡/千克,与饲养标准基本相等;粗蛋白质为15.742%,与饲养标准比较超量1.242%。须重新调整配方中玉米、大豆饼和小麦麸的用量。计算该三种原料在草拟配方中的混合量及代谢能和粗蛋白质含量:

混合量=55%+11%+9%=75%

代谢能=1.804兆卡+0.2772兆卡+0.1467兆卡=2.2279兆卡

粗蛋白=4.895%+4.499%+1.413%=10.807%

将粗蛋白值的超标准部分减去

$$10.807\% - 1.242\% = 9.565\%$$

即确定方程目标值为:混合量75%,含代谢能2.2279兆卡、粗蛋白质9.565%。设计方程模式见表4-16。

表4-16　草拟饲料配方调整方程模式

饲料名称 配合量 营养成分	玉米	大豆饼	小麦麸	目　标　值			
				1	2	3	4
	x_1	x_2	x_3	0.78	0.75	0.73	0.73
代谢能(兆卡)	3.28	2.52	1.63	2.2539	2.2279	2.23	2.23
粗蛋白质(%)	8.9	40.9	15.7	14.081	9.565	12.597	11.097

求解见第二章、第三节"饲料配方设计"的三元和二元方程计算步骤。即调整玉米为57.32%、大豆饼为6.7%、小麦麸为10.98%,可满足能量和粗蛋白质指标(表4-17)。

(3)计算矿物质饲料用量:先计算调整后的各种饲料原料的钙、磷含量,见表4-18。

经计算,需配入骨粉 1.23%、碳酸钙 0.72%,可满足钙磷指标。需配入食盐 0.4%,可满足钠的指标。

表 4-17　蛋鸡全期饲料配方草拟及方程调整结果

适　用　期	生　长　期		产　蛋　期	
配方编号	1	2	3	4
饲　料　名　称　及　配　合　率　（%）				
玉　米	55	55	55	55
	(48.55)	(57.32)	(52.91)	(55.7)
高　粱	10	10	10	10
大豆饼	14	11	14	14
	(20.38)	(6.7)	(18.78)	(13.59)
棉仁饼	3	3	3	3
花生仁饼	4	4	4	4
小麦麸	9	9	4	4
	(9.07)	(10.98)	(1.31)	(3.71)
苜蓿粉	3	6		
合计	98	98	90	90
能　量、粗　蛋　白　水　平				
代谢能	2.7996	2.7501	2.692	2.692
	(2.75)	(2.75)	(2.70)	(2.70)
粗蛋白质	16.453	15.742	15.152	15.152
	(18.5)	(14.5)	(16.5)	(15.0)
与　饲　养　标　准　比　较　相　差　（±）				
代谢能	+0.0496	0.0	-0.008	-0.008
粗蛋白质	-2.047	+1.242	-1.348	+0.152

注:表中括号内为方程调整后的结果。

表 4-18　草拟配方调整后钙磷含量计算示例

原　料	配比（%）	钙　　（%）	有效磷　（%）
玉米	57.32	×0.02=0.0115	×0.12=0.0688
高粱	10	×0.13=0.013	×0.17=0.017
大豆饼	6.7	×0.3=0.0201	×0.24=0.0161
棉仁饼	3	×0.21=0.0063	×0.28=0.0084
花生仁饼	4	×0.25=0.01	×0.31=0.0124
小麦麸	10.98	×0.11=0.0121	×0.24=0.0264
苜蓿粉	6	×1.52=0.0912	
合计	98	0.1642	0.1491
饲养标准		0.9	0.35
相差(±)		-0.7358	-0.2009

（4）配平各种必需氨基酸,按需要加入各类饲料添加剂,即为蛋鸡育成期饲料配方（配方2）。

由试差结合方程配平而设计的蛋鸡全期无鱼粉饲料配方见表 4-19,使用时可根据需要进行下列调整:

配方1:为蛋鸡育雏用无鱼粉饲料配方,三饼配合,补充蛋氨酸 0.14% 和赖氨酸 0.2%,以达到各种氨基酸之间的平衡,提高蛋白质的利用率。

为减少玉米用量,可加入裸大麦 10%,调整玉米为 42.55%、大豆饼为 19.78%、小麦麸为5.67%。

或加入碎米 20％,则调整玉米为 27.95％、大豆饼为 18.98％、小麦麸为 11.07％。

为减少大豆饼用量,可加入芝麻饼 4％,调整大豆饼为 16.82％、玉米为 49.23％、小麦麸为 7.95％。

或加入玉米蛋白粉 6％,则调整大豆饼为 11.44％、玉米为 46.93％、小麦麸为 13.63％。

如果同时加入裸大麦 10％和芝麻饼 4％,则调整玉米为 43.23％、大豆饼为 16.22％、小麦麸为 4.55％。

表 4-19　试差方程配平法设计蛋鸡无鱼粉饲料配方示例

适　用　期	生　长　期		产　蛋　期	
配方编号	1	2	3	4
饲　料　名　称　及　配　合　率（％）				
玉　米	48.55	57.32	52.91	55.7
高　粱	10	10	10	10
大豆饼	20.38	6.7	18.78	13.59
棉仁饼	3	3	3	3
花生仁饼	4	4	4	4
小麦麸	9.07	10.98	1.31	3.71
苜蓿粉	3	6		
碳酸钙	0.33	0.72		
骨　粉	1.96	1.23	1.87	1.2
石　粉			7.49	9.03
蛋氨酸	0.14	0.11	0.19	0.14
赖氨酸	0.2	0.15	0.05	0.11
合　计	100.63	100.31	99.6	100.48
营　养　水　平				
代谢能(兆卡/千克)	2.75	2.75	2.70	2.70
粗蛋白质(％)	18.5	14.5	16.5	15
钙　　(％)	1	0.9	3.4	3.7
有效磷(％)	0.45	0.35	0.45	0.35
蛋氨酸(％)	0.4	0.31	0.43	0.35
蛋氨酸＋胱氨酸(％)	0.67	0.52	0.67	0.58
赖氨酸(％)	0.95	0.65	0.74	0.68

如果加入国产鱼粉 5％,则调整大豆饼为 12.53％、小麦麸为 12.82％、骨粉为 0.08％。

如果加入啤酒酵母粉 6％,则调整玉米为 49.87％、大豆饼为 11.98％、小麦麸为 10.15％。

如果用菜籽饼 3％替代棉仁饼等量,则调整大豆饼为 21.1％、小麦麸为 8.35％。

如果用玉米蛋白粉 4％替代等量花生仁饼,则调整玉米为 47.75％、大豆饼为 19.1％、小麦麸为 11.15％。

配方 2:为蛋鸡育成期饲料配方,需添加蛋氨酸 0.11％和赖氨酸 0.15％,各项营养指标均可满足。为减少玉米用量,可加入稻谷 20％,调整玉米为 43.72％、大豆饼为 9.3％、小麦麸为 1.98％。

为减少小麦麸用量可加入啤酒糟 10％,调整小麦麸为 7.28％、玉米为 55.02％、大豆饼为 2.7％。

如果加入啤酒酵母粉 4％,则调整玉米为 58.2％、大豆饼为 1.1％、小麦麸为 11.7％。

如果加入肉骨粉 4.59％,则调整玉米为 58.65％、小麦麸为 12.99％、并去掉大豆粉和骨粉。

配方3：为产蛋高峰期饲料配方，需添加蛋氨酸0.19%和赖氨酸0.05%，各项营养指标均可满足。为减少玉米和大豆饼用量，可加入裸大麦10%和玉米蛋白粉6%，调整玉米为45.29%、大豆饼为9.24%、小麦麸为2.47%。

或加入碎米20%和芝麻饼4%，则调整玉米为32.99%、大豆饼为13.82%、小麦麸为2.19%。

如果加入进口鱼粉6%，则调整玉米为54.23%、大豆饼为7.5%、小麦麸为5.81%、骨粉为1.33%。

如果加入啤酒酵母粉3%和肉骨粉3%，则调整玉米为54.44%、大豆饼为10.2%、小麦麸为3.23%、骨粉为1%。

配方4：为蛋鸡低产阶段饲料配方，需添加蛋氨酸0.14%和赖氨酸0.11%，各项营养指标均可满足。

如果加入裸大麦10%和碎米20%，则调整玉米为29.1%、大豆饼为11.59%、小麦麸为2.31%。

如果加入进口鱼粉3%和酵母粉3%，则调整大豆饼为3.75%、玉米为57.02%、小麦麸为6.5%、骨粉为0.93%。

如果加入酵母粉3%和肉骨粉3%，则调整大豆饼为5.01%、玉米为57.23%、小麦麸为5.63%、骨粉为0.33%。

或同时加入裸大麦10%、碎米20%、酵母粉3%和肉骨粉3%，则调整玉米为30.63%、大豆饼为3.01%、小麦麸为4.23%、骨粉为0.33%。

配方中的石粉可用贝壳粉等量替代。配合总量可通过增减小麦麸和苜蓿草粉调整为100%。

（四）以平衡氨基酸设计产蛋鸡饲料配方

常用的设计产蛋鸡饲料配方是以平衡粗蛋白质为基础，分不同的饲养阶段供给所需要的营养水平。但是，各种饲料蛋白质因品质的差异，其生物学价值相差很大，如植物性蛋白质的利用率不如动物性蛋白质的利用率高。这是因为植物性蛋白质缺乏蛋氨酸、赖氨酸等必需氨基酸；而动物性蛋白质中的各种必需氨基酸含量比较丰富、且氨基酸之间亦比较平衡。所以饲粮中常以配入鱼粉平衡氨基酸，提高饲料利用率。

实际上，以氨基酸的需要量来设计鸡的饲料配方乃是最准确、最经济的方法。因为氨基酸是合成蛋白质的基本单位，只要鸡体所需要的13种必需氨基酸均满足、且平衡时，即是适量降低粗蛋白质水平亦不会影响母鸡的产蛋量。但任何一种氨基酸缺乏时，均会影响其它氨基酸的充分利用。尤其是蛋氨酸、赖氨酸，在植物饲料中含量较少，只有大量增加动物性饲料才能满足。若采用低鱼粉或无鱼粉饲粮喂鸡时，常常出现不足，必须用添加剂补充以达到平衡。胱氨酸不足可用蛋氨酸代替；而色氨酸、精氨酸在有动物性原料的饲粮中能够满足或绰绰有余，而在无动物性原料的饲粮中可能出现不足。在设计以平衡氨基酸为主的产蛋鸡饲料配方时，可首先考虑能量指标的满足和这些氨基酸的满足及平衡。而粗蛋白指标可不考虑，最后结果只要在营养需要范围之内即可。下以海兰棕壳产蛋母鸡三阶段饲养标准为依据，比较以平衡氨基酸为基础和以平衡蛋白质为基础设计饲料配方的方法与结果。

1. 以平衡氨基酸为基础设计饲料配方的方法

（1）应满足的营养指标。查海兰蛋鸡饲养标准，产蛋期每只每日需要代谢能 0.25～0.3 兆卡，粗蛋白质最低需要量为 14％；当每只每日采食 100 克饲粮时，须满足的主要氨基酸和矿物质见表 4-20。

表 4-20　以平衡氨基酸为基础的最低需要（只/天）

营养指标 产蛋阶段	代谢能 （兆卡/只）	粗蛋白 （%）	钙 （%）	总磷 （%）	蛋氨酸 （%）	蛋＋胱氨酸 （%）	赖氨酸 （%）	色氨酸 （%）
18～40 周	0.25～0.3	14.0	3.25	0.65	0.36	0.66	0.79	0.19
41～60 周	0.25～0.3	14.0	3.5	0.55	0.35	0.62	0.72	0.17
61 周龄以上	0.25～0.3	14.0	3.75	0.45	0.34	0.58	0.67	0.16

（2）方程设计。以平衡氨基酸为基础满足上表要求，由基本原料玉米、大豆饼、进口鱼粉、小麦麸、骨粉、贝壳粉等设计方程求解（表 4-21）。

表 4-21　以平衡氨基酸为基础的方程模式

饲料名称 配合量 营养成分	玉　米	大豆饼	进口鱼粉	小麦麸	目　标　值		
					18～40	41～60	61 以上
	x_1	x_2	x_3	x_4	0.9	0.9	0.9
代谢能（兆卡/千克）	3.28	2.52	2.79	1.63	2.75	2.75	2.75
赖氨酸（%）	0.24	2.38	4.9	0.58	0.79	0.77	0.75
色氨酸（%）	0.07	0.63	0.73	0.2	0.19	0.185	0.18

（3）制定饲料配方。计算出玉米、大豆饼、进口鱼粉、小麦麸在不同产蛋阶段的配合率，配平钙、磷、钠和蛋氨酸＋胱氨酸指标；按需要添加复合维生素、微量元素等，即获得以平衡氨基酸为基础的产蛋鸡饲料配方（表 4-24）。

以平衡氨基酸为基础设计饲料配方，使各种必需氨基酸之间更为平衡。尤其是赖氨酸、色氨酸和精氨酸，常随着鱼粉用量增加和饲粮中粗蛋白质水平提高而大量超出饲养标准。通过对氨基酸的目标控制，可使其更符合营养要求。

2. 以平衡粗蛋白质为基础设计饲料配方的方法

（1）应满足的营养指标：查海兰蛋鸡饲养标准，产蛋期每只每日需要代谢能 0.25～0.3 兆卡。当每只每日采食 100 克饲粮时，应满足的营养指标见表 4-22。

表 4-22　以平衡粗蛋白质为基础的最低需要（只/天）

营养指标 产蛋阶段	代谢能 （兆卡/千克）	粗蛋白 （%）	钙 （%）	总磷 （%）	蛋氨酸 （%）	蛋＋胱氨酸 （%）	赖氨酸 （%）	色氨酸 （%）
18～40 周	0.25～0.3	18	3.25	0.65	0.36			
41～60 周	0.25～0.3	16	3.5	0.55	0.35			
61 周龄以上	0.25～0.3	16	3.75	0.45	0.34			

（2）方程设计：以平衡粗蛋白质为基础的产蛋期饲料配方应满足上表要求，由基本原料玉米、大豆饼、进口鱼粉、小麦麸、骨粉、贝壳粉等设计方程求解（表 4-23）。

表 4-23　以平衡粗蛋白质为基础的方程模式

饲料分组 配合量 营养成分	玉米 95% 小麦麸 5% x_1	大豆饼 100% x_2	进口鱼粉 100% x_3	贝壳粉 100% x_4	目标值 18～40 1	目标值 41～60 1	目标值 60以上 1
代谢能(兆卡/千克)	3.197	2.52	2.79	0	2.75	2.75	2.75
粗蛋白(%)	9.24	40.9	62.9	0	18	16	16
钙　(%)	0.0245	0.3	3.87	33.4	3.25	3.5	3.75

（3）制定饲料配方：计算出玉米、小麦麸、大豆饼、进口鱼粉、贝壳粉在不同产蛋阶段的配合率。计算总磷、氨基酸含量，磷不足用骨粉代替部分贝壳粉以配平；氨基酸不足用添加剂补足。按需要添加食盐、复合维生素、微量元素等，即获得以平衡粗蛋白质为基础的产蛋鸡饲料配方（表 4-24）。

比较两种方法设计饲料配方的效果，以平衡氨基酸为基础设计的配方 1、配方 2 和配方 3，其各项营养成分的含量均比较符合饲养标准。其中粗蛋白质水平比最低要求（14％）高的多、仅略低于最高要求；且氨基酸之间比较平衡。以平衡粗蛋白质为基础设计的配方 4、配方 5 和配方 6，经平衡氨基酸后各项营养成分含量也较接近饲养标准。其中以赖氨酸的水平比指标较高些，但从饲料中赖氨酸的实际利用率而考虑，水平较高可能对母鸡的产蛋更有利。在相对应的配方中，只有同为 18～40 周龄的产蛋配方 1 与配方 4 的差别较明显，每千克饲粮可节约粗蛋白质饲料大豆饼 41.3 克、进口鱼粉用量 11.5 克；节约粗蛋白质 20.4 克。其它配方相差不是太多。

表 4-24　以平衡氨基酸、粗蛋白质为基础设计蛋鸡饲料配方

设计方法	以平衡氨基酸为基础			以平衡粗蛋白质为基础		
配方编号	1	2	3	4	5	6
饲料名称及配合率（%）						
玉米	65.64	66.16	66.7	61.48	65.47	66.12
大豆饼	16.76	15.78	14.79	20.89	17.2	13.47
进口鱼粉	4.38	4.38	4.37	5.53	4.08	6.42
小麦麸	3.22	3.68	4.14	3.24	3.45	3.48
贝壳粉	7.5	8.94	10.45	1.31	8.92	10.31
骨粉	1.4	0.78	0.08	7.6	0.81	
食盐	0.45	0.45	0.45	0.45	0.45	0.45
蛋氨酸	0.11	0.12	0.09	0.09	0.11	0.06
赖氨酸						
合计	100.31	100.29	101.07	100.49	100.51	100.31
营养水平						
代谢能(兆卡/千克)	2.75	2.75	2.75	2.75	2.75	2.75
粗蛋白质　(%)	15.96	15.68	15.38	18	16	16
钙　　　　(%)	3.25	3.5	3.75	3.25	3.5	3.75
总磷　　　(%)	0.65	0.55	0.45	0.65	0.55	0.47
蛋氨酸　　(%)	0.39	0.4	0.36	0.41	0.4	0.36
蛋氨酸＋胱氨酸(%)	0.66	0.62	0.58	0.66	0.62	0.58
赖氨酸　　(%)	0.79	0.77	0.75	0.93	0.79	0.81
色氨酸　　(%)	0.19	0.185	0.18	0.22	0.19	0.185

在使用氨基酸平衡的低蛋白质饲料配方时，为了保险起见，可先试探性增加饲粮的粗蛋白质含量，如果产蛋率不随着粗蛋白质的增加而上升，但蛋重增加，说明配方设计是成功的。

（五）蛋用鸡典型饲料配方的借鉴与使用

由中国农业科学院兰州畜牧兽医研究所推广的蛋鸡饲料配方（表4-25）在笼养和较适宜的舍温环境中饲喂星杂288白壳蛋鸡效果优良，使用情况如下：

1. 幼雏阶段饲料配方：在舍温25℃左右，干粉料自由采食，平均每日采食32克。雏鸡出壳重34克，56日龄体重为594克，平均每日增重10克。每增重1克消耗饲粮3.2克。

2. 中、大雏阶段饲料配方：在舍温20℃左右，干粉料自由采食，平均每日采食71克。147日龄体重1341克，平均日增重8.9克。每增重1克消耗饲粮8.7克。

表4-25　蛋鸡典型饲料配方示例

项　　目	幼雏 1～56 日龄	中雏 57～147 日龄	产蛋母鸡		
			产蛋率65％	产蛋率70％	产蛋率80％
黄玉米　　（％）	58.0	68.0	66.5	65.5	63.8
小麦麸　　（％）	9.25	16.0	13.6	12.1	10.0
大豆饼　　（％）	12.0	0.5	3.5	6.0	6.0
小　米　　（％）	7.0				
鱼　粉　　（％）	9.0	0.5	5.0	5.0	8.6
苜蓿青干草粉（％）	3.0	13.1	3.0	3.0	3.0
食　盐　　（％）	0.25	0.4	0.4	0.4	0.4
矿物粉　　（％）	1.5	1.5	8.0	8.0	8.2
合　计　　（％）	100	100	100	100	100
营　养　水　平					
代谢能（兆卡/千克）	2.85	2.80	2.79	2.77	2.72
粗蛋白质　（％）	19.4	11.4	13.7	14.6	16.0
蛋能比（克/兆卡）	68	41	49	53	59
粗纤维　　（％）	3.3	6.4	4.2	3.5	3.6
钙　　　　（％）	1.12	0.83	3.21	3.22	3.39
磷　　　　（％）	0.82	0.48	0.85	0.78	1.08
赖氨酸　　（％）	1.02	0.44	0.63	0.69	0.86
蛋氨酸　　（％）	0.37	0.17	0.24	0.26	0.31
蛋氨酸＋胱氨酸（％）	0.59	0.33	0.40	0.43	0.49

3. 产蛋率65％用饲料配方：在舍温20℃左右，日光照15小时，干粉料自由采食，维持产蛋率65％，平均每枚蛋重38克。

4. 产蛋率70％用饲料配方：在舍温20℃左右，日光照15小时，干粉料自由采食，维持产蛋率70％左右，每枚蛋重50克左右。

5. 产蛋率80％用饲料配方：在舍温20℃左右，日光照15小时，干粉料自由采食，每日采食107克，维持80％以上产蛋高峰期4个月。

饲喂产蛋期饲料配方，从开产至505日龄总产蛋率为70％。

该套饲料配方中所用鱼粉含粗蛋白质67％，而目前市售进口鱼粉的粗蛋白质含量仅50％以上，且质量差别很大。对于借鉴典型饲料配方者，不但要考虑原料在营养价值方面的差异，还要考虑原料质量方面的差异以及畜禽管理条件方面的不同。不可照抄照搬。调制配合饲料前应根据本地饲料资源的实际营养分析值进行复核，调整后方可使用。以"中国常用饲料成分及营养价值表（中国饲料数据库，93版）"提供的数值为依据，对典型饲料配方复核、调整的结果见表 4-26。

通过计算、调整配方中玉米、大豆饼、小麦麸的配合比例,使营养水平基本符合饲养标准。如果须要对配方中某种原料或某种原料的配合比例进行调整,则查"常用原料增减比例"(表 3-7),予以适量调整。

(1)幼雏用配方:经计算,典型配方含代谢能 2.83 兆卡/千克、粗蛋白质 18.38%,要满足代谢能指标 2.85 兆卡/千克、粗蛋白质指标 19%,须调整玉米为 57.92%、小麦麸为 6.89%、大豆饼为 14.43%。

表 4-26 借鉴典型配方调整后的蛋鸡饲料配方示例

项　　目		幼　雏 1～56 日　龄	中　雏 57～147 日　龄	产　蛋　母　鸡		
				产蛋率 65%	产蛋率 70%	产蛋率 80%
黄玉米	(%)	57.93	75.76	69.6	68.11	67.35
小麦麸	(%)	6.89	3.52	6.26	4.2	4.03
大豆饼	(%)	14.43	5.22	7.73	11.29	8.42
小　米	(%)	7.0				
鱼　粉	(%)	9.0	0.5	5.0	5.0	8.6
苜蓿青干草粉	(%)	3.0	13.1	3.0	3.0	3.0
食　盐	(%)	0.35	0.4	0.4	0.4	0.4
骨　粉	(%)	1.52	1.18	1.1	1.1	0.61
石　粉	(%)	0.04		7.2	7.32	8.16
合　计	(%)	100.16	99.68	100.29	100.42	100.57
营　养　成　分						
代谢能(兆卡/千克)		2.85	2.80	2.75	2.75	2.75
粗蛋白质	(%)	19	12	14	15	16
蛋白能量比	(%)	67	43	51	55	58
粗纤维	(%)	3.73	5.4	3.06	3.02	2.89
钙	(%)	1	0.68	3.2	3.25	3.5
磷	(%)	0.8	0.5	0.6	0.6	0.6
赖氨酸	(%)	1	0.46	0.66	0.73	0.83
蛋氨酸	(%)	0.37	0.18	0.26	0.27	0.32
蛋氨酸+胱氨酸	(%)	0.63	0.36	0.45	0.48	0.53

如果矿物粉为骨粉和石粉,满足钙指标 1%、总磷指标 0.8%,则需要添加骨粉 1.52%、石粉 0.04%。并且需要补充蛋氨酸 0.01%。

雏鸡配方经营养水平调整后,再根据需要调整原料的配比。例如:配方中进口鱼粉用量偏高,如果减少 3%,则调整玉米为 57.27%、大豆饼为 8.79%、小麦麸为 4.64%、骨粉为 1.79%。或减少进口鱼粉 5%,增加啤酒酵母 6.7%,则调整玉米为 57.53%、小麦麸为 4.29%、骨粉为 2%。

如果减少大豆饼用量、可同时加入花生仁饼 4% 和芝麻饼 6%,则调整大豆饼为 4.41%、玉米为 58.67%、小麦麸为 6.17%。

(2)大中雏用配方:经计算,典型配方含代谢能 2.63 兆卡/千克、粗蛋白质 11.65%。要满足代谢能指标 2.80 兆卡/千克、粗蛋白质指标 12%,须调整玉米为 75.76%、小麦麸为 3.52%、大豆饼为 5.22%。要满足钙指标 0.68%、总磷指标 0.5%,须配入骨粉 1.18%。要满足赖氨酸指标 0.8%,须配入添加剂 0.4%。要满足蛋氨酸+胱氨酸指标 0.53%,须配入蛋氨酸添加剂 0.17%。

原料配比调整,配方中苜蓿草粉用量偏高,如果减少 5%,则调整玉米为 55.78%、大豆饼为 6.59%、小麦麸为 10.97%、骨粉为 1.43%。或用啤酒糟 5%代替等量苜蓿粉,则调整玉米为 54.63%、大豆饼为 4.59%、小麦麸为 9.12%。

配方中鱼粉用量偏少,如果加入 2%,则调整玉米为 76.2%、大豆饼为 1.46%、小麦麸为 5.02%、骨粉为 1%。

(3)产蛋率 65%蛋鸡配方:经计算,典型配方含代谢能 2.66、粗蛋白质 13.15%。要满足代谢能指标 2.75 兆卡/千克、粗蛋白质 14%,须调整玉米为 69.6%、小麦麸为 6.26%、大豆饼为 7.73%。要满足钙指标 3.2%、总磷指标 0.6%,须配入骨粉 1.1%、石粉 7.2%。要满足蛋氨酸＋胱氨酸 0.53%,须配入蛋氨酸添加剂 0.08%。

配方原料比例调整,配方中各种原料搭配比较合理。如果为减少玉米用量,可加入高粱 10%,调整玉米为 61.1%、大豆饼为 8.23%、小麦麸为 4.26%。或加入碎米 30%和裸大麦 10%,调整玉米为 32.7%、大豆饼为 5.03%、小麦麸为 5.86%。

(4)产蛋率 70%蛋鸡配方:经计算,典型配方含代谢能 2.66 兆卡/千克、粗蛋白质 13.84%。要满足代谢能指标 2.75 兆卡/千克、粗蛋白质 15%,须调整玉米为 68.11%、小麦麸为 4.2%、大豆饼为 11.29%。要满足钙指标 3.25%、总磷 0.6%,须配入骨粉 1.1%、石粉 7.32%。要满足蛋氨酸＋胱氨酸指标 0.49%,须配入蛋氨酸 0.01%。

配方中各种原料比例较为合理。如果为减少玉米用量,可加入稻谷 10%,调整玉米为 61.31%、大豆饼为 12.59%,苜蓿草粉为 2.7%,去掉小麦麸。

如果为减少大豆饼用量,可加入花生仁饼 4%、棉仁饼 3%,则调整大豆饼为 3.82%、玉米为 67.85%、小麦麸为 3.99%。

(5)产蛋率 80%蛋鸡配方:经计算,典型配方含代谢能 2.67 兆卡/千克、粗蛋白质 15.63%。要满足代谢能指标 2.75 兆卡/千克、粗蛋白质指标 16%,须调整玉米为 67.35%、小麦麸为 4.03%、大豆饼为 8.42%。要满足钙指标 3.5%、总磷指标 0.6%,须配入骨粉 0.61%、石粉 8.16%。要满足蛋氨酸＋胱氨酸 0.63%,须配入蛋氨酸添加剂 0.1%。

如果减少配方中玉米、鱼粉用量,可加入高粱 10%、碎米 20%,减少鱼粉 2%,则调整玉米为 37.81%、小麦麸为 2.53%、大豆饼为 11.28%、鱼粉为 6.6%、骨粉为 0.79%。或加入酵母粉、肉骨粉等以替代部分鱼粉用量。

配方中的石粉用量可用等量贝壳粉代替。当减少鱼粉用量时,要注意补充必需氨基酸,尤其是蛋氨酸和赖氨酸。饲料配方总量如果稍有不足或超量,可通过增减配方中的小麦麸或苜蓿草粉的用量而调整为 100%。

二、肉用鸡饲料配方设计与使用

(一)肉用鸡饲料配方特点

肉用仔鸡具有生长速度快、饲料效率高、生产潜力大等特点。充分发挥这些特点的首要条件是满足其对各种营养物质的需要,即各种养分齐全充足以及比例平衡适当。因此,在设计饲料配方时应选用能量、粗蛋白质含量较高的优质原料,如黄玉米、大豆饼粕、进口鱼粉、饲料酵母等;不用或少用粗纤维含量较高的原料,如棉仁饼、糠麸类等。为满足肉仔鸡对能量的需要,还须添加2%～4%的动、植物油脂。动物油脂,如牛、羊脂的饱和脂肪酸含量高,雏鸡不能很好地吸收利用,如果同时用1%大豆油或5%全脂大豆粉作为替代物,可有效地提高脂肪的消化率。不添加油脂的饲粮若满足粗蛋白质指标,而能量指标相差甚多,使能量和蛋白质的比例严重失调。低能量的饲粮可使鸡的采食量增加,使蛋白质的摄入量超量。过多摄入的蛋白质被鸡体降解为热能利用,造成蛋白质饲料的浪费。摄入过多的蛋白质还会因尿酸盐的大量产生而加重肾脏负担,造成肾肿和尿酸盐沉积。不添加油脂的饲粮应同时适量降低能量和粗蛋白质指标,并保持能量、蛋白质的比例适宜。

(二)肉用鸡饲料配方设计方法与使用

我国肉用仔鸡生长速度慢,要求的营养指标较低,设计饲料配方时,在原料选择方面和蛋用雏鸡的差不多;一般均能满足能量和粗蛋白指标。而国外引进肉用仔鸡品种生长速度快,要求营养指标很高,一般不添加油脂不易满足其对能量的需要。如果降低能量水平,则要同时降低粗蛋白水平。下面介绍几种设计肉仔鸡饲料配方的方法,所用原料见表4-27。

表 4-27　肉仔鸡饲料配方常用原料及营养价值

成　分 原　料	代谢能 (兆卡/千克)	粗蛋白 (%)	钙 (%)	有效磷 (%)	蛋氨酸＋胱氨酸 (%)	赖氨酸 (%)
玉米	3.28	8.9	0.02	0.12	0.29	0.24
碎米	3.40	10.4	0.06	0.15	0.39	0.42
大豆粉	3.50	35.1	0.27	0.3	1.04	2.47
大豆饼	2.52	40.9	0.3	0.24	1.2	2.38
大豆粕	2.30	43	0.32	0.17	1.3	2.45
花生仁饼	2.78	44.7	0.25	0.31	0.77	1.32
进口鱼粉	2.79	62.9	3.87	2.76	2.42	4.9
啤酒酵母	2.52	52.4	0.16	—	1.33	3.38
小麦麸	1.63	15.7	0.11	0.24	0.39	0.58
动物油脂	7.7					

1. 添加油脂法:即将油脂的配合比例作为未知项参与设计方程求解的方法。以艾维茵肉仔鸡的饲养标准(表 4-28)为依据,由常用的基本原料设计方程(表 4-29),计算方法见第二章"基本步骤";设计的全期饲料配方见表 4-30。

表 4-28　应满足的营养指标

成分	代谢能 (兆卡/千克)	粗蛋白质 (%)	钙 (%)	有效磷 (%)	赖氨酸 (%)	蛋氨酸＋胱氨酸 (%)
前期	3.1	24	0.95	0.5	1.25	0.96
中期	3.2	19.5	0.9	0.48	1.05	0.85
后期	3.2	18	0.85	0.42	0.8	0.71

表 4-29　添加油脂设计肉仔鸡饲料配方方程模式

饲料分组 配合量 营养成分	玉米 100%	大豆饼 100%	进口鱼粉50% 啤酒酵母50%	动物油脂 100%	目　标　值		
					前期	中期	后期
	x_1	x_2	x_3	x_4	0.98	0.98	0.98
代谢能(兆卡/千克)	3.28	2.52	2.655	7.7	3.1	3.2	3.2
粗蛋白质(%)	8.9	40.9	57.65	0	24	19.5	18
蛋氨酸＋胱氨酸(%)	0.29	1.2	1.875	0	0.74	0.61	0.56

以控制动物性饲料用量而设计的肉仔鸡饲料配方,主要氨基酸含量不足,需用添加剂补充。配方中的动物油脂用量较高,如果不降低能量水平,减少用量的唯一办法就是增加高能源饲料的用量。故此可作以下调整:

(1)前期饲料配方:适用于0~14日龄雏鸡,需添加蛋氨酸0.22%、赖氨酸0.13%,各项营养指标均可满足。为减少动物油脂用量,可加入大豆粉10%,调整动物油脂为2.44%、玉米为51.24%、大豆饼为22.76%。

表4-30 肉仔鸡添加油脂饲料配方示例

饲料名称	配合率(%)			营养成分	营养水平		
	前期	中期	后期		前期	中期	后期
玉米	50.64	64.19	67.36	代射能(兆卡/千克)	3.1	3.2	3.2
大豆饼	31.36	18.86	19.81	粗蛋白质(%)	24	19.5	18
进口鱼粉	5.78	5.27	3.4	钙 (%)	0.95	0.9	0.85
啤酒酵母	5.78	5.27	3.39	有效磷 (%)	0.5	0.48	0.42
动物油脂	4.44	4.41	4.04	赖氨酸 (%)	1.25	1.05	0.91
骨粉(36.4%)	1.24	1.28	1.22	蛋氨酸+胱氨酸(%)	0.96	0.85	0.71
碳酸钙	0.4	0.38	0.49				
食盐	0.25	0.25	0.25				
蛋氨酸	0.22	0.24	0.15				
赖氨酸	0.13	0.01					
合计	100.24	100.16	100.11	按需要加入各类饲料添加剂			

注:肉仔鸡饲粮中常用添加剂有复合维生素、生长素、维生素 AD₃ 粉、维生素 E、胆碱、亚油酸等,可不计入配合总量,按需要添加。

或加入玉米蛋白粉10%,则调整动物油脂为1.74%、玉米为57.34%、大豆饼为17.36%。

或加入碎米30%,则调整动物油脂为3.24%、玉米为23.64%、大豆饼为29.56%。

或同时加入大豆粉5%、玉米蛋白粉5%和碎米10%,则调整动物油脂为1.69%、玉米为45.29%、大豆饼为19.46%。

如果不用油脂,则加入大豆粉20%和碎米11%,调整大豆饼为13.5%、玉米为41.94%。

(2)中期饲料配方:适用于15~40日龄生长鸡,需添加蛋氨酸0.24%、赖氨酸0.01%,各项营养指标均可满足。为减少动物油脂用量,可加入大豆粉10%,调整动物油脂为2.41%、大豆饼为10.26%、玉米为64.79%。

或加入大豆粉16.49%和花生仁饼4%以替代全量的大豆饼,则调整动物油脂为1.11%、玉米为64.9%,并增加小麦麸0.96%。

如果不用油脂,则加入大豆粉20%和碎米10.25%,调整大豆饼为1.04%、玉米为56.17%。

如果用国产鱼粉等量替代全部进口鱼粉用量,则调整玉米为63.03%、骨粉为0.96%、大豆饼为20.49%。调整后的蛋氨酸添加量为0.3%、赖氨酸添加量为0.11%。

如果用皮革粉3%替代等量酵母粉,则调整玉米为67.04%、大豆饼为16.4%、骨粉为0.96%。需再补充蛋氨酸0.01%和赖氨酸0.4%。

(3)后期饲料配方:适用于41日龄至出栏的生长育肥鸡,添加蛋氨酸0.15%,各项营养指标均可满足。为减少动物油脂用量,可加入大豆粉10%,调整动物油脂为2.04%、大豆饼11.26%、玉米为67.96%。

如果同时减少油脂和玉米用量,则加入大豆粉5%和碎米25%。调整油脂为2.04%、大豆

63

饼为 14.01%、玉米为 45.16%。

　　如果同时加入大豆粉 6.43%和玉米蛋白粉 10.2%，可替代全部大豆饼和动物油脂的用量，则调整玉米为 75.58%。

　　配方中的骨粉和碳酸钙可用磷酸氢钙和石粉或贝壳粉换算替代。

　　2. 降低能量、蛋白值法：即不添加油脂，通过降低能量和粗蛋白质指标，以保持能量蛋白比例适宜的饲料配方设计方法。例如：查艾维茵肉仔鸡饲养标准，0～14 日龄的能量指标为 3100 千卡/千克、粗蛋白质为 24%，能量蛋白比为 129(3100/24)。当粗蛋白质指标降低 1.2 个百分点时，由能蛋比 129 与粗蛋白之积求得应降低能量：

$$129×(24-1.2)=2941(千卡/千克)$$

　　由表 4-31 列出肉仔鸡饲料配方降低能量和粗蛋白值后应满足的营养水平；由表 4-32 列出降低能量和粗蛋白值设计肉仔鸡饲料配方的方程模式。

表 4-31　应满足的营养指标

成分	代谢能 （兆卡/千克）	粗蛋白质 （%）	钙 （%）	有效磷 （%）	赖氨酸 （%）	蛋氨酸+胱氨酸 （%）
前期	2.94	22.8	0.95	0.5	1.25	0.96
中期	3.02	18.4	0.9	0.48	0.9	0.75
后期	3.04	17	0.85	0.42	0.7	0.65

表 4-32　降低能量、蛋白值设计肉仔鸡饲料配方方程模式

饲料分组 配合量 营养成分	玉米 100%	大豆饼 100%	进口鱼粉 50% 啤酒酵母 50%	小麦麸 100%	目　标　值		
					前期	中期	后期
	x_1	x_2	x_3	x_4	0.98	0.98	0.98
代谢能(兆卡/千克)	3.28	2.52	2.655	1.63	2.94	3.02	3.04
粗蛋白质(%)	8.9	40.9	57.65	15.7	22.8	18.4	17
蛋氨酸+胱氨酸(%)	0.29	1.2	1.875	0.39	0.71	0.58	0.53

　　以控制动物性饲料用量，并降低能量和粗蛋白值而设计的肉仔鸡全期无油脂饲料配方见表 4-33，使用时可根据需要进行下列调整：

　　(1) 前期配方：适用于 0～14 日龄雏鸡，需添加蛋氨酸 0.25%，各项营养指标均可满足。配方中的小麦麸可用于调整配合量；骨粉和碳酸钙可用磷酸氢钙 1.02%和石粉 1.04%替代全部用量。

表 4-33　肉仔鸡降低能量、蛋白值饲料配方示例

饲　料 名　称	配　合　率(%)			营　养　成　分	营　养　水　平		
	前期	中期	后期		前期	中期	后期
玉米	60.25	72.32	74.62	代射能(兆卡/千克)	2.94	3.02	3.04
大豆饼	23.85	12.98	17.47	粗蛋白质(%)	22.8	18.4	17
进口鱼粉	6.62	5.56	2.73	钙　　(%)	0.95	0.9	0.85
啤酒酵母	6.61	5.55	2.72	有效磷(%)	0.5	0.48	0.42
小麦麸	0.67	1.59	0.46	赖氨酸(%)	1.26	0.95	0.82
骨粉(36.4%)	1.16	1.25	1.29	蛋氨酸+胱氨酸(%)	0.96	0.75	0.65
碳酸钙	0.45	0.43	0.5				
食盐	0.25	0.25	0.25				
蛋氨酸	0.25	0.17	0.12				
合计	100.11	100.16	100.16	按需要添加各类饲料添加剂			

为减少玉米用量,可加入碎米20%和高粱10%,调整玉米31.15%、大豆饼为23.15%。

或加入裸大麦5%和碎米20%,则调整玉米为36.65%、大豆饼为22.15%、小麦麸为0.97%。

为减少大豆饼用量,可加入花生仁饼6%和芝麻饼4%,调整大豆饼为13.27%、玉米为60.51%、小麦麸为0.99%。

为减少进口鱼粉用量,可加入肉骨粉4.19%,调整鱼粉为3.39%、玉米为60.84%,去掉小麦麸。需再补充蛋氨酸0.05%、赖氨酸0.16%。

如果不用酵母粉,则需加入大豆粉2%,调整玉米为55.63%、大豆饼为31.24%、小麦麸为0.62%。各项营养指标基本为原有水平。

或不用酵母粉,而加入花生仁饼5%,则调整玉米为58.44%、大豆饼为27.27%。并需补充蛋氨酸0.03%和赖氨酸0.08%。

如果同时减少进口鱼粉用量3%和酵母粉用量3%,则需加入大豆粉5%,调整玉米为55.78%、大豆饼为28.99%、小麦麸为0.73%、骨粉为1.43%。各项营养指标基本满足。

如果同时加入高粱5%、花生仁饼4%、大豆粉5%,并减少进口鱼粉3%和酵母粉3%,则调整玉米为51.25%、大豆饼为24.56%、小麦麸为0.69%、骨粉为1.43%。

(2)中期配方:适用于15～40日龄肉仔鸡,需添加蛋氨酸0.17%,各项营养指标均可满足。配方中的小麦麸可用于调整配合量;骨粉和碳酸钙的用量可用磷酸氢钙1.07%和石粉1.09%替代。

为减少玉米用量,可加入碎米30%、高粱5%和裸大麦5%,则调整玉米为34.17%、大豆饼为10.83%、小麦麸为1.89%。

如果减少进口鱼粉用量2%,则调整鱼粉为3.56%、玉米为71.88%、大豆饼为16.74%、小麦麸为0.09%、骨粉为1.43%。

如果用国产鱼粉等量替代全部进口鱼粉,则调整玉米为71.1%、大豆饼为14.7%、骨粉为1.19%。需再补充蛋氨酸0.08%和赖氨酸0.1%。

如果同时减少鱼粉2%和酵母粉2%,则需增加花生仁饼4%,调整玉米为71.16%、大豆饼为14.86%、小麦麸为0.69%、骨粉为1.43%。并需补充蛋氨酸0.07%和赖氨酸0.11%。

为减少玉米和动物性饲料的用量,如果同时加入碎米30%、裸大麦10%和花生仁饼4%,并减少进口鱼粉用量2%和酵母粉2%,则调整玉米为34.26%、大豆饼为12.16%、进口鱼粉为3.56%、啤酒酵母为3.55%、小麦麸为0.29%、骨粉为1.43%,对各项营养指标影响不大。

(3)后期配方:适用于肉仔鸡40日龄以上的生长催肥,需添加蛋氨酸0.12%,各项营养指标均可满足。

配方中玉米用量较高,可加入小麦粗粉15%和花生仁饼4%,调整玉米为62.64%、大豆饼为10.69%、小麦麸为0.22%。

或加入碎米20%和高粱10%,则调整玉米为45.52%、大豆饼为16.57%。

肉仔鸡出栏前可去掉配方中的酵母粉和小麦麸,加入大豆粉等量替代,以提高能量水平。

配方的配合量可通过增减小麦麸用量而调整为100%;骨粉和碳酸钙可用磷酸氢钙、石粉、贝壳粉等计算以替代。

3. 无鱼粉无油脂肉仔鸡饲料配方设计:优质鱼粉和动、植物油脂是满足肉仔鸡的能量和粗蛋白质两项营养指标的重要饲料原料。但因鱼粉和油脂的价格偏高而限制了用量。为了降低饲料成本,也可选用含能量和粗蛋白质较高的如玉米、碎米、小麦和大豆粉、大豆饼粕、花生仁饼粕等原料,补充蛋氨酸、赖氨酸等饲料添加剂设计出肉仔鸡全价饲料配方。

由表4-34列出设计肉仔鸡饲料配方应满足的营养指标(以爱拔益加肉仔鸡饲养标准为依据);由表4-35列出设计无鱼粉不添加油脂肉仔鸡饲料配方的方程模式。

表4-34　肉仔鸡饲料配方应满足的营养指标

成分 阶段	代谢能 (兆卡/千克)	粗蛋白 (%)	钙 (%)	有效磷 (%)	赖氨酸 (%)	蛋+胱氨酸 (%)	色氨酸 (%)	精氨酸 (%)
前期	3.10	22	0.9	0.48	0.81	0.60	0.16	0.88
中期	3.15	20	0.85	0.43	0.70	0.56	0.12	0.81
后期	3.20	18	0.8	0.38	0.53	0.46	0.11	0.66

表4-35　原料组成及方程模式

原料分组 配合量 营养成分	玉米60% 碎米40%	大豆粉 100%	大豆粕70% 花生饼30%	目　标　值		
				前期	中期	后期
	x_1	x_2	x_3	0.98	0.98	0.98
代射能(兆卡/千克)	3.328	3.5	2.744	3.10	3.15	3.20
粗蛋白质(%)	9.5	35.1	43.5	22	20	18

以植物性饲料为原料设计的无鱼粉不添加油脂肉仔鸡饲料配方见表4-36。配方中大豆粉用量比较适宜,各项营养指标均满足要求。氨基酸指标除蛋氨酸+胱氨酸基本满足外,赖氨酸、色氨酸、精氨酸均明显高于饲养标准。使用该配方调制肉仔鸡配合饲料时,还可进行下列调整:

(1)前期配方:如果无碎米作原料,可去掉碎米,增加大豆粉3.84%,则调整玉米用量为56.38%、大豆粉为13.07%、大豆粕为19.44%。

或去掉碎米,增加玉米蛋白粉2.86%,则调整玉米为57.89%、大豆粕为18.91%。

如果不用大豆粉作原料,可加入玉米蛋白粉6.87%,则调整玉米为38.65%、大豆粕为20.01%。

(2)中期配方:如果不用碎米作原料,需加入玉米蛋白粉3.11%,则调整玉米为63.08%、大豆粕为13.25%。

表4-36　无鱼粉无油脂肉仔鸡饲料配方示例

饲料 名称	配合率(%)			营养成分	营养水平		
	前期	中期	后期		前期	中期	后期
玉米	35.05	38.19	41.34	代射能(兆卡/千克)	3.1	3.15	3.2
碎米	23.36	25.46	27.56	粗蛋白质(%)	22	20	18
大豆	9.23	11.79	14.35	钙　(%)	0.9	0.85	0.8
豆粕	21.25	15.79	10.33	有效磷(%)	0.48	0.43	0.38
花生饼	9.11	6.77	4.42	赖氨酸(%)	1.03	0.94	0.84
骨粉(30.12%)	2.09	1.79	1.49	蛋氨酸+胱氨酸(%)	0.63	0.59	0.54
碳酸钙	0.34	0.47	0.61	色氨酸(%)	0.29	0.26	0.23
食盐	0.3	0.3	0.3	精氨酸(%)	1.64	1.46	1.27
合计	100.73	100.56	100.4	另加入复合维生素、生长素等适量			

如果不用大豆粉作原料,可用玉米蛋白粉8.78%替代,则调整玉米为42.79%、大豆粕为14.2%。

或加入花生仁饼6%和减少大豆粉3.22%,则调整大豆粉为8.57%、大豆粕为11.97%、玉米为39.23%。

（3）后期配方：如果不用碎米作原料，需加入玉米蛋白粉 3.37％，则调整玉米为 68.28％、大豆粕为 13.11％。

如果不用大豆粉作原料，可用玉米蛋白粉 10.68％替代，则调整玉米为 46.94％、大豆粕为 8.4％。

或加入花生仁饼 6％和减少大豆粉 3.22％，则调整大豆粉为 11.13％、大豆粕为 6.51％、玉米为 42.38％。

以焙炒处理的大豆粉，在粉状配合饲料中的用量占 10％左右为宜，用量过高反而适口性差、降低采食量。以膨化大豆适口性好，用量可不受限制。

（三）肉仔鸡典型饲料配方的借鉴与使用

1. 借鉴引进品种肉仔鸡典型配方：由表 4-37 列出爱拔益加商品肉鸡全期的典型饲料配方及其营养水平。经复核，前期配方的代谢能为 2.94 兆卡/千克、粗蛋白质为 20.37％、有效磷为 0.42％；中期配方的代谢能为 2.95 兆卡/千克、粗蛋白质为 18.81％、有效磷为 0.38％；后期配方的代谢能为 2.83 兆卡/千克、粗蛋白质为 16.63％、有效磷为 0.62％、钙为 1.43％。与爱拔益加肉仔鸡的最低营养指标（表 4-34）比较：

（1）前期配方相差代谢能 0.16 兆卡、粗蛋白质 1.63％、有效磷 0.05％，其它营养指标均可满足。

（2）中期配方相差代谢能 0.2 兆卡、粗蛋白质 1.19％、有效磷 0.05％、钙稍高、其它营养指标均满足。

（3）后期配方相差代谢能 0.37 兆卡、粗蛋白质 1.37％，与最高指标比较、钙多 0.43％、有效磷多 0.12％。其它营养指标均满足。

按爱拔益加肉仔鸡最低营养需要调整典型配方中的玉米、大豆饼和牛油的配合比例，结果见表 4-38。根据需要还可进行以下调整：

（1）调整后的前期配方：能量、粗蛋白质等项指标均基本满足肉仔鸡的营养需要。但调整后牛油用量偏高，可加入大豆粉 10％和玉米蛋白粉 10％，牛油减少为 1.32％，并调整玉米为 56.98％、大豆饼为 12.11％。

表 4-37　肉仔鸡典型饲料配方

饲料种类(%)	1～28天	29～49天	50天～上市
玉米	62.17	64.57	65.5
豆饼	28.3	28.87	20
进口鱼粉	5.18	2.0	2.5
骨粉	1.0	1.2	2.5
贝壳粉	1.39	1.4	1.5
食盐	0.2	0.2	0.3
牛油	0.6	0.6	
麸皮			6.7
蛋氨酸	0.16	0.16	
复合添加剂	1.0	1.0	1.0
合计	100	100	100
营　养　成　分			
代谢能(兆焦/千克)	12.72	12.71	12.12
（千卡/千克）	3040	3040	2900
粗蛋白质(%)	21	19	18
饲养效果	饲养爱拔益加商品鸡 56～60 天，平均体重 2.25 千克		

表 4-38　以典型配方为基础调整后的肉仔鸡饲料配方

饲料种类(%)	1～28 天	29～49 天	50 天～上市
玉米	49.68	53.92	62.03
豆饼	34.71	34.1	26.67
进口鱼粉	5.18	2.0	2.5
骨粉(30.12%)	1.0	1.2	1.5
贝壳粉	1.39	1.4	0.5
食盐	0.2	0.2	0.3
牛油	6.02	6.02	5.5
麸皮			0.0
蛋氨酸	0.16	0.16	
复合添加剂	1.0	1.0	1.0
合计	100	100	100
营　养　水　平			
代谢能(兆卡/千克)	3.11	3.15	3.20
粗蛋白质(%)	21.88	20	18
钙　　(%)	1.08	1.02	0.81
有效磷(%)	0.42	0.37	0.41
赖氨酸(%)	1.2	1.04	0.9
蛋氨酸+胱氨酸(%)	0.85	0.77	0.56

　　(2) 调整后的中期配方:能量、粗蛋白质等项指标均基本满足肉仔鸡的营养需要。但牛油用量偏高,可加入大豆粉 10% 和碎米 10%,调整牛油为 3.62%、玉米为 45.52%、大豆饼为 24.9%。或加入大豆 10%、小麦 10% 和花生饼 6%,调整玉米为 47.64%、大豆饼为 17.16%、牛油为 3.24%。

　　(3) 调整后的后期配方:为满足能量和粗蛋白质指标,而减去了小麦麸,增加了牛油。如果牛油用量偏高,可加入大豆粉 10%,调整牛油为 3.5%、玉米为 62.63%、大豆饼为 18.07%。或加入碎米 30%,调整牛油为 4.3%、玉米为 35.03%、大豆饼为 24.87%。

　　2. 借鉴地方品种肉仔鸡典型配方:表 4-39 列出我国地方品种肉用黄鸡的典型饲料配方,其中大豆饼、花生饼含粗蛋白质 40%、鱼粉含 60% 以上。饲喂三黄肉鸡,0～5 周龄配方可增加体重 250～300 克,饲料转化率为 1∶2.8;6～12 周龄配方可增加体重 700 克左右,饲料转化率为 1∶3.5;12 周龄以上用的饲料配方喂饲至 16 周龄,上市体重达 1500 克以上。

　　经复核,矿补剂为含钙 30.12% 的骨粉和含钙 33.4% 的贝壳粉组成,各项营养水平均能满足饲养标准。使用可作下列调整:

　　(1) 0～5 周龄配方:如果加入裸大麦 10%,则调整玉米为 56%、大豆饼 15.4%、小麦麸为 4.6%。如果加入稻谷 10%,则调整玉米为 55.2%、大豆饼 17.3%、小麦麸为 3.5%。如果减少鱼粉 4%、而加入酵母粉 5.36%,则调整鱼粉为 4%、玉米为 62.32%、小麦麸为 5.92%、骨粉增加 0.44%。

　　(2) 5～12 周龄配方:如果去掉 4% 的小麦,可调整玉米为 63.12%、大豆饼 15.56%、小麦麸为 10.32%。如果同时去掉小麦 10%、加入碎米 20%,则调整玉米为 42.52%、大豆饼 14.16%、小麦麸为 12.32%。如果加入高粱 10%,则调整玉米为 51.5%、大豆饼 15.5%、小麦麸为 8%。

　　(3) 12 周龄至上市配方:配方中花生饼用量高,应注意质量。如果减少花生饼 10%,可调整玉米为 66.7%、小麦麸为 9.6%,增加大豆饼 11.7%。或减少花生饼 10%,调整玉米为

63.5％,增加大豆饼11.5％、动物油1％。

表 4-39 地方品种肉用黄鸡典型饲料配方

饲 料 名 称		0～5周龄	5～12周龄	12周龄至上市
玉米	（％）	62.0	60.0	66.0
小麦	（％）		4.0	
小麦麸	（％）	8.0	10.0	12.0
豆饼	（％）	16.0	15.0	
花生饼	（％）	4.0	4.0	16.0
鱼粉	（％）	8.0	5.0	4.0
矿补剂	（％）	2.0	2.0	2.0
饲料添加剂	蛋氨酸 （克/吨）	2020	1010	1010
	多种维生素（克/吨）	100	100	100
	霉敌 （克/吨）	300	300	300
	快育灵 （克/吨）	25	25	25
	食盐 （克/吨）	2000	2000	
营养水平	代谢能（兆卡/千克）	2.9	2.9	
	粗蛋白质 （％）	19.2	17.3	
	钙 （％）	0.97	1.10	
	总磷 （％）	0.62	0.55	
	赖氨酸 （％）	0.93	0.81	
	蛋氨酸+胱氨酸（％）	0.84	0.68	

三、鹅、鸭饲料配方设计与使用

（一）鹅、鸭饲料配方特点

1. 鹅饲料配方特点：鹅是草食禽类,比较耐粗饲。尤其是我国地方品种如狮头鹅,生长阶段以白天放牧采食天然青绿饲料和植物籽实为主;早、中、晚补饲以糠麸为主的混合饲料,精饲料用量很少。

圈养鹅,尤其是引进的肉用品种,营养需要与鸡基本相同,设计饲料配方时可参照鸡的配方选择原料,饲喂配合饲料时可搭配30％～50％的青绿饲料或配入一定量的青干草粉、植物叶粉等。动物性饲料可选用价格比较低廉的次级鱼粉、肉骨粉等。

鹅肥肝生产用饲料配方中90％以上为玉米、稻谷等高能量饲料,其中又以玉米效果最好,仅搭配1％～5％的动、植物油脂和适量的食盐、维生素、砂粒等。

2. 鸭饲料配方特点：各品种鸭的营养需要基本相同,与鸡比较亦相差不大,尤其是引进品种如康贝尔鸭、狄高鸭等,需要供给较高的营养。设计饲料配方时可参考鸡的配方程序;或直接选用鸡的饲料配方,同样可获得良好的饲养成绩。鸭的配方原料选择面可比鸡宽一些,如次级的咸、淡鱼粉,各种蛋白粉、糠麸等农副产品均可用以喂鸭。

我国地方品种鸭较耐粗饲,生长阶段以放牧采食水生动物为主;而产蛋鸭以放牧与补饲相结合。用于填饲育肥的品种如北京鸭,在肥育期则以玉米为主,配给少量的蛋白质饲料和维生素添加剂等。

鹅、鸭饲料配方设计与鸡的基本相同,首先满足能量、粗蛋白质和赖氨酸或钙,再平衡钙磷比例,最后配平各种必需氨基酸等营养指标。以蛋用鹅、鸭饲料配方设计为例,选用饲料原料见表4-40。

表 4-40　鹅、鸭用饲料成分及营养价值

饲料名称	代谢能（兆卡/千克）	粗蛋白（%）	钙（%）	有效磷（%）	总磷（%）	赖氨酸（%）	蛋氨酸＋胱氨酸（%）
玉米	3.28	8.9	0.02	0.12	0.27	0.24	0.29
大豆饼	2.52	40.9	0.3	0.24	0.49	2.38	1.2
花生仁饼	2.78	44.7	0.25	0.31	0.53	1.32	0.77
国产鱼粉	2.74	52.5	5.74	3.12	3.12	3.41	1.0
小麦麸	1.63	15.7	0.11	0.24	0.92	0.58	0.39
干草粉	1.21	12.2	0.35		0.06	0.39	
骨粉		30.12					
贝壳粉		33.4					

（二）鹅饲料配方设计与使用

1. 方程设计法：由表 4-41 列出鹅饲料配方的原料组成及方程设计；表 4-42 列出按赖氨酸需要量设计的鹅的全期饲料配方。

表 4-41　鹅饲料配方原料组成及方程模式

配合量　　饲料分组　营养成分	玉米100%	大豆饼50%花生饼50%	鱼粉100%	小麦麸80%干草粉20%	目　标　值		
					雏鹅	生长鹅	种鹅
					0.98	0.99	0.94
	x_1	x_2	x_3	x_4			
代谢能（兆卡/千克）	3.28	2.65	2.74	1.546	2.9	2.76	2.75
粗蛋白质（%）	8.9	42.8	52.5	15	22	15	16
赖氨酸（%）	0.24	1.85	3.41	0.542	0.9	0.6	0.7

饲料配方调整：

（1）雏鹅配方：配方中鱼粉用量偏低，如果加入进口鱼粉 3%，调整玉米为 56.53%、大豆饼为 11.55%、小麦麸为 5.99%、骨粉 0.74%。

表 4-42　按赖氨酸需要量设计鹅饲料配方示例

周　龄　　　原料（%）	雏　鹅（0～6周）	生长鹅（6周以上）	种　鹅（产蛋期）
玉米	55.87	62.8	63.3
大豆饼	17.19	3.14	3.6
花生饼	17.2	3.14	3.6
国产鱼粉	3.06	5.96	10.02
小麦麸	3.74	19.17	10.78
干草粉	0.94	4.79	2.7
骨粉（30.12%）	1.06		
贝壳粉	0.58	0.57	4.55
食盐	0.3	0.3	0.3
蛋氨酸	0.3	0.17	0.18
合计	100.24	100.04	99.03
代谢能（兆卡/千克）	2.9	2.76	2.75
粗蛋白质　　（%）	22	15	16
钙　　　　　（%）	0.8	0.6	2.25
总磷　　　　（%）	0.6	0.4	0.6
赖氨酸　　　（%）	0.9	0.6	0.7
蛋氨酸＋胱氨酸（%）	0.8	0.55	0.58
按需要添加复合维生素、微量元素等			

花生仁饼如果不能确保新鲜无霉,可去掉 7%;或用 5% 的菜籽饼等量代替,调整玉米为 57.12%、大豆饼为 19.59%、小麦麸为 0.09%。也可调整加入高粱、小麦、碎米等。

(2)生长鹅饲料配方:配方中小麦麸用量较高,可加入苜蓿粉 4%,调整小麦麸为 13.21%、玉米为 64.52%、大豆饼为 3.38%。或加入稻谷 20%,调整小麦麸为 10.17%、玉米为 49.2%、大豆饼为 5.74%。或加入大麦、小麦、高粱等,均可相应减少小麦麸用量。

(3)产蛋鹅配方:配方中鱼粉用量可减少 5%,增加啤酒酵母粉 5.65%,调整玉米为 64.55%、小麦麸为 7.98%、贝壳粉为 3.56%。如果加入稻谷 30%,调整玉米为 42.9%、大豆饼为 7.5%、小麦麸和干草粉均去掉。

如果用芝麻饼替代 3.6% 的大豆饼,应加入芝麻饼 4.04%,调整玉米为 63.99%、小麦麸为 9.65%。或调整加入碎米、高粱等均可。

2. 典型配方借鉴法:由表 4-43 列出鹅的典型饲料配方。

表 4-43　鹅的典型饲料配方

饲　料　（%）	日龄			
	3～10	11～30	31～60	60 以上
玉米、高粱、小麦	61	41	11	11
豆饼或其它饼类	15	15	15	15
糠麸	10	25	40	45
稗子、草籽、干草粉	5	5	20	25
动物性饲料	5	10	10	—
贝粉	2	2	2	2
食盐	1	1	1	1
砂粒	1	1	1	1
合计	100	100	100	100

由表 4～43 可见,该配方是典型的以粗饲料为主,糠麸、草粉用量较高,不利于雏鹅的快速生长。尤其是开食用配方中,动、植物性蛋白质饲料用量太低,不能满足雏鹅的营养需要。依据鹅的营养需要,按典型配方中提示的各类饲料的用量,以"试差"方程配平法调整的幼鹅饲料配方见表 4-44。

表 4-44　借鉴典型配方调整后的幼鹅饲料配方示例

饲　料　（%）	日龄			
	3～10	10～30	31～60	60 以上
玉米	52.37	59.75	51	36.7
高粱	10	10	10	9
裸大麦			4	10
大豆饼	18.11	10.85	4.13	3.84
花生仁饼	10	5	5	5
米糠			3	13
小麦麸	0.52		3.87	13.46
干草粉		1	5.6	5
国产鱼粉	5	5	5	
肉骨粉		5	5	
贝壳粉	2	1.4	1.4	2
食盐	1	1	1	1
砂粒	1	1	1	1
合计	100			
代谢能（兆卡/千克）	2.892	2.913	2.763	2.6
粗蛋白质　（%）	20.14	18.14	16.68	13.57

71

（三）鸭饲料配方设计与使用

1. 方程设计法：由表 4-45 列出鸭饲料配方的原料组成及方程设计；表 4-46 列出按赖氨酸需要量设计的鸭的全期饲料配方。

表 4-45　鸭饲料配方原料组成及方程模式

饲料分组 配合量 营养成分	玉米 100% x_1	大豆饼50% 花生饼50% x_2	鱼粉 100% x_3	小麦麸80% 干草粉20% x_4	目标值 雏鸭 0.98	生长鸭 0.98	育成鸭 0.98	种鸭 0.92
代谢能（兆卡/千克）	3.28	2.65	2.74	1.546	2.95	2.95	2.6	2.6
粗蛋白质（%）	8.9	42.8	52.5	15	21	17	14.5	15.5
赖氨酸（%）	0.24	1.85	3.41	0.542	0.9	0.7	0.53	0.68

表 4-46　按赖氨酸需要量设计鸭饲料配方示例

周龄 原料（%）	肉　鸭 雏　鸭 （0～3周）	生 长 鸭 （3周以上）	种　鸭 育 成 鸭 （5～24周）	种　鸭 （24周以上）
玉米	61.05	68.9	55.52	57.66
大豆饼	13.04	7.39	4.72	2.66
花生饼	13.05	7.39	4.72	2.66
国产鱼粉	7.39	6.43	1.5	9.97
小麦麸	2.78	6.31	25.23	15.24
干草粉	0.69	1.58	6.31	3.81
骨粉（30.12%）	0.88	1.19	1.48	1.2
贝壳粉	0.67	0.32	0.55	6.01
食盐	0.35	0.35	0.35	0.35
蛋氨酸＋胱氨酸	0.18	0.1	0.09	0.16
赖氨酸	0.25	0.16		
合计	100.33	100.12	100.47	99.72
代谢能（兆卡/千克）	2.95	2.95	2.6	2.6
粗蛋白质　　（%）	21	17	14.5	15.5
钙　　　　　（%）	1	0.8	0.8	3
有效磷　　　（%）	0.6	0.45	0.4	0.5
赖氨酸　　　（%）	1.1	0.83	0.53	0.68
蛋氨酸＋胱氨酸（%）	0.7	0.53	0.46	0.54

注：按需要添加维生素、微量元素等。

饲料配方调整：

（1）雏鸭配方：适用于 0～3 周龄，为高营养水平的饲料配方，能量和粗蛋白质含量较低的原料均不能加入。为减少玉米用量，可加入碎米 30%，调整玉米为 30.15%、大豆饼为10.94%、小麦麸为 5.78%。或加入高粱 10%，调整玉米为 52.55%、大豆饼为 13.54%、小麦麸为 0.78%。大麦、稻谷等均可适量加入。

如果减少大豆饼用量，可加入菜籽饼 5%，调整大豆饼为 9.59%、玉米为 61.95%、小麦麸为 0.33%；或加入芝麻饼 6%，调整大豆饼为 6.02%、玉米为 62.07%、小麦麸为 1.1%。

（2）生长鸭配方：适用于 3 周龄以上的育肥肉鸭，一般喂至 8～10 周龄体重达 2500 克时出栏。配方中可加入 30%碎米，调整玉米为 38%、大豆饼为 5.29%、小麦麸为 9.31%。或加入裸大麦 15%，调整玉米为 59.9%、大豆饼为 12.14%、小麦麸为 1.21%。或能量较高的小麦次粉、木薯粉以及粉渣、豆渣等均可适量调整加入。

如果减少鱼粉用量 3%,可加入饲料酵母粉 3.39%,调整玉米为 69.65%、小麦麸为 4.63%、骨粉为 1.73%。或调整加入其它的动物性蛋白质饲料。

(3) 育成鸭配方:适用于 5～24 周龄的后备蛋鸭。配方中小麦麸用量高,可加入啤酒糟 10%,调整小麦麸为 21.53%、玉米为 53.22%、大豆饼为 0.72%;或加入稻谷 30%,调整小麦麸为 11.73%、玉米为 35.12%、大豆饼为 8.62%。

配方中鱼粉用量较少,可增为 3%,并调整大豆饼为 2.36%、小麦麸为 26.36%、骨粉为 1.21%。或加入肉骨粉 3%,调整玉米为 56.39%、大豆饼为 0.34%、小麦麸为 26.61%、骨粉为 0.61%。

(4) 种鸭配方:适用于 24 周龄以上的产蛋鸭。配方中鱼粉用量较高,如果减少 5%,可加入酵母粉 5.65%,调整玉米为 58.91%、小麦麸为 12.44%、骨粉为 2.1%;或调整大豆饼为 10.51%、小麦麸为 11.49%、骨粉为 2.1%。

如果加入稻谷 20%,调整玉米为 44.06%、大豆饼为 5.26%、小麦麸为 6.24%。或加入高粱 10% 和碎米 20%,则调整玉米为 28.56%、大豆饼为 1.76%。此外大麦、小麦、菜籽饼、肉骨粉等均可调整加入。

2. 典型配方借鉴法:由表 4-47 列出北京鸭的典型饲料配方。

表 4-47　北京鸭典型饲料配方

饲　料(%)	鸭黄	中鸭	种鸭	后备鸭	鸭黄选育	中鸭选育	填鸭
玉米	53	59	41	59	59	69	50
高粱	5	5	3	5	—	—	10
麸皮	8	10	8	15	8	10	10
淡鱼粉	8	—	12	4	10	7	—
咸鱼粉	1	3	2	1	—	1	5
肉粉	2	5	—	3	—	—	3
豆饼	20	15	25	—	20	10	5
土面粉	—	—	—	—	—	—	16
蛎粉	—	—	3	—	—	—	—
无机盐添加剂	3	3	6	3	2.7	3	—
骨粉	—	—	—	—	—	—	1
石粉	—	—	—	—	0.3	—	—
合计	100	100	100	100	100	100	100

如果典型配方中的淡鱼粉含代谢能 2.15 兆卡/千克、粗蛋白质 52.9%、钙 4.59%、磷 2.15%;咸鱼粉含代谢能 1.60 兆卡/千克、粗蛋白质 41.1%、钙 0.86%、磷 1.47%;土面粉含代谢能 2.16 兆卡/千克、粗蛋白质 12.6%、钙 0.06%、磷 0.36%;肉粉含代谢能 1.96 兆卡/千克、粗蛋白质 50%、钙 9.2%、磷 4.7%。则计算出各配方的实际营养水平,与鸭的营养需要比较,相差部分再通过调整配方中玉米、大豆饼和小麦麸的配合比例予以满足(表 4-48)。

复核及调整过程如下:

(1) 鸭黄配方:及雏鸭配方,含代谢能 2.747 兆卡/千克和粗蛋白质 20.25%。欲满足代谢能 2.80 兆卡/千克,须调整玉米为 56%、大豆饼为 21% 和小麦麸为 4%。

调整后含钙 0.64%、磷 0.59%。欲满足钙 1% 和磷 0.6%,配入碳酸钙 1% 即可。并增加小麦麸 2% 以调整配合量为 100%。

(2) 中鸭配方:及中雏用配方,含代谢能 2.769 兆卡/千克、粗蛋白质 17.14%。欲满足代谢能 2.80 兆卡/千克和粗蛋白质 16%,须调整玉米为 62.75%、大豆饼为 11.49% 和小麦麸为

9.76%。

调整后含钙0.55%、磷0.61%。欲满足钙1%，配入碳酸钙1.1%即可。并增加小麦麸用量1.9%，以调整配合量为100%。

（3）种鸭配方：及产蛋鸭配方，含代谢能2.483兆卡/千克、粗蛋白质22.57%。欲满足代谢能2.70兆卡/千克和粗蛋白质20%，须减少无机盐2%，调整玉米为55.79%、大豆饼为18.25%和小麦麸为1.96%。

调整后含钙0.64%、磷0.56%。欲满足钙2.2%，配入碳酸钙4%即可。并增加小麦麸3%以调整配合量为100%。

（4）后备鸭配方：及留作种用的育成鸭饲料配方，含代谢能2.74兆卡/千克、粗蛋白质16.17%。欲满足代谢能2.46兆卡/千克和粗蛋白质14%，须减少淡鱼粉2%，调整玉米为47.38%、大豆饼为1.21%和小麦麸为37.41%。

调整后含钙0.44%、磷0.69%。欲满足钙0.9%，配入碳酸钙1.1%即可。并增加小麦麸用量1.9%以调整配合量为100%。

调整后，配方中小麦麸用量较高，可加入苜蓿草粉15%，则调整玉米为53.83%、大豆饼为2.11%和小麦麸为24.25%。

或加入米糠饼15.13%，则调整小麦麸为32.05%、玉米为40.72%，并去掉大豆饼。

或同时加入苜蓿草粉10%和米糠饼20%，则调整小麦麸为14.81%、玉米为42.88%和大豆饼为0.21%。

（5）鸭黄选育期配方：及雏鸭留作选种时使用的饲料配方，含代谢能2.785兆卡/千克、粗蛋白质19.98%。欲满足代谢能2.80兆卡/千克，则调整玉米为59.79%、大豆饼为20.21%和小麦麸为7%。

调整后含钙0.54%、磷0.54%。欲满足钙1%和磷0.7%，配入骨粉1.5%即可。并增加小麦麸用量1.5%以调整配合量为100%。

配方中淡鱼粉用量偏高，可用酵母粉等量替代一部分，或通过计算加入肉骨粉、血粉等动物性饲料。

（6）中鸭选育期配方：及中雏留作选种时使用的饲料配方，含代谢能2.845兆卡/千克、粗蛋白质15.92%。已满足营养需要、不必再调整。经计算含钙0.38%、磷0.49%。欲满足钙1%和磷0.7%，配入骨粉2%即可。并增加小麦麸1%以调整配合量为100%。

配方中的玉米、小麦麸、鱼粉等原料可根据需要调整用量。

（7）填鸭配方：及用于人工填饲催肥的饲料配方，含代谢能2.707兆卡/千克、粗蛋白质14.54%。欲满足代谢能2.80兆卡/千克和粗蛋白质12%，则调整玉米为58.74%、大豆饼为0.93%和小麦麸为7.33%，并减少咸鱼粉3%。

调整后含钙0.34%、磷0.49%。欲满足钙1%和磷0.7%，配入骨粉2.2%即可。并减少小麦麸0.2%以调整配合量为100%。

表 4-48　借鉴典型配方调整后的北京鸭饲料配方

原　料(%)	鸭黄	中鸭	种鸭	后备鸭	鸭黄选育	中鸭选育	填鸭
玉米	56	62.75	55.79	47.38	59.79	69	58.74
高粱	5	5	3	5	—	—	10
小麦麸	6	11.66	4.96	39.31	8.5	11	7.13
淡鱼粉	8	—	12	2	10	7	—
咸鱼粉	1	3	2	1	—	1	2
肉骨粉	2	5	—	3	—	—	3
大豆饼	21	11.49	18.25	1.21	20.21	10	0.93
次粉	—	—	—	—	—	—	16
骨粉(30.12%)	—	—	—	—	1.5	2	2.2
碳酸钙	1	1.1	4	1.1	—	—	—
合计	100	100	100	100	100	100	100
代谢能(兆卡/千克)	2.83	2.83	2.75	2.49	2.82	2.86	2.80
粗蛋白　　(%)	20.56	16.3	20.47	14.3	20.22	16.08	12
钙　　　　(%)	1	1	2.2	0.9	1	1	1
磷　　　　(%)	0.61	0.63	0.59	0.71	0.75	0.77	0.79

四、珍禽饲料配方设计与使用

(一) 珍禽饲料配方特点

　　珍禽包括火鸡、野鸡、珍珠鸡、鹌鹑等珍稀禽种。珍禽的饲养与鸡相同,均采取划分阶段饲养法,每一阶段分别有各自的饲养标准。珍禽要求营养指标比鸡高,尤其是育雏阶段和育肥阶段,饲粮中的粗蛋白质饲料约占 40%～50%,其中动物性蛋白质饲料需占 10%～20%。为满足其对能量的需要,还须选用大豆粉或添加适量的油脂。

　　珍禽饲料配方的原料选择及设计与鸡饲料配方设计的基本步骤相同,可参照应用。由表 4-49 列出珍禽常用饲料成分及营养价值。

表 4-49　珍禽饲料配方常用原料及营养价值

成分 原料	代谢能 (兆卡/千克)	粗蛋白 (%)	钙 (%)	有效磷 (%)	总磷 (%)	赖氨酸 (%)	蛋+胱氨酸 (%)	色氨酸 (%)
玉米	3.28	8.9	0.02	0.12	0.27	0.24	0.29	0.07
高粱	2.94	9.0	0.13	0.17	0.36	0.18	0.29	0.08
大豆粉	3.50	35.1	0.27	0.30	0.48	2.47	1.04	0.55
大豆粕	2.30	43.0	0.32	0.17	0.61	2.45	1.30	0.68
进口鱼粉	2.79	62.9	3.87	2.76	2.76	4.90	2.42	0.73
啤酒酵母	2.52	52.4	0.16		1.02	3.38	1.33	2.08
苜蓿草粉	0.87	17.2	1.52		0.22	0.81	0.36	0.37
小麦麸	1.63	15.7	0.11	0.24	0.92	0.58	0.39	0.20

(二) 火鸡饲料配方设计与使用

　　火鸡的饲养周期比较长,肉用火鸡从出壳到出售约需 24～28 周,常划分为 3 个或 4 个饲养阶段。种用火鸡 24 周龄以后进入繁殖期,开始喂给产蛋饲粮。火鸡全期应满足的营养指标见表 4-50。

表 4-50　火鸡饲料配方应满足的营养指标

成分 阶段	代谢能 （兆卡/千克）	粗蛋白 （％）	钙 （％）	有效磷 （％）	赖氨酸 （％）	蛋＋胱氨酸 （％）	苏氨酸 （％）	色氨酸 （％）
0～8 周	2.8	28	1	0.6	1.5	0.87		0.26
9～16 周	2.85	22	1	0.42	1.17	0.7		0.2
17～26 周	2.7	14.5	0.7	0.35	0.77	0.45		0.13
种用期	2.6	16	2.5	0.35	0.8	0.56		0.13
育肥期	3.1	16	0.85	0.46	0.82	0.55		

1. 方程设计法：由表 4-51 列出火鸡饲料配方的原料组成及方程设计。

表 4-51　火鸡全期饲料配方原料组成及方程模式

饲料分组 配合量 营养成分	玉米 80％ 高粱 20％ x_1	豆粉 50％ 豆粕 50％ x_2	鱼粉 60％ 酵母 40％ x_3	苜蓿粉 100％ x_4	目　标　值				
					0～8 周 0.98	9～16 周 0.98	17～26 周 0.98	种用期 0.94	育肥期 0.98
代谢能（兆卡/千克）	3.254	2.9	2.682	0.87	2.8	2.85	2.7	2.6	3.1
粗蛋白质（％）	8.92	39.05	58.7	17.2	28	22	14.5	16	16
蛋氨酸＋胱氨酸（％）	0.29	1.17	1.984	0.36	0.87	0.68	0.44	0.49	0.51

表 4-52　火鸡饲料配方设计示例

阶段 原料（％）	幼雏用 0～8 周	育成用 9～16 周	育成用 17～26 周	种鸡用 产蛋	育肥用 18 周以后
玉米	30.84	43.39	56.6	50.54	62.09
高粱	7.71	10.85	14.15	12.64	15.52
大豆粉	18.69	13.18	0.36	2.56	7.16
大豆粕	18.69	13.18	0.36	2.55	7.15
进口鱼粉	8.92	5.6	4.84	5.71	3.53
啤酒酵母	5.95	3.74	3.22	3.8	2.36
苜蓿草粉	7.2	8.06	18.47	16.2	0.19
骨粉（30.12％）	0.66	0.95	0.22	0.69	1.7
贝壳粉	0.63	0.8	0.89	5.32	0.38
食盐	0.3	0.3	0.3	0.3	0.3
赖氨酸		0.12			0.5
蛋氨酸		0.02	0.01	0.01	0.05
合计	99.59	100.07	99.54	100.32	100.93
代谢能（兆卡/千克）	2.8	2.85	2.7	2.6	3.1
粗蛋白质　（％）	28	22	14.5	16	16
钙　　　（％）	1	1	0.7	2.5	0.85
有效磷　（％）	0.6	0.42	0.35	0.35	0.46
赖氨酸　（％）	1.7	1.25	0.77	0.81	0.82
蛋氨酸＋胱氨酸（％）	0.87	0.7	0.45	0.56	0.55

由表 4-52 列出以控制动物性饲料用量而设计的火鸡全期饲料配方，使用时还可作下列调整：

（1）幼雏用配方：适用于 0～8 周龄，配合总量可通过增加苜蓿草粉或麸皮 0.41％调整为 100％。

配方中大豆粉用量较高，如果减少大豆粉 10％，需同时减少苜蓿草粉用量 4.5％，则调整大豆粉为 8.69％、大豆粕为 27.47％、玉米为 36.56％、苜蓿草粉为 2.7％。

或减少大豆粉 10%,加入玉米蛋白粉 7.44%,则调整大豆粉为 8.69%、大豆粕为 17.34%、玉米为 34.75%。

如果不用大豆粉,则调整大豆粕为 34.2%、玉米为 29.72%,并添加动物油脂 4.3%。

如果减少进口鱼粉 5%,则加入肉骨粉 5%和减少苜蓿草粉 1%,需调整玉米为 31.14%、大豆粕为 20.49%、贝壳粉为 0.19%,并去掉骨粉,添加蛋氨酸 0.02%。

如果同时减少大豆粉 10%、进口鱼粉 5%和苜蓿草粉 4.5%,并加入肉骨粉 5%和花生仁饼 4.17%,则调整玉米为 36.26%、大豆粕为 24.7%、贝壳粉为 0.19%,并去掉骨粉,添加蛋氨酸 0.02%。

(2)育成用配方:适用于 9～16 周龄,需添加蛋氨酸 0.02%,各项营养指标均可满足。配合量可通过减少苜蓿草粉 0.07%调整为 100%。

如果减少大豆粉 10%和苜蓿草粉 4.5%,则调整大豆粉为 3.18%、苜蓿草粉为 3.56%、玉米为 49.11%、大豆粕为 21.96%。

如果加入花生仁饼 4%、棉仁饼 3%和菜籽饼 2.41%,则调整大豆粕为 4.41%、玉米为 42.75%。

如果减少苜蓿草粉用量 4%,则增加小麦麸 5.96%,调整玉米为 41.63%、大豆粕为 12.98%。或调整加入稻谷、啤酒糟、米糠等原料。

(3)育成用配方:适用于 17～26 周龄,需添加蛋氨酸 0.01%和赖氨酸 0.12%,各项营养指标均可满足。配合量可通过增加苜蓿草粉、小麦麸等调整为 100%。

配方中苜蓿草粉用量偏高,如果减少 10%,则增加小麦麸为 14.9%,调整玉米为 52.2%、苜蓿草粉为 8.47%,并去掉大豆粕。

或减少苜蓿草粉 10%,增加甘薯叶粉 10.57%,则调整玉米为 56.01%、大豆粕为 13.2%、苜蓿草粉为 8.47%。

如果同时减少苜蓿草粉和玉米用量,可减少苜蓿草粉 10%,增加稻谷 20%,调整玉米为 39%、苜蓿草粉为 8.47%、大豆粕为 2.46%,并增加小麦麸 5.5%。

(4)种火鸡用配方:适用于产蛋期,需添加蛋氨酸 0.01%,各项营养指标均可满足。配方中减少苜蓿草粉 0.32%以调整配合量为 100%。

配方中苜蓿草粉用量偏高,如果减少 10%,则增加小麦麸 14.9%,调整玉米为 46.14%、大豆粕为 2.05%、苜蓿草粉为 6.2%。

或同时减少玉米用量,则减少苜蓿草粉 10%和加入裸大麦 20%,调整玉米为 33.74%、苜蓿草粉为 6.2%、大豆粕为 1.05%,并增加小麦麸 8.3%。

(5)育肥用配方:适用于 18 周龄以后的肉用火鸡催肥,需添加蛋氨酸 0.05%和赖氨酸 0.5%,各项营养指标均可满足。配合总量可通过加入碎米、大豆粉、花生仁饼等原料予以调整。如加入碎米 8.45%,需减少玉米 8.79%、大豆粕 0.59%,并增加小麦麸 0.93%。若不增加小麦麸,则调整配合量为 100%。

配方中高粱用量可减少 10%,则调整高粱为 5.52%、玉米为 70.79%、大豆粕为 6.85%、苜蓿草粉为 1.79%。

如果同时减少高粱和玉米用量,如减少高粱 5%和加入碎米 30%,则调整玉米为 34.94%、高粱为 10.52%、大豆粕为 4.85%,并增加小麦麸 4.45%。

2. 借鉴典型配方法:由表 4-53 列出火鸡典型饲料配方及营养水平。经使用本章所列饲料原料及营养值进行复核。复核结果(表4-54)与典型配方所提示的营养水平比较均有一定差异。如果满足典型配方所提示的营养水平,必须调整配方中玉米、大豆粕和猪油的配合比例,并重新计算、配平钙磷比例和平衡各种必需氨基酸的含量。

(1)0~4周龄配方A:满足粗蛋白质26%和代谢能2.86兆卡/千克,需调整玉米为31.61%、大豆粕为35.42%、猪油为3.47%。钙和有效磷水平已满足。赖氨酸含量为1.32%,相差0.28%,需补充添加剂0.36%;蛋氨酸+胱氨酸含量为0.8%,需补充蛋氨酸添加剂0.23%。

表 4-53 火鸡典型饲料配方(台湾)

阶 段原料(%)	雏火鸡(0~4周)		生 长 火 鸡		肥育火鸡	种火鸡	
	A	B	4~18周	12~18周	18周以后	育成	产蛋
玉米	37.0	42.0	34.0	41.4	45.0	41.5	45.0
高粱	15.0	15.0	20.0	25.0	25.0	25.0	20.0
大豆粕	33.0	29.0	36.1	28.5	23.0	10.0	13.0
鱼粉(CP65%)	2.5	2.5	2.5	—	—	—	2.0
肉骨粉(CP50%)	7.5	8.0	—	—	—	—	3.0
麸皮	—	—	—	—	—	17.0	7.0
玉米蛋白粉	2.5	2.0	—	—	—	—	—
猪油	0.5	—	4.0	1.5	3.5	—	1.0
糖蜜	—	—	—	—	—	3.0	3.0
磷酸氢钙	0.1	0.1	1.8	2.1	1.95	1.5	0.8
碳酸钙	0.6	0.1	0.8	0.7	0.75	1.2	4.4
食盐	0.3	0.3	0.3	0.3	0.3	0.3	0.5
预混剂	1.0	1.0	0.5	0.5	0.5	0.5	0.5
合计	100	100	100	100	100	100	100
粗蛋白质(%)	26.0	24.5	22.0	18.1	16.0	12.8	15.0
代谢能 ME(千卡/千克)	2860	2885	2930	2990	3150	2720	2820
钙(%)	1.20	1.05	1.0	0.90	0.85	0.90	2.30
有效磷(%)	0.56	0.57	0.51	0.50	0.46	0.40	0.44
赖氨酸(%)	1.60	1.50	1.30	0.97	0.82	0.53	0.71
甲硫氨酸(%)	0.65	0.50	0.39	0.32	0.29	0.21	0.26
胱氨酸(%)	0.38	0.35	0.34	0.30	0.26	0.22	0.24

注:CP表示粗蛋白质。

表 4-54 火鸡典型饲料配方营养水平复核结果

阶 段营养水平	雏火鸡(0~4周)		生 长 火 鸡		肥育火鸡	种火鸡	
	A	B	4~18周	12~18周	18周以后	育成	产蛋
粗蛋白质(%)	25.44	24.16	21.92	18.19	16.15	12.91	15.25
代谢能(兆卡/千克)	2.75	2.78	2.91	2.86	3.01	2.6	2.67
钙(%)	1.18	1.02	0.98	0.90	0.87	0.92	2.38
有效磷(%)	0.57	0.59	0.54	0.53	0.50	0.43	0.46
赖氨酸(%)	1.27	1.19	1.12	0.84	0.72	0.49	0.68
蛋+胱氨酸(%)	0.76	0.72	0.69	0.56	0.47	0.39	0.90

(2)0~4周龄配方B:满足粗蛋白质24.5%和代谢能2.885兆卡/千克,需调整玉米为37.52%、大豆粕为30.72%,并增加猪油2.76%。钙和有效磷已基本满足需要。调整玉米、大豆粕用量后,赖氨酸含量为1.22%,相差0.28%,需补充添加剂0.36%;蛋氨酸+胱氨酸含量为0.73%,需补充蛋氨酸添加剂0.12%。

（3）4～18周龄火鸡生长期配方：经复核其粗蛋白质、代谢能、钙、有效磷水平与典型配方提示的营养水平基本相近，可不再调整。但赖氨酸含量相差 0.18％，需补充添加剂 0.23％。蛋氨酸＋胱氨酸含量相差 0.04％，需补充蛋氨酸添加剂 0.04％。

（4）12～18周龄生长期配方：满足代谢能 2.99 兆卡/千克，须调整玉米为 38.19％、大豆粕为 28.72％、猪油为 4.49％。粗蛋白质、钙、有效磷基本满足。赖氨酸含量相差 0.13％，需补充添加剂 0.16％；蛋氨酸＋胱氨酸含量相差 0.06％，需用蛋氨酸添加剂补足。

（5）18周龄以后的育肥配方：满足代谢能 3.15 兆卡/千克，须将配方中的高粱用等量玉米（或含能量较高的碎米、小麦等）代替，调整高粱为 5％；再计算调整玉米为 63.31％、大豆粕为 23.05％、猪油为 5.14％。粗蛋白质、钙、有效磷基本满足。赖氨酸含量相差 0.12％，需补充添加剂 0.15％；蛋氨酸＋胱氨酸含量相差 0.08％，需用蛋氨酸添加剂补足。

（6）种火鸡育成配方：满足代谢能 2.72 兆卡/千克，须调整玉米为 48.25％、大豆粕为 11.28％、小麦麸为 8.97％。粗蛋白质、钙、有效磷已满足要求。赖氨酸含量相差 0.04％，需补充添加剂 0.05％；蛋氨酸＋胱氨酸相差 0.04％，需用添加剂补足。

（7）种火鸡产蛋配方：满足代谢能 2.82 兆卡/千克，须调整玉米为 61.7％、大豆粕为 13.59％、磷酸氢钙为 0.51％，高粱减少为 10％，去掉小麦麸。粗蛋白质、钙、有效磷均已满足。需补充赖氨酸添加剂 0.04％，补充蛋氨酸添加剂 0.04％。

配方中的预混剂为维生素、微量元素的复合物混合剂。

（三）野鸡饲料配方设计与使用

野鸡的饲养阶段分为幼雏期（0～6周龄）、育成期（7～20周龄）和种用期（产蛋期），应满足的营养指标见表 4-55；所用饲料成分见表 4-49。

表 4-55　野鸡饲料配方应满足的营养指标

成　分 阶　段	代谢能 （兆卡/千克）	粗蛋白质 （％）	钙 （％）	总磷 （％）	赖氨酸 （％）	蛋＋胱氨酸 （％）
幼雏期	2.8	30	1.0	0.95	1.5	1.0
育成期	2.7	16	0.72	0.74	0.8	0.6
种用期	2.8	18	2.5	0.65	0.9	0.6

1. 方程设计法：由表 4-56 列出野鸡饲料配方的原料组成及方程设计。

表 4-56　野鸡饲料配方原料组成及方程模式

饲料分组 配合量 营养成分	玉米 80％ 高粱 20％	大豆粉 50％ 大豆粕 50％	鱼粉 60％ 酵母 40％	苜蓿草粉 100％	目　标　值		
					幼雏	育成	产蛋
	x_1	x_2	x_3	x_4	0.98	0.98	0.94
代谢能（兆卡/千克）	3.254	2.9	2.682	0.87	2.8	2.7	2.8
粗蛋白质（％）	8.92	39.05	58.7	17.2	30	16	18
蛋氨酸＋胱氨酸（％）	0.29	1.17	1.984	0.36	0.92	0.48	0.56

由表 4-57 列出方程设计的野鸡全期饲料配方，使用过程中可作以下调整：

（1）幼雏期配方：配方中大豆蛋白饲料用量高，饲喂后可能引起粪便稀薄。可再增加高粱 5％，调整高粱为 10.98％、玉米为 19.58％、豆粕为 25.82％、苜蓿草粉为 5.34％。或加入玉米蛋白粉 10％和花生仁饼 10％，调整玉米为 16.43％、大豆粉为 25.57％，去掉大豆粕，再加入小麦麸 12.6％。

表 4-57 野鸡饲料配方设计示例

阶 段 原 料（ % ）	幼雏期 (0～5 周)	育成期 (6～20 周)	种用期 (产蛋)
玉米	23.93	51.96	49.77
高粱	5.98	12.99	12.44
大豆粉	25.67	4.73	9.02
大豆粕	25.67	4.73	9.02
进口鱼粉	6.37	3.55	4.44
啤酒酵母	4.24	2.36	2.93
苜蓿草粉	6.14	17.68	6.42
骨粉(Ca30.12%)	0.36	1.57	1.51
贝壳粉	0.93	0.66	5.08
食盐	0.3	0.3	0.3
赖氨酸		0.03	
蛋氨酸	0.08	0.12	0.04
合计	99.67	100.68	100.97
代谢能(兆卡/千克)	2.8	2.7	2.8
粗蛋白质　　 (%)	30	16	18
钙　　　　　 (%)	1.0	0.72	2.5
总磷　　　　 (%)	0.95	0.74	0.65
赖氨酸　　　 (%)	1.84	0.8	0.95
蛋氨酸+胱氨酸(%)	1.0	0.6	0.6

(2) 育成期配方：配方中鱼粉用量控制的较低，使赖氨酸含量不足，需补充添加剂 0.03%。苜蓿草粉用量过高，可减去 10%，加入小麦麸 14.9%，并调整玉米为 47.56%、大豆粕为 4.23%。但是，苜蓿草粉和小麦麸较大量的增减，可使钙的水平降低，使总磷增高，而对有效磷水平影响不是太大，故此增加贝壳粉 0.04% 即可。

或减少苜蓿草粉 10% 的同时加入稻谷 20% 以减少玉米用量，则调整玉米为 34.36%、大豆粕为 7.33%、苜蓿草粉为 7.68%，并加入小麦麸 5%、贝壳粉 0.5%。

(3) 产蛋期配方：配方中各原料的配合比例基本合理。如果不使用苜蓿草粉，可加入小麦麸 8.7%，调整玉米为 47.13%、大豆粕为 8.72%、贝壳粉 5.32%。

如果加入花生仁饼 5%，则调整大豆粕为 3.42%、玉米为 48.57%，并增加小麦麸 1.8%。

如果用玉米蛋白粉替代全部的大豆粕，则加入玉米蛋白粉 6.49%，调整玉米为 46.46%，并增加小麦麸 5.84%。

饲料配方的总量可通过增减配方中的小麦麸或苜蓿草粉等低营养值原料的用量予以平衡，如配方 1 中可加入小麦麸 0.33%；配方 2 中可减少苜蓿草粉 0.68%；配方 3 中可减少苜蓿草粉 0.97%。一般对营养指标影响不大。

2. 典型配方借鉴法：由表 4-58 列出雉鸡典型饲料配方。因现有原料及营养价值有的不能相符，更换后须重新调整配合比例，以满足原有营养水平。首先，将配方中含粗蛋白质 65% 的鱼粉更换为含 62.9% 的进口鱼粉；鱼粕粉由含粗蛋白质 45% 的更换为含 38.6% 的次级鱼粉；白鱼粉含粗蛋白质为 61%；脱脂米糠更换为全脂米糠。更换原料后的雉鸡饲料配方及某些原料配比的调整情况如下：

(1) 幼雏用配方：原料更换后计算其营养水平，代谢能为 2.696 兆卡/千克、粗蛋白质为 29.71%。为满足代谢能 2.80 兆卡/千克和粗蛋白质 30%，须调整配方中玉米、大豆粕的用量。

经计算须调整玉米为 30.75%、大豆粕为 31.55%,并添加牛油 2.7%。要满足总磷 0.95%,须用磷酸氢钙等量替代碳酸钙 0.1%。

表 4-58 雉鸡典型饲料配方

阶 段 原 料（ % ）	幼雏	育成	种雉（维持）	种雉（产蛋）
玉米	35.0	42.9	20.7	50.7
高粱	10.0	15.0	30.0	10.0
大豆粕	30.0	7.0	4.0	14.0
鱼粉（CP65%）	10.0	4.0	3.0	6.0
白鱼粉	5.0	—	—	—
鱼粕粉（CP45%）	2.0	2.0	—	2.0
肉骨粉（CP50%）	3.0	—	—	2.0
麸皮	—	15.0	15.0	5.0
脱脂米糠	—	10.0	10.0	—
玉米蛋白粉	—	—	6.0	—
苜蓿草粉	2.0	2.0	9.0	2.0
酵母	1.6	—	—	1.0
牛油	—	—	—	1.0
磷酸氢钙	—	—	—	0.2
碳酸钙	0.1	0.8	1.0	4.8
食盐	0.3	0.3	0.3	0.3
预混剂	1.0	1.0	1.0	1.0
合计	100	100	100	100
粗蛋白质(%)	30.0	16.0	15.2	19.0
代谢能 ME(千卡/千克)	2800	2702	2520	2810
钙 （%）	1.30	0.72	0.73	2.50
总磷 （%）	0.95	0.74	0.82	0.65
赖氨酸 （%）	1.75	0.72	0.63	0.92
甲硫氨酸(%)	0.47	0.24	0.21	0.28
胱氨酸 （%）	0.40	0.26	0.24	0.29
羟丁氨酸(%)	1.06	0.54	0.53	0.65
色氨酸 （%）	0.35	0.19	0.18	0.21

注:CP 表示粗蛋白质。

（2）育成用配方:原料更换后的代谢能含量为 2.724 兆卡/千克,粗蛋白质含量为 15.45%。要满足代谢能 2.70 兆卡/千克、粗蛋白质 16%,须调整玉米为 40.84%、大豆粕为 8.5%、小麦麸为 15.56%。因磷含量不足,需配入磷酸氢钙 0.5%,调整碳酸钙 0.55%。并减少麸皮 0.24%,以满足配合总量 100%。

（3）种雉维持用配方:原料更换后的代谢能含量为 2.533 兆卡/千克,粗蛋白质为 16.41%。要满足代谢能 2.52 兆卡/千克、粗蛋白质 15%,须调整玉米为 21.22%、大豆粕为 0.79%、麸皮为 17.69%。因磷含量不足,需配入磷酸氢钙 1.1%,调整碳酸钙为 0.2%。并减少麸皮用量 0.9%,以满足配合总量 100%。

（4）种雉产蛋用配方:原料更换后的代谢能含量为 2.727 兆卡/千克,粗蛋白质含量为 18.63%。要满足代谢能 2.81 兆卡/千克、粗蛋白质 19%,须调整玉米为 54.79%、大豆粕为 16.37%、苜蓿草粉为 0.69%,去掉麸皮。为平衡钙磷含量,须调整磷酸氢钙为 0.39%、碳酸钙为 4.46%。

借鉴典型配方更换原料后的雉鸡饲料配方原料配比及营养水平见表 4-59,使用过程中还可进行必要的原料调整:

(1) 幼雏配方:配方中进口鱼粉和大豆粕用量较高,如果减少鱼粉用量 4%,则加入玉米蛋白粉 10%,调整鱼粉为 6%、大豆粕为 24.89%、玉米为 25.97%,并加入麸皮 5%、骨粉0.44%。或减少鱼粉 4%,调整啤酒酵母为 6.96%,并加入花生仁饼 10%,调整玉米为 28.67%、大豆粕为 20.35%,还需增加骨粉 0.4%。

表 4-59 借鉴典型配方设计的雉鸡饲料配方

阶段 原料（ ％ ）	幼雏	育成	种雉(维持)	种雉(产蛋)
玉米	30.75	40.84	21.22	54.79
高粱	10.0	15.0	30.0	10.0
大豆粕	31.55	8.5	0.79	16.37
进口鱼粉(CP62.9%)	10.0	4.0	3.0	6.0
白鱼粉(CP61%)	5.0	—	—	—
次鱼粉(CP38.6%)	2.0	2.0	—	2.0
肉骨粉(CP50%)	3.0	—	—	2.0
麸皮	—	15.31	16.79	—
米糠	—	10.0	10.0	—
玉米蛋白粉	—	—	6.0	—
苜蓿草粉	2.0	2.0	9.0	0.69
啤酒酵母	1.6	—	—	1.0
牛油	2.7	—	—	1.0
磷酸氢钙	0.1	0.5	1.1	0.39
碳酸钙	—	0.55	0.2	4.46
食盐	0.3	0.3	0.3	0.3
预混剂	1.0	1.0	1.0	1.0
赖氨酸			0.06	
合计	100	100	100	100
粗蛋白质(%)	30.0	15.96	15.06	19.0
代谢能(兆卡/千克)	2.800	2.66	2.505	2.810
钙 （%)	1.29	0.72	0.73	2.59
总磷 （%)	0.96	0.74	0.82	0.58
赖氨酸 （%)	1.76	0.75	0.63	0.98
蛋氨酸+胱氨酸(%)	0.97	0.51	0.46	0.61

(2) 育成用配方:原料配比较为合理,为减少玉米用量可加入大麦 10%和稻谷 10%,调整玉米用量为 28.04%、大豆粕为 9.3%、麸皮为 7.31%。配方中的苜蓿草粉可增加到 6%,则调整玉米为42.6%、大豆粕为 8.7%、麸皮为 9.35%。

(3) 种雉维持用配方:配方中高粱用量多,如果货源不足可减少 20%,并同时加入稻谷 20%,调整玉米为 24.22%、大豆粕为 2.59%、小麦麸皮为 11.99%。

如果用肉骨粉 3.87%替代进口鱼粉 3%,则调整玉米为 21.76%、麸皮为 16.16%、磷酸氢钙为 0.52%,并去掉碳酸钙。

(4)种雉产蛋配方:原料配比较合理,如果减少大豆粕用量,可加入花生仁饼 6%,则调整大豆粕为 9.65%、玉米为 53.35%,并增加麸皮 2.16%。

如果为减少玉米用量而加入碎米 20%,则调整玉米为 33.99%、大豆粕为 14.97%,并增加麸皮 2.2％。或加入碎米 25％，调整玉米为 32.29％、大豆粕为 14.87％，并去掉牛油。

（四）珍珠鸡饲料配方设计与使用

珍珠鸡的营养需要大体与鸡相同，设计饲料配方时可参考育雏鸡的配方选择原料。也可直接借用蛋用雏鸡的饲料配方；或借用肉仔鸡的饲料配方，再加入 10％～30％ 的青绿饲料混合饲喂。设计珍珠鸡饲料配方也可通过下面两个途径：

1. 方程设计法：由表 4-60 列出珍珠鸡饲料配方应满足的营养需要。由表 4-61 列出珍珠鸡饲料配方的原料组成及方程设计。

表 4-60　珍珠鸡饲料配方应满足的营养指标

营养成分 / 饲养阶段	代谢能（兆卡/千克）	粗蛋白质（％）	钙（％）	总磷（％）	赖氨酸（％）	蛋＋胱氨酸（％）
0～4 周龄	3.20～2.90	26	1.2	0.8	1.6	0.9
4～8 周龄	3.10～2.80	21	1.2	0.8	1.0	0.65
8～12 周龄	3.10～2.80	19	0.8	0.7	0.8	0.55
12～24 周龄	2.90～2.80	16	0.8	0.7	0.65	0.45
繁殖期	2.90～2.80	17	2.25	0.7	0.7	0.5

表 4-61　珍珠鸡饲料配方原料组成及方程模式

配合量 / 营养成分	玉米 100%	豆粉 60% 豆粕 40%	鱼粉 50% 酵母 50%	小麦麸 100%	目标值 0～4 周	4～8 周	8～12 周	12～24 周	繁殖期
	x_1	x_2	x_3	x_4	0.98	0.98	0.98	0.98	0.94
代谢能（兆卡/千克）	3.28	3.02	2.655	1.63	3.00	2.90	2.90	2.85	2.80
粗蛋白质（%）	8.9	38.26	57.65	15.7	26	21	19	16	17
蛋氨酸＋胱氨酸（%）	0.29	1.144	1.875	0.39	0.81	0.65	0.58	0.49	0.53

应用解线性方程法控制动物性饲料用量而设计的珍珠鸡全期饲料配方见表 4-62。配方在使用过程中还可作如下调整：

（1）0～4 周龄配方：配方中大豆蛋白质饲料用量较高，可加入玉米蛋白粉 9.58％，去掉大豆粕，调整玉米为 42.67％、小麦麸为 10.65％。

或加入花生仁饼 5％ 和高粱 5％，调整大豆粕为 7.92％、玉米为 42.31％、小麦麸为 2.68％。

或减少大豆粉 10％，加入花生仁饼 7.41％ 和动物油脂 2.3％，调整玉米为 45.18％、小麦麸为 4.7％。

为减少玉米用量，可加入碎米 20％，调整玉米为 26.76％、大豆粕为 11.92％、小麦麸为 4.23％。

为减少进口鱼粉 4％，可加入肉骨粉 5.16％，调整玉米为 48.28％、小麦麸为 1.19％、骨粉为 0.12％。

（2）4～8 周龄配方：为减少玉米用量，可加入高粱 5％ 和小麦全粉 10％，调整玉米为 43.17％、大豆粕为 6.65％、小麦麸为 9.64％。

或加入高粱 5％ 和碎米 30％，调整玉米为 19.97％、大豆粕为 5.85％、小麦麸为 9.34％。

如果减少大豆粉 10%，可加入玉米蛋白粉 7.19%，调整玉米为 59.29%、大豆粕为 6.49%。或调整加入花生仁饼、苜蓿草粉等适量。

（3）8～12 周龄配方：为减少玉米用量，可加入高粱 10% 和大麦 10%，调整玉米为 41.3%、大豆粕为 8.74%、小麦麸为 7.73%。

表 4-62　珍珠鸡饲料配方示例

原　　料(%)	0～4 周	4～8 周	8～12 周	12～14 周	繁殖期
玉米	47.56	55.22	55.6	64.01	62.6
大豆粉	19.99	11.62	13.26	5.38	5.45
大豆粕	13.32	7.75	8.84	3.58	3.63
进口鱼粉	7.55	5.96	3.49	3.51	5.31
啤酒酵母	7.55	5.96	3.48	3.51	5.3
小麦麸	2.03	11.49	13.33	18.01	11.71
骨粉(Ca36.4%)	1.16	1.34	1.34	1.16	
碳酸钙	0.92	0.53	0.43	0.45	4.42
磷酸氢钙					0.93
食盐	0.4	0.4	0.4	0.5	0.5
蛋氨酸	0.1				
合计	100.58	100.27	100.17	100.11	99.85
代谢能(兆卡/千克)	3.00	2.90	2.90	2.85	2.80
粗蛋白质(%)	26	21	19	16	17
钙　　　(%)	1.2	1.2	0.8	0.8	2.25
总磷　　(%)	0.8	0.8	0.7	0.7	0.7
赖氨酸　(%)	1.58	1.2	1.07	0.81	0.91
蛋氨酸+胱氨酸(%)	0.91	0.65	0.58	0.49	0.53

为减少大豆蛋白饲料的用量，可同时加入棉仁饼 4% 和菜籽饼 5%，调整大豆粕为 1.94%、玉米为 56.15%、小麦麸为 10.68%。

为减少小麦麸用量，可加入苜蓿草粉 5%，调整小麦麸为 5.88%、玉米为 57.8%、大豆粕为 9.09%。

如果加入槐叶粉 5%，则调整小麦麸为 6.23%、玉米为 57.65%、大豆粕为 8.89%。

如果同时减少玉米、大豆、小麦麸用量，可同时加入高粱 10%、大麦 10%、棉仁饼 4% 和菜籽饼 5%，则调整玉米为 41.85%、大豆粕为 1.84%、小麦麸为 5.08%。

或加入高粱 10%、碎米 30%、花生仁饼 5% 和苜蓿草粉 5%，则调整玉米为 17.3%、大豆粕为 1.79%、小麦麸为 8.68%。

（4）12～14 周龄配方：为减少玉米和小麦麸用量，可加入高粱 10%、裸大麦 10% 和啤酒糟 10%，调整玉米为 46.81%、大豆粉为 4.96%、小麦麸为 9.21%，并去掉大豆粕。

或加入小麦粉 10%、稻谷 10%、苜蓿草粉 5%，则调整玉米为 51.61%、小麦麸为 5.16%、大豆粕为 3.83%。

（5）繁殖期配方：如果加入高粱 5%，则调整玉米为 58.55%、大豆粕为 3.83%、小麦麸为 10.56%。

如果加入小麦粉 10%，则调整玉米为 54.6%、大豆粕为 2.33%、小麦麸为 11.01%。

如果加入苜蓿草粉 4%，则调整玉米为 64.36%、大豆粕为 3.83%、小麦麸为 5.75%。

或同时加入高粱 5%、小麦粉 10%、苜蓿草粉 4%，调整玉米为 52.31%、大豆粕为 2.73%、小麦麸为 3.9%

2. 典型配方借鉴法：由表 4-63 列出珍珠鸡的典型饲料配方及营养水平。经复核，实际营养值与典型配方提示数值有一定差异，使用时须对配方中的玉米、大豆蛋白饲料、小麦麸以及矿物质饲料的配合比例进行重新计算调整，使营养值满足典型配方提示的水平。

（1）幼雏用配方：经复核，含代谢能为 2.80 兆卡/千克、粗蛋白质为 29.16％。要满足代谢能 2.86 兆卡/千克和粗蛋白质 28.3％，须调整玉米为 34.32％、大豆粕为 22.96％、小麦麸为 0.2％。为平衡钙磷比例，须调整骨粉为 1.2％、贝壳粉为 0.8％。各种必需氨基酸含量已满足需要。配方中进口鱼粉用量较高，可用国产鱼粉、肉骨粉等替代一部分；大豆粕可用花生饼粕、玉米蛋白粉等替代一部分。

表 4-63　珍珠鸡典型饲料配方

原料（％）	幼雏	中雏	大雏	非产蛋期	产蛋期
玉米	29.88	37.88	59.88	62.28	39.78
全麦粉	10	10	—	—	10
麦麸	2.6	4.6	8.5	15	3.5
高粱	3.0	3.0	—	—	
鱼粉（进口）	12	10	8.0	5.0	12
豆粕（浸提）	25	21	—	15.0	—
豆饼（机榨）	—	—	18	—	15
大豆粉	10	8.0	—	—	10
酵母	5.0	3.0	3.0	—	5.0
贝壳粉	1.0	1.0	—	2.0	2.0
骨粉	1.0	1.0	2.0	—	2.0
食盐	0.4	0.4	0.5	0.5	0.5
多种维生素	0.02	0.02	0.02	0.02	0.02
微量元素	0.1	0.1	0.1	0.2	0.2
粗蛋白质（％）	28.3	25.2	20.8	17.9	24.7
代谢能（千卡/千克）	2860	2930	2910	2860	2810

（2）中雏用配方：经复核，含代谢能为 2.827 兆卡/千克、粗蛋白质为 25.45％。要满足代谢能 2.93 兆卡/千克和粗蛋白质 25.2％，首先调整大豆粉为 11％、大豆粕为 19％；然后计算调整玉米为 40.32％、大豆粕为 19.56％、小麦麸为 1.6％即可。为平衡钙磷比例，须调整骨粉为 1.2％、贝壳粉为 0.8％。各种必需氨基酸含量已满足需要。配方中进口鱼粉和大豆粕用量可用其他价廉原料适量替代。

（3）大雏用配方：经复核，含代谢能为 2.855 兆卡/千克、粗蛋白质为 20.63％。要满足代谢能 2.91 兆卡/千克和粗蛋白质 20.8％，须调整玉米为 62.48％、大豆饼为 19.37％、小麦麸为 4.53％。钙、磷及各种必需氨基酸均已满足。

配方中的玉米可用适量的高粱、小麦粉、大麦粉、稻谷等替代一部分。也可加入适量的其它植物蛋白饲料以替代部分大豆饼的用量。或用其它动物性蛋白饲料替代一部分进口鱼粉的用量。

（4）非产蛋期用配方：经复核，含代谢能为 2.77 兆卡/千克、粗蛋白质为 17.49％。要满足代谢能 2.86 兆卡/千克和粗蛋白质 17.9％，须调整玉米为 66.68％、大豆粕为 17.6％、小麦麸为 8％。为平衡钙、磷比例，须调整贝壳粉为 0.3％，并加入骨粉 1.7％。各种必需氨基酸均满足需要。

配方中可调整加入高粱、大麦、稻谷等以减少玉米用量；可加入花生饼粕、菜籽饼等以减少大豆粕的用量；或加入苜蓿草粉、酒糟等以减少小麦麸的用量。

（5）产蛋期用配方：经复核，含代谢能为 2.855 兆卡/千克、粗蛋白质为 25.29%。要满足代谢能 2.81 兆卡/千克和粗蛋白质 24.7%，须调整玉米为 38.51%、大豆饼为 12.31%、小麦麸为 7.46%。为平衡钙、磷比例，须调整骨粉为 0.3%、贝壳粉为 4.7%。

配方调整后矿物质饲料用量增加 1%，可用碳酸钙 3.7% 替代 4.7% 的贝壳粉；或减少小麦麸 1%，以调整配合量为 100%。

配方中可调整加入国产鱼粉、肉骨粉等较优质价廉的动物性蛋白质饲料，以减少进口鱼粉的用量；可加入花生饼粕、玉米蛋白粉等以减少大豆蛋白饲料的用量。

该组典型饲料配方，经复核主要为能量偏低于提示数值，而粗蛋白质含量比较接近，实际不予调整也可使用，但钙、磷比例一定要注意平衡。

（五）鹌鹑饲料配方设计与使用

鹌鹑的饲养阶段分生长期和产蛋期。生长期的营养需要基本与肉仔鸡相同，但产蛋期的营养需要比鸡的高。制定饲料配方时可参考肉仔鸡的配方选择原料和设计方程，所用饲料原料见表 4-51。

1. 方程设计法：由表 4-64 列出鹌鹑饲料配方应满足的营养指标；由表 4-65 列出以氨基酸控制鱼粉用量设计的方程模式，在目标值中，产蛋期的能量值因扣除了 1% 的牛油所提供的能量而为 2.923 兆卡/千克。

表 4-64 鹌鹑饲料配方应满足的营养指标

营养成分 饲养阶段	代谢能 （兆卡/千克）	粗蛋白质 （%）	钙 （%）	有效磷 （%）	赖氨酸 （%）	蛋氨酸+胱氨酸 （%）
生长期	3.00	24	0.8	0.45	1.30	0.75
产蛋期	3.00	20	2.5	0.55	1.15	0.76
种用期	2.80	24	2.5	0.45	1.10	0.80

表 4-65 鹌鹑饲料配方原料组成及方程模式

原料分组 配合量 营养成分	玉米 100% x_1	豆粉60% 豆粕40% x_2	鱼粉50% 酵母50% x_3	小麦麸 100% x_4	目标值 生长期 0.98	产蛋期 0.93	种用期 0.94
代谢能（兆卡/千克）	3.28	3.02	2.655	1.63	3.00	2.923	2.80
粗蛋白质（%）	8.9	38.26	57.65	15.7	24	20	24
蛋氨酸+胱氨酸（%）	0.29	1.144	1.875	0.39	0.75	0.62	0.74

以氨基酸控制鱼粉用量设计的鹌鹑全期饲料配方见表 4-66，使用过程中还可进行下列调整：

（1）生长期配方：为减少玉米用量，可加入高粱 5%、小麦全粉 10%，调整玉米为 41.16%、大豆粕为 9.66%、小麦麸为 0.19%。

或加入高粱 10%、碎米 30%，则调整玉米为 13.91%、大豆粕为 9.06%、小麦麸为 4.19%。

为减少大豆蛋白饲料的用量，可加入玉米蛋白粉 7.19%，调整大豆粉为 6.15%、大豆粕为 9.5%、玉米为 57.28%。

如果不用大豆粉，则调整玉米为 54.18%、大豆粕为 24.16%，并添加动物油脂 3.71%。

为减少进口鱼粉用量可加入适量肉骨粉，其调整比例为，鱼粉减少 1%，则肉骨粉加入 1.29%，并同时减少骨粉 0.26%、小麦麸 0.21%，增加玉米 0.18%。

如果同时加入高粱 10％、玉米蛋白粉 10％和肉骨粉 5.16％，则调整玉米为 48.47％、大豆粉为 6.15％、大豆粕为 5.99％、小麦麸为 2.58％、进口鱼粉为 3.35％，并去掉骨粉和碳酸钙。因肉骨粉的蛋氨酸较鱼粉低，需添加蛋氨酸 0.04.％。

表 4-66　鹌鹑饲料配方示例

阶　段 原　料（％）	生长期	产蛋期	种用期
玉米	53.21	56.46	42.84
大豆粉	16.15	17.86	18.88
大豆粕	10.76	11.91	12.59
进口鱼粉	7.35	3.01	6.03
啤酒酵母	7.34	3.01	6.02
小麦麸	3.19	0.75	7.64
骨粉(Ca30.12％)	0.82	2.39	1.0
碳酸钙	0.42	3.8	4.6
牛油		1.0	
食盐	0.38	0.38	0.38
蛋氨酸		0.14	0.06
赖氨酸		0.04	
合计	99.62	100.75	100.04
代谢能(兆卡/千克)	3.00	3.00	2.80
粗蛋白质(％)	24	20	24
钙　　(％)	0.8	2.5	2.5
有效磷　(％)	0.45	0.55	0.45
赖氨酸　(％)	1.42	1.15	1.42
蛋氨酸＋胱氨酸(％)	0.75	0.76	0.8

（2）产蛋期配方：为减少玉米用量，可同时加入高粱 10％、碎米 20％，调整玉米为 27.56％、大豆粕为 10.91％、小麦麸为 0.65％。

为减少大豆及豆粕用量，可加入肉骨粉 6％和花生仁饼 6％，调整大豆粉为 7.86％、大豆粕为 5.67％、玉米为 63.14％、小麦麸为 0.17％、骨粉为 0.53％。

如果同时加入高粱 10％和肉骨粉 6％，则调整玉米为 48.78％、大豆粕为 3.79％、小麦麸为 2.41％、骨粉为 0.53％。

（3）种用期配方：为减少玉米用量，可加入高粱 10％和全麦粉 10％，调整玉米为 26.74％、大豆粕为 11.69％、小麦麸为 4.64％。

为减少大豆及豆粕用量，可加入花生仁饼 6％和玉米蛋白粉 10％，并同时减少大豆粉 10％；调整大豆粉为 8.88％、大豆粕为 0.97％、玉米为 44％、小麦麸为 12.1％。

为减少小麦麸用量，可加入苜蓿草粉 3％，调整小麦麸为 3.17％、玉米为 44.16％、大豆粕为 12.74％。

如果同时加入高粱 10％、玉米蛋白粉 10％和苜蓿草粉 3％，并减少大豆粉 10％；则调整玉米为 38.66％、大豆粉为 8.88％、大豆粕为 8.24％、小麦麸为 3.17％。

配方中的碳酸钙可用 1.2 倍的贝壳粉或石粉替代。配合总量可通过增减小麦麸或苜蓿草粉的用量平衡为 100％。

2. 典型配方借鉴法：由表 4-67 列出鹌鹑的全期典型饲料配方。经复核，各配方的实际营养含量与其所提示的营养水平有较大差异，其中代谢能较高，粗蛋白质和主要氨基酸均偏低；矿物质中有效磷满足而钙不足。如果以配方的组成原料计算调整能量和粗蛋白质，则难以降低能量水平。可采用以下调整方法：

表 4-67 鹌鹑典型饲料配方示例

原 料 （%）	育 成 期		产 蛋 期	
	A	B	A	B
玉米	49.5	50.7	52.1	52.9
高粱	5.0	5.0	5.0	5.0
大豆粉	35.0	32.0	26.0	27.0
鱼粉	6.0	8.0	6.0	8.0
玉米蛋白粉	—	—	3.0	—
磷酸氢钙	0.9	0.7	1.6	1.4
碳酸钙	0.3	0.3	4.5	4.4
牛油	2.0	2.0	0.5	—
食盐	0.3	0.3	0.3	0.3
预混剂	1.0	1.0	1.0	1.0
合计	100	100	100	100
粗蛋白质(%)	24	24	22	22
代谢能 ME(千卡/千克)	3000	3010	2820	2800
钙 （%）	0.82	0.8	2.5	2.5
有效磷 （%）	0.45	0.45	0.55	0.56
赖氨酸 （%）	1.43	1.42	1.2	1.3
蛋氨酸(%)	0.5	0.5	0.45	0.45
胱氨酸 （%）	0.26	0.26	0.25	0.23

（1）计算能量相差值：

	育成期(A)	育成期(B)	产蛋期(A)	产蛋期(B)
提示值	3.000	3.010	2.820	2.800
复核值	3.317	3.307	3.074	3.050
相差值(±)	+0.317	+0.297	0.254	0.25

（2）通过加入大豆粕和减少大豆粉的用量以平衡能量水平。已知大豆粉的代谢能为 3.5 兆卡/千克、大豆粕的代谢能为 2.3 兆卡/千克,应用二元一次方程或下列方法求解:

如生长期配方(A)的代谢能高 0.317 兆卡,可求得加入大豆粕 26.42%,调整大豆粉为 8.58%。

大豆粕＝0.317÷(3.5－2.3)＝0.2642

大豆粉＝0.35－0.2642＝0.0858

初步调整各配方中的大豆粕和大豆粉用量以平衡能量水平。

	育成期(A)	育成期(B)	产蛋期(A)	产蛋期(B)
大豆粕 （%）	26.42	24.17	21.17	20.83
大豆粉 （%）	8.58	7.83	4.83	6.17

（3）计算初步调整后的粗蛋白相差值：

	育成期(A)	育成期(B)	产蛋期(A)	产蛋期(B)
提示值	24	24	22	22
调整值	23	23.14	21.19	21.32
相差值(±)	－1	－0.86	－0.81	－0.68

（4）通过调整配方中玉米、大豆粉和大豆粕的配比以平衡粗蛋白质水平。以玉米 10%、大豆粉 4%和大豆粕 10%设计基础方程,该三种原料的配合量为 24%,所含营养:

代谢能＝3.28×10%＋3.5×4%＋2.3×10%＝0.698(兆卡)

粗蛋白质＝8.9×10%＋35.1×4%＋43×10%＝6.594%

方程计算时其配合量不变,能量值已满足,粗蛋白值增加相差值(如育成期 A 方的粗蛋白质水平增加 1%，则为 7.698%），即为应提供的粗蛋白质水平，见表 4-68。

表 4-68　鹌鹑典型配方调整的基础方程模式

原料 调整比例 成分	玉米	大豆粉	大豆粕	目标值			
				育成期 A	育成期 B	产蛋期 A	产蛋期 B
	x_1	x_2	x_3	0.24	0.24	0.24	0.24
代谢能（兆卡）	3.28	3.50	2.30	0.698	0.698	0.698	0.698
粗蛋白质（%）	8.9	35.1	43	7.594	7.454	7.404	7.274

经计算，各配方中平衡能量和粗蛋白质水平须调整玉米、大豆粉和大豆粕用量为：

	育成期 A	育成期 B	产蛋期 A	产蛋期 B
玉米（%）	39.5＋6.39	40.7＋6.89	42.1＋7.07	42.9＋7.54
大豆粉（%）	4.58＋6.95	3.83＋6.54	0.83＋6.39	2.17＋6.01
大豆粕（%）	16.42＋10.66	14.17＋10.57	11.17＋10.54	10.83＋10.45

（5）调整矿物质饲料的用量以平衡钙、磷比例。计算能量饲料和蛋白质饲料配比调整后可提供的钙和有效磷含量：

			育成期 A	育成期 B	产蛋期 A	产蛋期 B
提示值	钙	（%）	0.82	0.8	2.5	2.5
	有效磷	（%）	0.45	0.45	0.55	0.56
调整值	钙	（%）	0.366	0.43	0.338	0.418
	有效磷	（%）	0.31	0.36	0.29	0.36
相差值（±）	钙	（%）	−0.454	−0.37	−2.162	−2.082
	有效磷	（%）	−0.14	−0.09	−0.26	−0.2

不足部分再通过调整磷酸氢钙和碳酸钙的配比以满足（表 4-69）。

（6）配平必需氨基酸以及按需要加入各类饲料添加剂即为调整后的鹌鹑饲料配方（表 4-69）。配方中的预混剂为复合维生素、微量元素混合剂。

表 4-69　借鉴鹌鹑典型配方调整后的饲料配比

原料（%）	育成期 A	育成期 B	产蛋期 A	产蛋期 B
玉米	45.89	47.59	49.17	50.44
大豆粉	11.53	10.37	7.22	8.18
大豆粕	27.08	24.74	21.71	21.28
高粱	5.0	5.0	5.0	5.0
鱼粉（进口）	6.0	8.0	6.0	8.0
玉米蛋白粉	—	—	3.0	—
磷酸氢钙	0.75	0.48	1.4	1.12
碳酸钙	0.7	0.65	4.6	4.56
牛油	2.0	2.0	0.5	—
食盐	0.3	0.3	0.3	0.3
预混剂	1.0	1.0	1.0	1.0
赖氨酸添加剂	0.09	0.05	0.03	0.07
蛋氨酸添加剂	0.08	0.06	0.04	0.04
合计	100.42	100.24	99.97	99.99
粗蛋白质（%）	24	24	22	22
代谢能（兆卡/千克）	3.000	3.017	2.820	2.800
钙　　　（%）	0.82	0.8	2.5	2.5
有效磷　（%）	0.45	0.45	0.55	0.56
赖氨酸　（%）	1.43	1.42	1.2	1.3
蛋氨酸　（%）	0.5	0.5	0.45	0.45
胱氨酸　（%）	0.35	0.34	0.31	0.31

第五章 家畜饲料配方的设计与使用

家畜分为草食家畜(牛、羊、兔、海狸鼠等)、肉食家畜(狐狸、水貂等)和杂食家畜(如猪等)。肉食家畜属经济动物,饲养成本高,经济效益不稳定,所以饲养量较少。而草食和杂食家畜以植物性饲料为主,与人类生活密切相关,所以分布面广,饲养量大。尤其是草食家畜,可大量利用各种牧草、野草、树叶以及作物秸秆、秕壳等粗饲料,科学饲养可节约大量精饲料,适合我国的经济水平。

近几年来,随着农村畜牧业向专业化、规模型发展,养牛、养羊、养猪专业户越来越多,对饲养技术的要求日益迫切。在针对家畜不同品种、年龄、性别、生产性能和环境、饲料条件制定的最佳饲养方案中,依据家畜不同的营养需要科学制定和使用饲料配方,则是十分重要的环节,必须引起足够的重视。

一、猪饲料配方的设计与使用

猪是单胃杂食动物,亦需要供给较高水平的营养物质才能满足其繁殖、生长及肥育的需要。尤其是引进的瘦肉型猪种,饲粮中的营养水平若达不到饲养标准,其优良的生产性能就难以充分发挥,在同等的较低劣的饲养条件下,还不如国内的地方猪种。随着农村养猪大户、专业户的涌现,配合饲料喂猪亦在逐步被农民所接受,但其重视程度远不如家禽。饲粮中的农副产品、草粉、糟渣等粗饲料占的比例相当大,所提供的营养物质不能满足猪的需要,而粗纤维含量显著超量,严重影响了猪的正常生长,延长了饲养周期,降低了养猪效益。

从我国农村的实际经济条件出发,以充分考虑猪对各种饲料的消化利用能力为前提,最大限度地选用一些优质的青、粗饲料,设计出基本满足猪的营养需要的饲料配方是完全可以办得到的。实践证明,将青绿的作物秸秆、青草、树叶等打成浆后大量饲喂种猪,对繁殖性能并无不良影响。生长肥育猪的饲粮中含有一定量的粗纤维、还能提高瘦肉率。只要配方原料选择恰当,虽然饲粮中营养水平略低,而诸营养素之间比例合理,同样会取得较好的饲喂效果。由表5-1列出设计猪饲料配方常用原料及营养价值。

(一)仔猪饲料配方设计与使用

设计仔猪饲料配方应分为断奶前期和断奶后期两种。断奶前期仔猪的胃肠还不发达,消化酶不完善,消化能力弱,易患下痢和消化不良等胃肠疾病,是造成仔猪成活率下降和形成僵猪的重要原因之一。因此,断奶前期的仔猪饲粮应能替代母乳,故称人工乳或代乳料,原料主要有优质的动、植物性蛋白质饲料和奶粉、糖类以及油脂等组成。实际上,我国大部分养猪场、户均没有供给仔猪如此优厚的待遇。一般从7~9日龄起诱食煮熟或焙炒的大豆、玉米、高粱颗粒,俗称"料豆",以锻练仔猪的胃肠机能。

表 5-1　猪常用饲料成分及营养价值

饲料名称	消化能(兆卡/千克)	粗蛋白质(%)	粗纤维(%)	钙(%)	磷(%)	赖氨酸(%)	蛋＋胱氨酸(%)	苏氨酸(%)
玉米	3.44	8.9	1.9	0.02	0.27	0.24	0.29	0.3
高粱	3.15	9.0	1.4	0.13	0.36	0.18	0.29	0.26
大麦	3.02	11.0	4.8	0.09	0.33	0.42	0.36	0.41
大豆粉	4.05	35.1	4.4	0.27	0.48	2.47	1.04	1.45
大豆粕	3.15	43.0	5.1	0.32	0.61	2.45	1.3	1.89
菜籽饼	2.88	34.3	11.6	0.62	0.96	1.28	1.37	1.35
进口鱼粉	2.98	62.9	1.0	3.87	2.76	4.9	2.42	2.61
国产鱼粉	3.12	52.5	0.4	5.74	3.12	3.41	1.0	2.13
酵母粉	3.54	52.4	0.6	0.16	1.02	3.38	1.33	2.33
小麦麸	2.24	15.7	8.9	0.11	0.92	0.58	0.39	0.33
花生秧	1.65	12.2	21.8	2.8	0.1	0.4	0.27	0.32
苜蓿草粉	1.66	19.1	22.7	1.4	0.51	0.82	0.43	0.69
骨粉				36.4	16.4			
碳酸钙				40.0				

　　断奶后期仔猪的胃肠机能随着日龄增长和采食量的增加而增强,对饲料的消化能力和营养物质的吸收利用率不断提高,配方原料的选择范围可适当放宽,但仍不宜使用含粗纤维较高的饲料。

　　由表 5-2 列出设计仔猪断奶前期和断奶后期饲料配方应满足的主要营养指标。

表 5-2　仔猪营养需要

营养成分 饲养阶段	消化能 (兆卡/千克)	粗蛋白质 (%)	钙 (%)	磷 (%)	赖氨酸 (%)	蛋＋胱氨酸 (%)	苏氨酸 (%)
断奶前期	3.62	22	0.83	0.63	1.0	0.59	0.59
断奶后期	3.31	19	0.64	0.54	0.78	0.51	0.51

　　由表 5-3 列出设计仔猪断奶前期和断奶后期饲料配方的原料组成及方程模式。配合总量中留出 2% 作为矿物质及各类添加剂的机动数,前期再留出 2% 作为油脂的添加量。

表 5-3　仔猪饲料配方原料组成及方程设计模式

原料分组 配合 　　　　　量 营养成分	玉米80% 高粱20%	熟大豆 100%	进口鱼粉50% 酵母粉50%	目 标 值	
				前期	后期
	x_1	x_2	x_3	0.96	0.98
消化能　　(兆卡)	3.382	4.05	3.26	3.31	3.31
粗蛋白质　(%)	8.92	35.1	57.65	22	19

　　应用二阶行列式求解,可求得"x"值:

前期 $\begin{cases} x_3 = 0.2047 \\ x_2 = 0.1322 \\ x_1 = 0.6231 \end{cases}$　　后期 $\begin{cases} x_3 = 0.1949 \\ x_2 = 0.0290 \\ x_1 = 0.7561 \end{cases}$

　　通过求解结果可见,鱼粉和酵母粉(x_3)的用量分别为 10% 以上,饲料成本太高。如果增加大豆和大豆粕的用量,使鱼粉和酵母粉各减少 5%,可查"常用原料增减表",计算出它们的增(＋)减(－)值:

原料(%)		玉米	大豆粕	小麦麸	骨粉
进口鱼粉	−5	×(−0.49)=−2.45	×(+1.66)=+8.3	×(−0.28)=−1.4	×(+0.11)=+0.55
酵母粉	−5	×(+0.05)=+0.25	×(+1.36)=+6.8	×(−0.41)=−2.05	
大豆	+4.73	×(−0.82)=−3.88	×(−0.91)=−4.3	×(+0.73)=+3.45	
增减值	−5.27	−6.08	+10.8	0.0	+0.55

即减少鱼粉和酵母粉分别为 5%,应同时增加大豆 4.73%。由此,前期配方则调整大豆为 17.95%,玉米为 43.77%,鱼粉为 5.23%,酵母粉为 5.24%,并加入大豆粕10.8%和骨粉 0.55%。

调整后再计算钙、磷相差值,用碳酸钙和骨粉平衡。最后按需要量添加食盐及各种饲料添加剂,配入一定量的动物油脂,即获得仔猪断奶前期饲料配方(表 5-4)。

仔猪断奶后期饲料配方各减少鱼粉和酵母粉 5%,调整方法同上。调整结果见表 5-4。

表 5-4 设计仔猪饲料配方示例

原料		配合比例(%)	
		断奶前期	断奶后期
玉米		43.77	54.41
高粱		12.46	15.12
大豆		17.95	7.63
大豆粕		10.8	10.8
进口鱼粉		5.23	4.74
啤酒酵母		5.24	4.75
骨粉(Ca36.4%)		0.73	0.55
碳酸钙		0.6	0.4
食盐		0.26	0.23
油脂		2.41	
小麦麸			0.82
合计		100	100
营　养　水　平			
消化能(兆卡/千克)		3.5 以上	3.32
粗蛋白质	(%)	22	19.13
钙	(%)	0.83	0.64
磷	(%)	0.63	0.57
赖氨酸	(%)	1.27	1.0
蛋氨酸+胱氨酸	(%)	0.69	0.6
苏氨酸	(%)	0.89	0.75

仔猪饲料配方的使用:

1.断奶前期配方:配方中的大豆须煮熟,焙炒或膨化处理,高粱须焙炒以提高适口性。配方中若不添加油脂,用能量饲料满足总量,其消化能为 3.40 兆卡/千克左右。添加油脂后可接近营养指标。

如果减少玉米用量可加入碎米 20%,调整玉米为 22.17%,大豆粒为 9.4%,并增加小麦麸 3%。

如果减少大豆粕用量可加入花生仁饼粕,或用花生仁饼 9%替代全部大豆粕,则调整玉米为 45.77%。

如果用国产鱼粉替代全部进口鱼粉,需加入国产鱼粉 6.07%,则调整玉米为 41.63%、骨粉为 0.26%,并增加小麦麸 1.78%。

或同时加入碎米 20%以替代部分玉米，加入花生仁饼 8.03%以替代全部大豆粉，加入国产鱼粉 6.07%以替代全部进口鱼粉，则调整玉米为 21.8%、骨粉为 0.26%，并增加小麦麸 4.37%。调整后即组成新的饲料配方。

小麦麸可用含淀粉较多的小麦粉头替代。

2.断奶后期配方：断奶后期和前期饲料配方的原料选择和营养水平在初期应基本保持一致，以后随着仔猪采食量的增加，逐渐降低营养水平和加入其他原料，但品质差、粗纤维含量高的原料仍不宜选用。

（二）生长肥育猪饲料配方设计与使用

生长肥育猪的饲养阶段一般分为断奶后体重 20～45 千克的生长阶段和 45～100 千克的肥育阶段。通常把肉脂型猪分三阶段饲养，即体重 20～35 千克、35～60 千克、60～90 千克。瘦肉型猪分两阶段饲养，即体重 20～60 千克、60～90 千克。猪在生长阶段骨架子长得快，蛋白质沉积多，饲料转化率高，所以对饲粮的品质以及蛋白质、氨基酸、维生素的需要量比较高。而肥育阶段脂肪沉积增加，但为获得较多的瘦肉已不再提高饲料的能量水平。

设计生长肥育猪的饲料配方，可适量选择一些品质优良、营养值较高的青、粗饲料、如青绿饲料、青贮饲料、牧草粉、青干草粉、粮食酒糟、粉渣等，但一定要控制粗纤维含量，不宜超过 8%的极限。

由表 5-5 列出按赖氨酸需要量设计生长肥育猪饲料配方应满足的主要营养指标。

表 5-5　生长肥育猪营养指标

体重阶段 ＼ 成分	消化能（兆卡/千克）	粗蛋白（%）	粗纤维（%）	钙（%）	磷（%）	赖氨酸（%）	蛋＋胱氨酸（%）
20～35（千克）	3.10	16		0.55	0.46	0.64	0.42
35～60（千克）	3.10	14		0.5	0.41	0.56	0.37
60～90（千克）	3.10	13		0.46	0.37	0.52	0.28

由表 5-6 列出设计生长肥育猪饲料配方的原料组成及方程模式。

表 5-6　生长肥育猪饲料配方方程设计模式

营养成分 ＼ 配合量 ＼ 原料分组	玉米 80%　大麦 20%	大豆粕 60%　菜籽饼 40%	国产鱼粉 100%	花生秧 50%　苜蓿草粉 50%	目标值 I	目标值 Ⅱ	目标值 Ⅲ
	x_1	x_2	x_3	x_4	0.99	0.99	0.99
消化能（兆卡/千克）	3.356	3.042	3.12	1.655	3.1	3.1	3.1
粗蛋白质（%）	9.32	39.52	52.5	15.65	16	14	13
赖氨酸　（%）	0.276	1.982	3.41	0.61	0.64	0.56	0.52

以满足赖氨酸需要设计的生长肥育猪三个饲养阶段的饲料配方见表 5-7。使用时还可作下列调整：

配方 I：为生长肥育猪 20～35 千克体重阶段的饲料配方，配合总量由各种饲料添加剂补足。

配方中动物性饲料用量偏低，如果国产鱼粉提高为 4.92%，则调整玉米为 55.74%、大豆粕为 5.72%，去掉全部骨粉和碳酸钙，并增加小麦麸 2.95%。

表 5-7　以满足赖氨酸需要设计生长肥育猪饲料配方示例

原料		Ⅰ	Ⅱ	Ⅲ
		配合比例（%）		
玉米		55.62	60.61	63.49
大麦		13.9	15.15	15.87
大豆粕		11.48	5.68	1.51
菜籽饼		7.66	3.78	1.0
国产鱼粉		0.92	2.84	5.24
花生秧		4.71	5.47	5.94
苜蓿草粉		4.71	5.47	5.95
骨粉（Ca30.12%）		0.38		
碳酸钙		0.13	0.1	
食盐		0.3	0.3	0.3
合计		99.81	99.4	99.3
营　养　水　平				
消化能（兆卡/千克）		3.10	3.10	3.10
粗蛋白质	（%）	16	14	13
粗纤维	（%）	5.3	5.05	4.83
钙	（%）	0.55	0.5	0.59
磷	（%）	0.46	0.41	0.44
赖氨酸	（%）	0.66	0.56	0.52
蛋氨酸+胱氨酸	（%）	0.51	0.42	0.37

或加入酵母粉 5%，则调整玉米为 55.37%、大豆粕为 4.68%，并增加小麦麸 2.05%。

由仔猪饲料变换为生长猪饲料初期，配方中可减少粗饲料的用量。如果用小麦麸 7.25%替代全部花生秧，则调整玉米为 54.07%、大豆粕为 10.49%。

或用米糠 4.71%等量替代苜蓿草粉，则调整玉米为 50.02%、大豆粕为 10.82%，并增加小麦麸 6.26%。

配方中可加入碎米、稻谷、高粱、甘薯等以减少玉米用量，或替代大麦。或加入花生饼粕、玉米蛋白粉等替代菜籽饼。总之，应根据具体情况灵活掌握。

配方Ⅱ：为生长肥育猪 35～60 千克体重阶段的饲料配方，配合总量可由各种饲料添加剂补充。为减少玉米用量，可加入碎米 20%和高粱 12%，则调整玉米为 29.41%、大豆粕为4.88%。

如果用高粱 15.15%等量替代大麦，则调整玉米为 60.16%、大豆粕为 6.8%。并须减少小麦麸 1.67%，但配方中无小麦麸，可用花生秧、苜蓿草粉替代。

如果用棉仁饼 3.78%等量替代菜籽饼，则调整玉米为 62.54%、大豆粕为 5.26%、苜蓿草粉为 3.96%。

如果用甘薯蔓粉 5.47%等量替代花生秧粉，则调整玉米为 61.75%、大豆粕为 6.77%、苜蓿草粉为 3.24%。

配方Ⅲ：为生长肥育猪 60～90 千克体重阶段的饲料配方，配合总量可由各种饲料添加剂补足。

如果加入稻谷 18.67%和减去花生秧 5.94%，则调整玉米为 49.58%、大豆粕为 2.69%。

如果加入高粱 8.89%和减去大麦 15.87%，则调整玉米为 68.6%、大豆粕为 3.38%。

如果鱼粉用量减少为 3%，则调整玉米为 63.42%、大豆粕为 4.74%、骨粉为 0.4%，并调整花生秧为 4.62％。

如果加入啤酒糟 10.68％，并同时减去苜蓿草粉 5.95％和鱼粉减少为 3.24％，则调整玉米为 61.86％、大豆粕为 1.31％，并增加骨粉 0.36％。

（三）种猪饲料配方设计与使用

种猪分为生长后备期和生产繁殖期两个阶段。作为后备选种用的生长猪，对营养物质的需要与生长肥育猪基本相同。但为控制其长得过肥、过快，后备母猪饲粮的能量水平应适当降低，并增加粗纤维含量。为促进生殖器官的发育，饲粮中可适当增加青、粗饲料的用量，以减少精饲料的用量。但后备公猪的饲粮中不可选用过多的粗饲料，以免造成腹部松大，降低配种能力。种公猪无论是后备期、配种期、还是非配种期，其饲粮供给均以"精、全、少"为宜。"精"，即以精饲料为主；"全"，即各种营养素要齐全，要满足需要；"少"，即限制喂饲量，仅喂七、八成饱。

种母猪分为妊娠期和哺乳期，条件差的为避开严寒季节还须安排一段空怀期。设计饲料配方时，应根据不同时期的生理特点和营养需要选择适宜的原料。如妊娠前期，可适当增加糠麸及青、粗饲料的用量。而妊娠后期胎儿生长发育迅速；哺乳期则分泌大量的乳汁，对蛋白质、氨基酸、维生素以及矿物质的需要量增加，必须尽量满足。为避免妊娠母猪发生便秘，饲粮的粗纤维含量要保持在 4％～5％，除供给适量的青、粗饲料，再增加小麦麸的用量。

1. 控制粗纤维含量设计后备母猪饲料配方：饲粮中粗纤维含量太高时会影响营养物质的充分消化吸收，造成精料浪费，影响生长发育。尤其是仔猪、生长猪和肥育猪，饲粮中必须控制粗纤维含量。由表 5-8 列出后备种猪的营养需要及粗纤维控制量。

表 5-8　后备母猪营养需要及粗纤维控制量

营养成分 体重阶段	消化能 （兆卡/千克）	粗蛋白 （％）	粗纤维 （％）	钙 （％）	磷 （％）	赖氨酸 （％）	蛋＋胱氨酸 （％）
小型 10～20（千克） 大型 20～35（千克）	3.0	16	6	0.6	0.5	0.70	0.45
小型 20～35（千克）	3.0	14	6	0.6	0.5	0.62	0.40
小型 35～60（千克） 大型 60～90（千克）	2.90	13	8	0.6	0.5	0.52	0.34
大型 35～60（千克）	2.95	14	7	0.6	0.5	0.48	0.30

由表 5-9 列出以控制粗纤维含量设计后备母猪饲料配方原料组成及方程模式。

表 5-9　控制粗纤维含量设计后备母猪饲料配方方程模式

原料分组 配合量 营养成分	玉米 80％ 大麦 20％ x_1	大豆粕 60％ 菜籽饼 40％ x_2	国产鱼粉 100％ x_3	花生秧 50％ 苜蓿草粉 50％ x_4	目标值 I 0.99	II 0.99	III 0.99	IV 0.99
消化能（兆卡/千克）	3.356	3.042	3.12	1.655	3.0	3.0	2.90	2.95
粗蛋白质（％）	9.32	39.52	52.5	15.65	16	14	13	14
粗纤维　（％）	2.48	7.7	0.4	22.25	6	6	8	7

由表 5-10 列出以控制粗纤维含量设计的小型后备母猪和大型后备母猪的饲料配方。配方 III 和配方 IV 中鱼粉的计算结果原为负值，现为应用"原料增减比例表"调整后获得。使用该套饲料配方时应按需要配给生长素等添加剂，必要时还可以作如下调整：

配方 I：为小型品种后备母猪 10～20 千克体重阶段和大型品种后备母猪 20～35 千克体

重阶段的饲料配方,各项营养指标均满足。

配方中粗饲料用量偏高,如果调整花生秧和苜蓿草粉均为 5.17%,增加小麦麸 9.63%,则调整玉米为 47.37%、大豆粕为 4.42%。

如果鱼粉用量减少为 5.09%,则调整玉米为 53.31%、大豆粕为 8.2%、花生秧为 7%。

或加入肉骨粉 3%以替代部分鱼粉,则调整鱼粉为 4.15%、玉米为 53.4%,并增加小麦麸 0.27%。

如果用高粱替代大麦 13.34%,需加入高粱 7.48%,则调整玉米为 57.66%、大豆粕为 6.89%。

如果减少玉米用量,可加入碎米 30%、高粱 10%,则调整玉米为 12.97%、大豆粕为 3.72%,并增加小麦麸 2%。

配方 II:为小型品种后备母猪 20~35 千克体重阶段的饲料配方,各项营养指标均满足。配方中花生秧和苜蓿草粉可用青贮饲料或糠麸类饲料等替代。如果减少花生秧 8.71%,需增加小麦麸 13.41%,并调整玉米为 54.59%、大豆粕为 0.68%。

或减少苜蓿草粉 8.7%,增加小麦麸 14.53%,则调整玉米为 52.41%、大豆粕为 1.73%。

如果减少菜籽饼 1.68%,则调整玉米为 57.49%、大豆粕为 3.65%,并增加小麦麸 0.5%。

如果减去大麦 14.37%,则调整玉米为 68.52%、大豆粕为 3.8%,并增加小麦麸 2.01%。

如果将鱼粉用量降为 3.57%,则调整玉米为 51.4%、大豆粕为 5.39%、苜蓿草粉为 7.52%,并增加骨粉 0.36%。

表 5-10 控制粗纤维含量设计后备母猪饲料配方示例

配方编号		I	II	III	IV
原料		配 合 比 例（%）			
玉米		53.37	57.46	52.71	54.07
大麦		13.34	14.37	13.12	13.49
大豆粕		5.32	2.51	0.43	1.64
菜籽饼		3.54	1.68	7.26	4.94
国产鱼粉		7.09	5.57		3.54
花生秧		8.17	8.71	11.25	9.84
苜蓿草粉		8.17	8.7	11.24	9.84
小麦麸				2.98	1.64
磷酸氢钙			0.21	0.8	0.37
赖氨酸			0.05	0.1	
蛋氨酸			0.01		
食盐		0.4	0.4	0.4	0.4
合计		99.4	99.67	100.2	99.77
营 养 水 平					
消化能(兆卡/千克)		3.0	3.0	2.87	2.93
粗蛋白质	(%)	16	14	12.8	13.89
粗纤维	(%)	6	6	7.76	6.88
钙	(%)	0.81	0.78	0.72	0.77
磷	(%)	0.53	0.5	0.5	0.5
赖氨酸	(%)	0.7	0.62	0.52	0.54
蛋氨酸＋胱氨酸	(%)	0.45	0.4	0.39	0.41

配方 III:为小型品种后备母猪 35~60 千克体重阶段和大型品种后备母猪 60~90 千克体重阶段的饲料配方,需添加赖氨酸 0.1%,各项营养指标均满足。

配方中菜籽饼用量可适当减少,如果减少为 3.26%,并同时用高粱糠等量替代全部花生秧,则调整玉米为 40.3%、大豆粕为 1.13%、小麦麸为 18.69%。

或将菜籽饼减为 1.26%,并同时用啤酒糟 10% 替代等量花生秧和苜蓿草粉,则调整玉米为 50.28%、大豆粕为 0.31%、小麦麸为 11.53%。

或菜籽饼减为 4.26%,则调整大豆粕为 2.47%、玉米为 53.31%、小麦麸为 3.88%。

或去掉菜籽饼,加入脱毒棉仁饼 6.25%,则调整玉米为 55.92%、小麦麸为 0.78%。

如果减少玉米用量,可加入碎米 20% 和高粱 19.4%,则调整玉米为 15.59%、小麦麸为 1.13%,去掉大豆粕。

配方 Ⅳ:为大型品种后备母猪 35～60 千克体重阶段饲料配方,各项营养指标均满足。

如果用高粱等量替代大麦 13.49%,则调整玉米为 53.67%、大豆粕为 3.52%、小麦麸为 0.16%。

如果用花生仁饼粕等量替代大豆粕 1.64%,则调整玉米为 54.38%、小麦麸为 1.57%。

如果用肉骨粉等量替代国产鱼粉 3.54%,则调整玉米为 52.9%、小麦麸为 2.99%,并减去磷酸氢钙。

或同时用高粱替代全部大麦用量,用花生仁饼替代全部大豆粕用量,用甘薯蔓替代全部花生秧用量,则调整玉米为 54.95%、大豆粕为 4.66%,并去掉小麦麸,甘薯蔓替代花生秧的用量为 7.82%。

2.以简单方程结合原料增减比例表设计成年种猪饲料配方:成年种猪的饲粮,尤其是维持期和母猪妊娠前后饲粮中的能量、粗蛋白等指标比较低,设计方程计算时,有的原料的比值为负数。解决的方法,一是应用"原料增减比例表"予以调整;再者是采取简单方程与原料增减比例表相结合的方法设计配方,基本步骤例举如下:

由表 5-11 列出生产母猪妊娠前期、妊娠后期、哺乳期和配种公猪的主要营养指标。

表 5-11　种猪营养指标

营养成分 种别		消化能 (兆卡/千克)	粗蛋白质 (%)	钙 (%)	磷 (%)	赖氨酸 (%)	蛋+胱氨酸 (%)	粗纤维 (%)
种母猪	妊娠前期	2.80	11	0.61	0.49	0.35	0.19	
	妊娠后期	2.80	12	0.61	0.49	0.36	0.19	
	哺乳期	2.90	14	0.64	0.44	0.50	0.31	
种公猪		3.0	12	0.66	0.53	0.38	0.20	

由表 5-12 列出设计生产母猪妊娠前期、妊娠后期、哺乳期和种公猪饲料配方的基本原料和简单方程模式。基本原料选择一种能量饲料,一种蛋白质饲料和一种能量、蛋白质含量均较低的粗饲料。其目的是,用一组方程完成多组配方计算,使其首先满足能量和蛋白质两项指标。

表 5-12　设计种猪饲料配方的简单方程模式

原料 配合量 营养成分	玉米	大豆粕	花生秧	目标值			
				Ⅰ	Ⅱ	Ⅲ	Ⅳ
	x_1	x_2	x_3	0.99	0.99	0.99	0.99
消化能(兆卡/千克)	3.44	3.15	1.65	2.8	2.8	2.9	3.0
粗蛋白质 (%)	8.9	43.0	12.2	11	12	14	12

计算玉米、大豆粕、花生秧在四种饲料配方中的配合比例,方程求解结果:

配方序号	I	II	III	IV
玉米 （%）	62.49	60.0	60.13	70.25
大豆粕 （%）	3.2	6.17	12.68	7.27
花生秧 （%）	33.31	32.83	26.19	21.48

应用"原料增减比例表"，通过调整，加入所需饲料原料。

配方 I 中加入小麦麸，用苜蓿草粉替代花生秧后的调整结果：

原料及调整情况	玉米	大豆粕	花生秧	苜蓿草粉	小麦麸	合计
调整前配比(%)	62.49	3.2	33.31	—	—	99.0
减少花生秧时	−4.95	−3.15	−15.0		+23.1	
增加苜蓿草粉时	+4.64	+0.72	—	+8.0	−13.36	
调整后配比(%)	62.18	0.77	18.31	8.0	9.74	99.0

配方 II 中加入小麦麸、鱼粉，用苜蓿草粉替代部分花生秧后的调整结果：

原料及调整情况	玉米	大豆粕	花生秧	苜蓿草粉	小麦麸	鱼粉	骨粉	合计
调整前配比(%)	60.0	6.17	32.83	—	—	—		99.0
减少花生秧时	−5.94	−3.78	−18.0		+27.72			
增加苜蓿草粉时	+4.64	−0.72	—	8.0	−13.36			
增加国产鱼粉时	+0.06	−2.88	—		+1.18	+2.0	−0.36	
调整后配比(%)	58.76	0.23	14.83	8.0	15.54	2.0		99.36

配方 III 中加入小麦麸、鱼粉，用苜蓿草粉和甘薯蔓替代全部花生秧后的调整结果：

原料及调整情况	玉米	大豆粕	花生秧	甘薯蔓	苜蓿草粉	小麦麸	鱼粉	合计
调整前配比(%)	60.13	12.68	26.19	—	—	—	—	99.0
减去花生秧时	−8.64	−5.5	−26.19			+40.33		
增加苜蓿草粉时	+3.48	+0.54			+6.0	−10.02		
增加甘薯蔓时	+5.4	+4.1		+10.0		−19.5		
增加国产鱼粉时	+0.12	−5.76				+2.36	+4.0	
调整后配比(%)	60.49	6.06		10.0	6.0	13.17	4.0	99.72

配方 IV 中加入小麦麸、鱼粉，用苜蓿草粉替代部分花生秧，用高粱替代部分玉米后的调整结果：

原料及调整情况	玉米	高粱	大豆粕	花生秧	苜蓿草粉	小麦麸	鱼粉	合计
调整前配比(%)	70.25	—	7.27	21.48	—	—	—	99.0
增加高粱时	−24.0	+30.0	+1.5	—		−7.5		
减少花生秧时	−4.45		−2.83	−13.48		+20.76		
增加苜蓿草粉时	+3.48	—	+0.54		+6.0	−10.02		
增加国产鱼粉时	+0.09	—	−4.32	—		+1.77	+3.0	
调整后配比(%)	45.37	30.0	2.16	8.0	6.0	5.01	3.0	99.54

调整完成后，计算平衡钙磷比例，满足主要氨基酸需要量，按需要配入生长素等添加剂，即获得生产母猪妊娠前期（I）、妊娠后期（II）、哺乳期（III）和种公猪（IV）的饲料配方（表 5-13）。配合总量可通过增减粗饲料用量调整为 100%。

如果用青饲料打浆喂种猪，应折合成风干物质以替代配方中的粗饲料用量。青绿饲料（青贮）约 3 千克左右可折合 1 千克风干饲料。

表 5-13　方程结合原料增减比例表设计种猪饲料配方示例

配方编号	I	II	III	IV
原料	配 合 比 例 （%）			
玉米	62.18	58.76	60.49	45.37
大豆粕	0.77	0.23	6.06	2.16
花生秧	18.31	14.83		8.0
苜蓿草粉	8.0	8.0	6.0	6.0
甘薯蔓	—	—	10.0	—
小麦麸	9.74	15.54	13.17	5.01
高粱	—	—	—	30.0
国产鱼粉		2.0	4.0	3.0
碳酸钙			0.33	
磷酸氢钙	0.91	0.37	—	0.59
食盐	0.32	0.32	0.44	0.35
合计	100.23	100.05	100.49	100.48
营 养 水 平				
消化能（兆卡/千克）	2.816	2.817	2.913	3.011
粗蛋白质　　　（%）	11.16	12.16	14.11	12.15
钙　　　　　　（%）	0.86	0.76	0.64	0.68
磷　　　　　　（%）	0.49	0.49	0.49	0.53
赖氨酸　　　　（%）	0.36	0.43	0.58	0.43
蛋氨酸＋胱氨酸（%）	0.31	0.33	0.44	0.34
粗纤维　　　　（%）	7.9	7.57	6.86	4.95

（四）典型饲料配方的借鉴

借鉴典型配方，首先要浏览配方表中所列原料是否与本地饲料资源相符合，所列营养水平是否接近现饲养动物的营养指标。然后参考本地"常用饲料成分及营养价值表"对配方的营养水平进行复核，不足或过分超量部分予以调整配平，不相符的原料经调整更换后方可使用。

1. 仔猪、生长肥育猪饲料配方借鉴：由表 5-14 列出借鉴的仔猪、生长肥育猪典型饲料配方。

配方 1：为 7～15 日龄哺乳仔猪开食后的补充饲料配方，最初使用应将大豆饼蒸熟磨细，以提高适口性和消化率。仔猪易患下痢，可增加 5% 的高粱，调整玉米为 54%、大豆饼为 26.25%、小麦麸为 3.75%。高粱以焙炒后磨细为宜。

为提高能量水平，可减少小麦麸为 3%，增加动物油脂 2%。

配方 2：为早期断奶仔猪的饲料配方，为提高适口性，可用花生仁饼 10% 替代 11% 的大豆饼，则调整玉米为 45.6%、小麦麸为 3.9%、大豆饼为 9%。

为提高能量水平，可减少高粱或小麦麸 2%～3%，以增加动物油脂。

配方 3：为体重 10～20 千克仔猪的饲料配方。为减少玉米用量，可加入碎米 30%，则调整玉米为 25.9%、大豆饼为 18.6%、小麦麸为 10%。

如果减少鱼粉为 4.5%，则调整玉米为 57.43%、大豆饼为 25.56%、小麦麸为 3.97%、骨粉为 0.84%。

如果用苜蓿草粉替代小麦麸 5.5%，则加入苜蓿草粉 3.29%，调整玉米为 59.91%、大豆饼为 21.3%。

表 5-14　仔猪、生长肥育猪典型饲料配方

配方编号		1	2	3	4	5	6
玉米	(%)	58.0	43.5	58.0	62.7	54.6	35.0
高粱	(%)		10.0	4.0	9.8		18.0
小麦麸	(%)	5.0	5.0	5.5	5.0	10.0	8.0
大豆饼	(%)	26.0	20.0	21.0	17.7	10.0	8.0
鱼粉	(%)	6.0	7.0	7.5	4.0		
酵母粉	(%)		1.5	1.0		4.0	
全脂奶粉	(%)	4.0	10.0				
草粉	(%)						30.0
米糠	(%)					20.0	
骨粉	(%)			0.3			0.5
碳酸钙	(%)	1.0	0.6	0.2	0.5	0.8	
食盐	(%)		0.4	0.5	0.3	0.4	0.5
微量元素	(%)		1.0	1.0		0.2	
多维素	(%)		1.0	1.0			
消化能(兆焦/千克)		13.76	13.60	13.56	13.81	13.05	11.09
粗蛋白质	(%)	21.1	22.0	20.1	16.8	14.0	11.8
粗纤维	(%)	2.75	2.4	2.7	2.7	4.4	10.2
钙	(%)	0.93	0.79	0.65	0.51	0.43	0.31
磷	(%)	0.5	0.62	0.58	0.41	0.55	0.37
赖氨酸	(%)	1.2	1.34	1.16	0.86	0.69	0.43
蛋氨酸	(%)	0.28	0.34	0.26		0.31	0.16
胱氨酸	(%)	0.22	0.27	0.22	+0.66	0.23	0.31

　　如果减少大豆饼用量,可调整加入花生仁饼、玉米蛋白粉等品质较好的蛋白质饲料。

　　配方 4:为生长肥育猪 20～35 千克体重阶段的饲料配方,可同时加入碎米 30%、苜蓿草粉 5.69%,则调整玉米为 33.9%、大豆饼为 15.81%,减去小麦麸。

　　如果加入棉仁饼 3%和菜籽饼 3%,则调整玉米为 64.62%、大豆饼为 13.05%、小麦麸为 1.63%。

　　配方 5:为生长肥育猪 35～60 千克体重阶段的饲料配方,其中玉米、米糠用量大,为减少用量可调整加入高粱、稻谷等能量饲料和糟渣等食品加工副产品。

　　配方 6:为生长肥育猪 60～90 千克体重阶段的饲料配方,含粗纤维 10.2%,不利于猪的肥育。为把粗纤维含量降至 8%以下,可直接减少草粉以增加米糠 12%;或用啤酒糟 15%替代等量草粉,则调整玉米为 38%、大豆饼为 5%。

　　2.种猪饲料配方借鉴:由表 5-15 列出种母猪生产期和非生产期、种公猪配种期和非配种期的典型饲料配方。

　　配方 1:适用于妊娠前期。如果减少玉米用量,可加入大麦 20%,则调整玉米为 52.3%、大豆饼为 3%、小麦麸为 10%。

　　或加入碎米 30%,则调整玉米为 35.2%、大豆饼为 2.6%、小麦麸为 11.5%。

　　配方中的高粱糠可用米糠、植物叶粉等替代;也可用草粉等替代,提高配方的粗纤维含量达 5%左右。

　　配方 2:适用于妊娠后期。如果加入米糠 20%等量替代高粱糠,则调整玉米为 43.4%、大豆饼为 18.4%、小麦麸为 6.2%。

表 5-15　种猪典型饲料配方

配方编号		1	2	3	4	5	6
玉米	（%）	67.3	40.0	46.5	38.0	50.0	65.0
大麦	（%）				41.0	10.9	
高粱	（%）					13.0	
小麦麸	（%）	7.0	8.0	51.0	5.0	15.1	15.0
大豆饼	（%）	5.0	20.0		12.0	7.6	15.0
菜籽饼	（%）	4.0					
高粱糠	（%）	15.7	30.0				
草粉	（%）						3.0
鱼粉	（%）			2.0	3.0		
骨粉	（%）	0.5	1.5	2.0	1.1		
贝壳粉	（%）			0.4		1.5	
食盐	（%）	0.5	0.5	0.5	0.5	0.4	0.5
消化能(兆焦/千克)		13.77	12.80	13.09	13.55	12.26	13.64
粗蛋白质	（%）	11.6	15.6	10.8	16.1	13.3	14.2
粗纤维	（%）	3.8	4.6	5.7	4.7	3.7	3.6
钙	（%）	0.23	0.67	1.14	0.56	0.2	0.64
磷	（%）	0.41	0.43	0.85	0.55	0.46	0.43
赖氨酸	（%）	0.43	0.77	0.42	0.67	0.56	0.67
蛋氨酸	（%）	0.42	0.41	0.32	0.19	0.22	0.20
胱氨酸	（%）	0.14	0.18	0.15	0.31	0.21	0.16

如果加入花生仁饼 6％和棉仁饼 4％,则调整大豆饼为 10.08％、玉米为 43.58％、小麦麸为4.34％。

为促进胎儿生长,配方中应增加动物性饲料。如果加入国产鱼粉 2％和酵母粉 3％,则调整玉米为 40.68％、大豆饼为 12.68％、小麦麸为 10％、骨粉为 1.15％。

配方 3:适用于空怀期的母猪。配方选用了约各占一半的玉米和小麦麸两种原料,使能量水平提高,钙磷比例失调,不得不增加骨粉用量,造成一定浪费。为降低能量水平,可减少玉米用量以增加苜蓿草粉 10％,并减少骨粉 1％调整钙磷比例;再调整加入花生秧粉 20％,其结果为玉米 42.7％、小麦麸 21.4％、骨粉 1％,并增加大豆饼 4.4％。

配方 4:适用于哺乳期母猪,每日每头另加干草粉 1 千克、青贮饲料 2～4 千克。

配方 5:适用于配种期公猪,但含钙量太低,需补足骨粉 1.5％。并需添加适量多维素,或增喂青绿饲料 2～4 千克。

配方 6:适用于非配种期公猪,每头每日补充青饲料适量,饲喂七、八成饱。

3.后备种猪饲料配方的借鉴:由表 5-16 列出后备种母猪和后备种公猪的典型饲料配方。

配方 1、2、3 适用于后备公猪,配方 4、5、6 适用于后备母猪。从配方表的原料组成和营养水平来看,后备种猪和生长肥育猪的饲粮基本相同。但后备猪以种用为目的,所以既不能喂得太肥、长的太快;又不能喂得太瘦影响生长发育,应保持中等的生长速度和膘情。后备种猪对维生素和无机盐的需要量显著高于生长肥育猪,应特别重视补充青绿饲料。

后备猪生长期,即体重 50 千克前可与生长肥育猪饲喂相同。体重 50 千克后,对母猪增加青、粗饲料用量,以刺激消化器官和生殖器官的发育;而对后备公猪则不能饲喂太多的青、粗饲料,应以适量为宜。

表 5-16　后备种猪典型饲料配方

配方编号		1	2	3	4	5	6
玉米	（%）	60.0	65.0	68.0	2.0		
碎米	（%）				29.0		33.0
次粉	（%）			34.0	40.3	23.0	
小麦麸	（%）	10.0	15.0	15.0	14.3	31.0	19.3
大豆饼	（%）	25.0	15.0	11.0	15.0	4.7	10.0
草粉	（%）	3.0	3.0	4.0			
统糠	（%）					17.0	10.0
鱼粉	（%）				5.0	6.0	4.0
贝壳粉	（%）	1.5	1.5	1.5	0.5	0.8	0.5
食盐	（%）	0.5	0.5	0.5	0.2	0.2	0.2
消化能（兆焦/千克）		12.97	12.89	12.84	12.89	10.92	11.7
粗蛋白质	（%）	16.8	13.8	13	17.1	15.6	14.0
粗纤维	（%）	3.5	3.6	3.6	2.6	11.1	6.1
钙	（%）	0.63	0.60	0.64	0.56	0.79	0.55
磷	（%）	0.38	0.38	0.42	0.55	0.62	0.52
赖氨酸	（%）	0.82	0.64	0.56	0.55	0.67	0.44
蛋氨酸	（%）	0.19	0.19	0.18	0.23	0.23	0.19
胱氨酸	（%）	0.19	0.16	0.15	0.31	0.30	0.27

后备种猪饲料配方的调整应根据现有饲料资源和猪体营养状况灵活掌握,尽量增加青绿饲料和农副产品的比例,减少精饲料用量、降低饲养成本。

二、牛饲料配方的设计与使用

牛是复胃草食家畜,对于含粗纤维较高的饲料具有很强的消化利用能力,只要有充足的青、干草和优质的作物秸秆供给,就能正常生存和生长。因此,对于役用牛、空怀母牛一般采取粗放饲养,不考虑其营养的全面性。但是,对于幼犊、强度肥育、怀孕及产奶牛则要考虑其对营养物质的需要;考虑如何用少量的精饲料换取更多的肉和奶,获得最大的经济效益。

牛饲料配方一般是指牛的混合精饲料配方。这是因为牛以采食青、粗饲料为主,而精饲料只是作为满足牛的营养需要的辅助原料。再者,牛采食青、粗饲料的品种繁多(尤其放牧),品质差异变化大,又必须具有一定的长度,给饲料配方设计带来一定的难度。

表 5-17　牛、羊常用饲料成分及营养价值

饲料名称	干物质（%）	产奶净能（奶牛）（兆卡/千克）	增重净能（肉牛）（兆卡/千克）	消化能（羊）（兆卡/千克）	粗蛋白质（克/千克）	粗纤维（克/千克）	钙（克/千克）	磷（克/千克）
玉米	86	1.81	1.35	3.47	89	19	0.2	2.7
小麦麸	87	1.49	1.0	2.91	157	89	1.1	9.2
大豆饼	87	1.88	1.41	3.37	409	47	3.0	4.9
棉仁饼	88	2.0	1.52	3.16	405	97	2.1	8.3
玉精贮	22.7	0.27	0.11	0.54	16	69	1.0	0.6
野干草	90.8	0.84	0.16	1.91	58	335	4.1	1.9
甘薯蔓	88	0.97	0.34		81	285	15.5	1.1
苜蓿草粉	87	1.12	0.56	2.29	172	256	15.2	2.2
玉米秸	91.3	1.32	0.69		85	239	3.9	2.3
骨粉	96						364	164
碳酸钙	99						400	
磷酸氢钙							231	187

因为牛的日粮以青、粗饲料为主,所以牛采食青、粗饲料的数量和品质决定着精料补充量的多少。根据牛的营养需要和每日采食量,合理供给青、粗饲料,适量补充精饲料,对降低饲料成本,提高养殖效益,无疑是十分有益的。牛对精饲料的消化利用率很高,在家禽和单胃家畜饲粮中须限量供给的精饲料均是牛的好精料,如棉仁饼粕、菜籽饼粕以及糠麸类饲料等。牛常用饲料成分及营养价值见表 5-17。下面介绍牛的日粮配方(包括粗饲料在内)和混合精饲料配方的设计步骤,以及根据原料变换调整饲料配方的方法。

(一)奶牛饲料配方的设计与使用

奶牛分为幼犊期、育成期、妊娠期、泌乳期和干乳期等不同饲养时期。幼犊期一般用人工乳和开食料喂养;育成期与肉牛生长期的饲喂基本相同;妊娠期不需要太高的营养水平,只要营养全面,保持良好的膘情即可。而泌乳期,为获得较高的产奶量,日粮中的精饲料要占干物质采食量的 50% 左右,泌乳高峰期要达 60% 以上,并且要满足对能量和钙的需要。这里以奶牛泌乳期日粮配方的设计为例详细介绍于下。

1. 产奶牛日粮配方设计与使用:产奶牛的营养需要是由每头牛的具体情况确定的,制定饲料配方时应依据每头牛的体重、产奶量及乳脂率等项参数,首先计算出每日的饲料干物质采食量以及应满足产奶所需要的各种营养物质,然后选择原料,设计方程,计算出各种饲料的配合量。

例如:欲用玉米、小麦麸、大豆饼、玉米青贮、野干草以及矿物质(见表 5-17)等饲料,为体重 600 千克、日产奶 30 千克、乳脂率 3.5% 的奶牛设计日粮配方,基本步骤如下:

第一步:计算奶牛对饲料干物质的每日采食量。奶牛对饲料干物质的每日采食量与其体重和泌乳量密切相关,高产奶牛(每日产奶量 20～30 千克以上)大致占体重的 3.2%～3.5%。即:

奶牛干物质日采量 $= 600 \times 3.5\% = 21$(千克)

或公式:奶牛干物质日采食量等于 0.062 乘以代谢体重,再加每产 1 千克奶需要增加的饲料干物质量乘以每日产奶量。

奶牛干物质日采食量 $= 0.062 \times 600^{0.75} + 0.45 \times 30$

$$\approx 21.02(千克)$$

第二步:计算奶牛每日对营养物质的需要量。查"饲养标准",成年母牛维持的营养需要(产奶净能 10.3 兆卡、粗蛋白质 559 克、钙 36 克、磷 27 克)和每产 1 千克奶的营养需要(产奶净能 0.7 兆卡、粗蛋白质 80 克、钙 4.2 克、磷 2.8 克),当该牛每日产奶 30 千克时的营养需要为:

产奶净能 $= 10.3 + 0.7 \times 30 = 31.3$(兆卡)

粗蛋白质 $= 559 + 80 \times 30 = 2959$(克)

钙 $= 36 + 4.2 \times 30 = 162$(克)

磷 $= 27 + 2.8 \times 30 = 111$(克)

粗纤维占干物质采食量的 13%～24%。

食盐按每千克体重每日补给 0.05 克,每产 1 千克奶补给 2 克计算:

$$600 \times 0.05 + 2 \times 30 = 90(克)$$

第三步:设计方程求解各组原料的配合量。查"饲料成分表"的每千克饲料干物质中的营养含量,或将饲料原样中营养含量换算成干物质中营养含量。饲料干物质日采食量中留出食盐添加量。由表 5-18 列出设计奶牛日粮配方的方程模式。

表 5-18　设计奶牛日粮配方方程模式

配合量　原料分组　营养成分	玉米 50% 小麦麸 50% x_1	大豆饼 100% x_2	玉米青贮 50% 野干草 50% x_3	骨粉 100% x_4	目标值 20.93
产奶净能　（兆卡）	1.905	2.16	1.055	0.0	31.3
粗蛋白质　（克）	141.97	470	67.5	0.0	2959
钙　　　　（克）	0.75	3.45	4.45	379	162

求得 x 值 $\begin{cases} x_1 = 8.07 \\ x_2 = 2.39 \\ x_3 = 10.2 \\ x_4 = 0.27 \end{cases}$

第四步：计算各种饲料（原样）的混合量：

（1）能量饲料干物质占 8.07 千克，折合风干物质量，其中：

玉米：$8.07 \times 50\% \div 86\% = 4.69$（千克）

小麦麸：$8.07 \times 50\% \div 86\% = 4.64$（千克）

（2）蛋白质饲料干物质折合风干物质量

大豆饼：$2.39 \div 87\% = 2.75$（千克）

（3）粗饲料干物质占 10.2 千克，其中野干草折合风干物质量和玉米青贮折合鲜物质量：

野干草：$10.2 \times 50\% \div 90.8\% = 5.62$（千克）

玉米青贮：$10.2 \times 50\% \div 22.7\% = 22.47$（千克）

（4）矿物质补充饲料干物质占 0.27 千克，折合风干物质量：

骨粉：$0.27 \div 96\% = 0.28$（千克）

第五步：调整钙磷比例。经计算，以上饲料配合量中含磷 139 克，与奶牛营养需要（111 克）比较超量 28 克，应减少骨粉 0.17 千克，并增加同等量的碳酸氢钙即可平衡钙磷比例。

第六步：制定奶牛日粮配方表。将以上各种饲料用量填入表格，并计算出所提供的营养物质含量，即获得奶牛每日采食量的饲料配方（表 5-19）。

表 5-19　产奶牛日粮组成及营养水平

营养成分　原料组成	日采食量 （千克）	产奶净能 （兆卡）	粗蛋白质 （克）	粗纤维 （克）	钙 （克）	磷 （克）
玉米	4.69	8.49	417.41	89.11	0.94	12.66
小麦麸	4.64	6.91	727.85	412.6	5.1	42.65
大豆饼	2.75	5.17	1125.57	129.34	8.26	13.49
玉米青贮	22.47 （折合风干 5.67）	6.07	359.47	1550.22	22.47	13.48
野干草	5.62	4.72	325.79	1881.7	23.03	10.67
骨粉(Ca36.4%)	0.11				40.4	18.2
碳酸钙	0.17				68.0	
食盐	0.09					
合计（折风干）	23.74	31.36	2956.09	4062.98	168.2	111.16
营养需要		31.3	2959.0		162.0	111.0

注：粗纤维含量约占饲料干物质的 21.48%。

第七步：奶牛日粮中粗饲料的调整方法：

104

（1）日粮中增加粗饲料品种时的调整：已知奶牛每日采食饲料干物质质量21千克，折合风干物质质量23.74千克，其中混合精料为12.45千克、玉米青贮5.67千克、野干草5.62千克。

每千克混合精料含：

产奶净能：$20.57 \div 12.45 = 1.65$（兆卡）

粗蛋白质：$2270.83 \div 12.45 = 182.4$（克）

每千克玉米青贮（折风干物）含：

产奶净能：$6.07 \div 5.67 = 1.07$（兆卡）

粗蛋白质：$359.47 \div 5.67 = 63.4$（克）

每千克野干草含（查饲料成分表）产奶净能0.84兆卡、粗蛋白质58克。

日粮中如果增加稻草，可组成以每千克稻草的产奶净能和粗蛋白质含量为目标值的求解方程（表5-20）。

表5-20　奶牛日粮中粗饲料调整方程模式

调整成分 原料分组 比例	混合精料	玉米青贮	野干草	目 标 值		
				稻草	甘薯蔓	苜蓿干草
	x_1	x_2	x_3	1	1	1
产奶净能（兆卡）	1.65	1.07	0.84	0.75	0.97	1.12
粗蛋白质（克）	182.4	63.4	58	29	81	172

三种不同品质的粗饲料的增减比例见表5-21。即奶牛日粮中每增加稻草1千克，需增加混合精料0.25千克，减少玉米青贮（折合鲜物质）1.98千克和野干草0.75千克。

表5-21　奶牛日粮中增加粗饲料时的原料增减比例

增加原料（千克） 日粮原料增减（千克）	玉米青贮	野干草	混合精料
稻草　　　　+1	−0.5（折鲜1.98）	−0.75	+0.25
甘薯蔓　　　+1	+0.1（折鲜0.4）	−0.91	−0.19
苜蓿干草　　+1	+2.37（折鲜9.4）	−2.35	−1.02

（2）日粮中更换粗饲料品种时的原料调整：欲用甘薯蔓更换奶牛日粮中的野干草，可先计算出该两种粗饲料分别与日粮中的玉米、大豆饼和小麦麸的增减比例系数，然后根据需要调整其用量。用甘薯蔓等量更换野干草的调整比例见表5-22。

表5-22　精、粗饲料增（＋）减（－）比例

粗饲料（千克） 精饲料（千克）	玉米	大豆饼	小麦麸
野干草	−5.62	−6.58	−3.99	+16.19
甘薯蔓	+5.62	+3.88	+4.33	−13.83
调整比例	0.0	−2.7	+0.34	+2.36

即：将奶牛日粮中野干草5.62千克更换为甘薯蔓时，则调整玉米为1.99千克、大豆饼为3.09千克、小麦麸为7.0千克。

为方便粗饲料的适时调整，可制定出"精、粗饲料增减比例表"，参考"常用原料增减比例表"的制定方法。

日粮中精饲料的原料调整见混合精饲料配方的使用部分。

2.产奶牛混合精饲料配方设计与使用:设计牛的混合精饲料配方有两种方法:一是将精饲料配方设计成含粗蛋白质18％、16％和14％三种。使用时根据奶牛不同的泌乳量选择不同营养水平的精饲料配方,再根据奶牛采食的粗饲料品种计算确定精料补充量。确定精料补充量的方法见"典型配方借鉴"一节。

二是将日粮的混合精料部分的各种原料分别换算成百分比,即成为精料补充料配方,介绍于下:

奶牛日粮中混合精料(包括玉米、大豆饼、小麦麸、骨粉、碳酸钙、食盐)合计用量为12.45千克,各种原料的百分比为:

玉米:4.69÷12.45×100％＝37.67％

大豆饼:2.75÷12.45×100％＝22.09％

小麦麸:4.64÷12.45×100％＝37.27％

骨粉:0.11÷12.45×100％＝0.88％

碳酸钙:0.17÷12.45×100％＝1.37％

食盐:0.09÷12.45×100％＝0.72％

换算成百分比后的营养水平见表5-23。即一头体重600千克、日产奶量30千克、乳脂率3.5％的奶牛,每天供给玉米青贮22.47千克、野干草5.62千克,补充混合精料12.45千克,可满足营养需要。

精料补充料配方还可应用"原料增减比例表"进行调整:

如果减少玉米用量,可加入高粱20％,则调整玉米为31.87％、大豆饼为25.89％、小麦麸为19.26％。

或加入稻谷30％,则调整玉米为27.77％、大豆饼为26.29％、小麦麸为12.96％。

如果减少大豆饼用量,可加入棉仁饼10％,则调整玉米为34.67％、大豆饼为11.49％、小麦麸为40.86％。

或加入菜籽饼10％,则调整玉米为36.97％、大豆饼为14.89％、小麦麸为33.76％。

或同时加入菜籽饼10％和棉仁饼14.05％以替代全部大豆饼,则调整玉米为34.15％、小麦麸为38.82％。

如果减少小麦麸用量,可加入米糠饼20％,则调整玉米为30.07％、大豆饼为21.49％、小麦麸为23.46％。

或加入玉米皮20％,则调整玉米为30.07％、大豆饼为25.29％、小麦麸为21.66％。

如果同时加入高粱20％、菜籽饼10％、棉仁饼10％和米糠饼20％,则调整玉米为23.97％、大豆饼为7.49％、小麦麸为5.56％。

表5-23 奶牛混合精饲料配方示例

原 料	配比(%)	营 养 水 平		
玉米	37.67	产奶净能	(兆卡/千克)	1.65
大豆饼	22.09	粗蛋白质	(克/千克)	182.42
小麦麸	37.26	粗纤维	(克/千克)	50.69
骨粉(Ca36.4%)	0.89	钙	(克/千克)	9.87
碳酸钙	1.37	磷	(克/千克)	6.99
食盐	0.72			
合计	100			

106

（二）生长肥育牛饲料配方设计与使用

用于肥育的牛，从品种方面可分为引进或培育的专用肉牛和本地的杂交兼用牛，以及乳牛公犊和淘汰的老残役牛、乳牛等。从肥育方式分为放牧肥育和舍饲肥育。从肥育速度分为屯膘肥育和强化肥育。屯膘肥育是以牛采食大量的优质青草为主，或以青、粗饲料和谷物副产品为主。而强化肥育是以混合精料为主，肥育后期精料用量可占日粮的90％左右。为满足肥育牛对能量的需要，日粮中可添加5％的动物油脂，但不宜太多地添加植物油和未脱脂的米糠，以免影响体脂肪的合成。

生产肉牛无论采用哪种肥育方式，均应根据条件而定。下面介绍从生产实际出发设计生长肥育牛日粮配方和混合精饲料配方的方法。

1. 肥育牛日粮配方设计与使用：生长肥育牛的营养需要是以不同的体重阶段、每日采食饲料干物质量和预计日增重而确定的。设计日粮配方时应依据牛对营养需要的高低合理选择原料。例如：为体重400千克阶段、预计日增重1.5千克的肥育牛配制日粮，查饲养标准：每日采食饲料干物质量10.8千克，需要增重净能11.23兆卡、粗蛋白质1240克、钙50.76克、磷27克，控制粗纤维含量占日粮干物质的15％。由日采食量中留出0.1千克（约1％）作为矿物质饲料的添加量，原料组成及方程设计见表5-24。

表 5-24　生长肥育牛日粮配方方程设计模式

配合量营养成分 原料分组	玉米 100％	大豆饼50％ 棉仁饼50％	玉米青贮50％ 野干草50％	小麦麸 100％	目标值 （干物质中）
	x_1	x_2	x_3	x_4	10.7
增重净能　（兆卡）	1.57	1.67	0.325	1.15	11.23
粗蛋白质　（克）	103.49	465	67.5	180.46	1240
粗纤维　　（克）	22.1	82.1	336.4	102.3	1605

求得 x 值
$$\begin{cases} x_1 = 4.45 \\ x_2 = 0.25 \\ x_3 = 3.72 \\ x_4 = 2.28 \end{cases}$$

计算各种饲料（原样）的混合量：

（1）能量饲料干物质，玉米为4.45千克、小麦麸为2.28千克，折合风干物质量：

玉米：4.45÷86％＝5.17（千克）

小麦麸：2.28÷87％＝2.62（千克）

（2）蛋白质饲料干物质为0.25千克，折合风干物质量：

大豆饼：0.25×50％÷87％＝0.14（千克）

棉仁饼：0.25×50％÷88％＝0.14（千克）

（3）粗饲料干物质为3.72千克，其中野干草折合风干物质量和玉米青贮折合鲜物质量：

野干草：3.72×50％÷90.8％＝2.05（千克）

玉米青贮：3.72×50％÷22.7％＝8.19（千克）

（4）矿物质饲料用量：经计算以上饲料共含钙23.97克、磷48.78克，与营养指标比较相差钙26.79克，可补充碳酸钙0.07千克；磷超量21.78克，可通过调整减少小麦麸用量予以平衡。添加食盐 0.05 千克。

由表 5-25 列出以控制粗纤维含量设计的生长肥育牛日粮配方，其中混合精料为 8.19 千克，约占日粮的 57%。日粮中增加或更换粗饲料品种的调整方法详见"奶牛日粮配方设计"一节。精饲料品种的调整见"混合精饲料配方设计"一节。

表 5-25　生长肥育牛日粮组成及营养水平

原　料	日采食量（千克）	增重净能（兆卡）	粗蛋白质（克）	粗纤维（克）	钙（克）	磷（克）
玉米	5.17	6.978	460.04	98.21	1.03	13.96
小麦麸	2.62	2.62	411.34	233.18	2.88	24.1
大豆饼	0.15	0.204	59.31	6.82	0.44	0.71
棉仁饼	0.14	0.217	57.92	13.87	3.0	1.19
野干草	2.05	0.328	118.96	687.09	8.41	3.9
玉米青贮	8.2	0.902	131.25	566.01	8.2	4.92
碳酸钙	0.07				28	
食盐	0.05					
合计		11.249	1238.81	1605.17	51.97	48.78
营养需要		11.23	1240		50.76	27

注：粗纤维含量约占饲料干物质的 14.86%。

2. 生长肥育牛混合精饲料配方设计与使用：用于强化肥育的精料含粗蛋白质达 18%～22%，而一般混合精料含粗蛋白质 12%～16%。为满足肥育牛在采食不同品种粗饲料时的营养需要，还可增加糠麸、糟渣等一些副产品的用量。由生长肥育牛日粮配方中的各种精料换算的混合精饲料配方见表 5-26。

表 5-26　生长肥育牛混合精饲料配方示例

原　料	配比（%）	营　养　水　平	
玉米	63.13	增重净能　（兆卡/千克）	1.22
大豆饼	1.71	粗蛋白质　（克/千克）	120.33
小麦麸	31.99	粗纤维　（克/千克）	42.93
棉仁饼	1.71	钙　（克/千克）	3.96
碳酸钙	0.85	磷　（克/千克）	4.87
食盐	0.61		
合计	100		

即体重 400 千克阶段的生长肥育牛，每日供给混合精饲料 8.19 千克、野干草 2.05 千克、玉米青贮 8.19 千克，可满足日增重 1.5 千克的营养需要。如果用该精料配方补饲其它体重阶段的肥育牛，其用量确定方法参考"典型配方借鉴"一节。如果应用"原料增减比例表"调整精料配方的原料及其配比，示例如下：

如果减少玉米用量，可加入大麦 30%，则调整玉米为 45.13%、大豆饼为 2.31%、小麦麸为 19.39%。

或加入碎米 30% 和高粱 30%，则调整玉米为 10.03%、小麦麸为 25.09%。

配方中小麦麸比例高，可使日粮含磷量超标，应选用其它谷物副产品代替一部分。如果加入米糠饼 20%，则调整小麦麸为 18.19%、玉米为 57.53%、大豆饼为 1.11%。

或加入玉米皮 15%，则调整小麦麸为 13.69%、玉米为 62.98%、大豆饼为 5.16%。

优质牧草粉亦可以加入精料配方以替代小麦麸。如果加苜蓿草粉 10%，则调整小麦麸为

9.79%、玉米为 73.23%、大豆饼为 3.81%。

如果同时减少玉米和小麦麸的用量，可加入大麦 30% 和玉米皮 10%，则调整玉米为 45.03%、小麦麸为 7.19%、大豆饼为 4.61%。

或加入高粱 30% 和米糠饼 17.67%，则调整玉米为 43.78%、大豆饼 5.38%，减去小麦麸。配方中的大豆饼和棉仁饼可用其它蛋白质植物饼粕调整以替代。

（三）牛混合精料典型配方的借鉴

典型精料配方提示了原料的配合比例和主要营养水平，使用时要以此为依据，确定用于多大体重阶段和多高生产性能的牛，并要根据牛所采食粗饲料的品种、品质和数量确定混合精料补充量。当粗饲料为优质牧草（如苜蓿、三叶草等）时，可以满足能量指标确定混合精料补充量；当粗饲料为青（贮）饲料和青干草以及优质作物秸秆（如甘薯蔓、花生秧等）时，可以满足粗蛋白质指标而确定混合精料补充量；当粗饲料为品质较差的干草和作物秸秆（如稻草、麦秸、秋白草等）时，则以满足能量、粗蛋白质两项指标而确定混合精料补充量。为保证满足牛的营养需要，在借鉴典型配方之前一定要根据所用原料的营养价值复核配方的实际营养水平。

1. 奶牛混合精饲料典型配方的借鉴：由表 5-27 列出奶牛泌乳期混合精饲料典型配方，经复核，配方 1 每千克含产奶净能 1.52 兆卡、粗蛋白质 158.9 克。配方中添加糖蜜 5%，其营养值可按玉米的 70% 计算，或将其作为富余值而不予考虑。借用该精料配方为日采食量 24 千克（折合风干物质）的产奶牛搭配含产奶净能 31.36 兆卡、粗蛋白质 2959 克的日粮，可用以下方法确定精、粗饲料的比例：

表 5-27　泌乳牛混合精饲料典型配方示例

原料及成分（%）	1	2	3	4	5
玉米	24	28	27	26	59.6
高粱	17	16.4	17	16	
大麦	12	9	9	10	
豆粕（45%）	18	15	15	16	10
小麦麸	10	10	9	11	7.5
脱脂米糠	6.3	3.3	3.3	6.4	
苜蓿草粉	4.4	5	5.3	4.3	
糖蜜	5	5	5	5	
食盐	0.5	0.5	0.5	0.5	0.5
碳酸钙	2.3	2.1	2.2	2.1	2
磷酸钙	0.3	0.5	0.5	0.5	0.2
矿物质混合剂	0.1	0.1	0.1	0.1	0.1
维生素混合剂	0.1	0.1	0.1	0.1	0.1
菜籽粕		5			
棉籽粕			6		
花生粕				2	
葵花粕					20
粗蛋白质	17.1	17.1	17.3	17.2	17.29
粗纤维	4.5	4.7	4.9	4.6	
钙	1.17	1.18	1.2	1.16	1.17
磷	0.58	0.58	0.57	0.6	0.5
可消化粗蛋白质	14.2	14.1	14.3	14.1	
可消化总养分	70.3	70.4	70.3	70.1	

（1）以满足粗蛋白质指标确定精、粗饲料之比：当饲喂青干草时，可组成下例简单方程求得混合精料（x）和青干草（y）的配比：

$$\begin{cases} x+y=24 \\ 159.8x+58y=2959 \end{cases}$$

可求得

$$\begin{cases} x=\dfrac{24\times58-2959}{58-159.8}=15.39 \\ y=\dfrac{2959-159.8\times24}{58-159.8}=8.61 \end{cases}$$

即每日供给奶牛青干草 8.61 千克、补充混合精料 15.39 千克，含产奶净能 30.63 兆卡、粗蛋白质 2958.7 克，可基本满足泌乳需要。

（2）以满足能量和粗蛋白质指标确定精、粗饲料之比：当饲喂大豆秸时，如果仅满足粗蛋白质则能量明显不足；如果仅满足能量则粗蛋白质超量，可能造成精饲料浪费。如果达到能量和蛋白质平衡，则要增加能量饲料的用量。以增加玉米和米糠用量而设计的求解方程见表 5-28。

表 5-28　确定奶牛日粮中精、粗饲料配比方程模式

配合比例　　原料组成　营养水平	玉米 50% 米糠 50%	混合精料 100%	大豆秸 100%	目标值
	x_1	x_2	x_3	x_4
产奶净能（兆卡）	1.7	1.52	0.65	31.36
粗蛋白质（克）	118	158.9	9.1	2959

可求得"x"值

$$\begin{cases} x_1=8.28 \\ x_2=8.12 \\ x_3=7.6 \end{cases}$$

即每日供给奶牛大豆秸 7.6 千克、混合精料 8.12 千克，并增加玉米 4.14 千克和米糠 4.14 千克，可满足泌乳需要。增加太多的能量饲料，使混合精料用量明显减少，则含钙量不足，注意补充。

2.肥育牛混合精饲料典型配方的借鉴：由表 5-29 列出肥育牛混合精饲料典型配方，其中配有 5% 的糖蜜，所提供的养分如果作为富余值而不予考虑，经复核配方 1 则每千克含增重净能 1.09 兆卡、粗蛋白质 112.2 克。使用该配方调制每千克含增重净能 1.05 兆卡、粗蛋白质 115.9 克的肥育牛日粮，营养水平已接近牛的增重需要。可见，肥育牛的日粮中，混合精料占很大的比例，而粗饲料又是牛的生理所必需的物质。根据这一特点，借鉴精料配方时可先不考虑粗饲料的用量，先调整精料配方的营养水平满足肥育牛的增重需要，然后再用"增减比例法"加入粗饲料。

例如：借鉴的精料配方的营养水平与牛的增重需要比较，每 1 千克含增重净能超 0.04 兆卡、粗蛋白质为 3.7 克。通过调整配方中玉米为 25.4%、大豆粕为 0.8%、小麦麸为 22.1%，则满足肥育牛日采食风干饲料 10.7 千克、日增重 1.5 千克的营养需要。然后计算出几种常用粗饲料与配方中玉米、大豆粕和小麦麸的调整比例（表 5-30），以利于粗饲料品种的更换或用量的随时调整。

表 5-29　肉牛混合精饲料典型配方示例

原料及成分(%)	1	2	3	4	5
玉米	34	34.4	34.8	33	32
高粱	24	23.5	23	22.5	26.1
大麦	10	13	14	11	13
大豆粕	4.3	6	1.6	5.4	8.2
小麦麸	10	7	4.3	5	8.6
脱脂米糠	6.8	2.1		2.1	
苜蓿草粉	3	3	3	3	3
糖蜜	5	5	5	5	5
食盐	0.5	0.5	0.5	0.5	0.5
磷酸钙	0.4	0.8	1	0.7	1.1
碳酸钙	1.8	1.5	1.6	1.6	1.3
矿物质预混剂	0.1	0.1	0.1	0.1	0.1
维生素预混剂	0.1	0.1	0.1	0.1	0.1
棉籽粕		3			
菜籽粕			3		
玉米胚芽粕				10	
牛羊脂					1
粗蛋白质	12	12.8	12.9	12.9	12.7
粗纤维	3.8	3.8	3.9	4	3.4
钙	0.97	0.98	1.08	0.99	0.99
磷	0.55	0.53	0.56	0.53	0.53
可消化粗蛋白质	9.2	10.1	10.3	10.2	10.2
可消化总养分	71.3	72.2	72	77.2	74.1

表 5-30　肥育牛常用粗饲料与精饲料增减比例

精饲料(千克)　　粗饲料(千克)		玉米	大豆粕	小麦麸
野干草	+1	+1.77	+0.81	−3.58
玉米秸	+1	−0.94	+0.03	−0.09
大豆秸	+1	+0.68	+0.41	−2.09

即肥育牛日粮中饲喂野干草 6.17%，则调整玉米为 36.32%、大豆粕为 5.8%，减去全部小麦麸。

或饲喂玉米秸 20%，则调整玉米为 6.6%、大豆粕为 1.4%、小麦麸为 20.3%。

或同时饲喂野干草 5% 和玉米秸 20%，则调整玉米为 15.45%、大豆粕为 5.45%、小麦麸为 2.4%。

如果应用确定混合精料与粗饲料用量之比的方法，参照奶牛精料配方借鉴一节。

3. 犊牛典型饲料配方的借鉴：由表 5-31 列出借鉴的幼犊典型饲料配方，适用于第一胃尚未充分发育，主要依靠第四胃消化饲料的幼犊，所用原料均为优质的高能高蛋白质饲料。为锻炼犊牛的消化能力，日粮中优质粗饲料(如苜蓿、青草、槐叶等)的用量应随着日龄的增长而适当提高，或任其自由采食。鱼粉、骨粉等异味性较大的动物性饲料要少用或不用，以免影响适口性。对于采食量少、营养不良的幼犊应补充一定量的脱脂乳，或增加动物油脂的用量，以提高能量水平。

表 5-31　犊牛典型饲料配方示例

原料及成分(%)	1	2	3	4	5
玉米	48	49	45	54.5	51
高粱	10.5	10	10	8.6	
豆粕(CP45%)	29.7	26.7	26	29.4	32
亚麻粕(渣)			5.0		
小麦麸	3.4	4.0	4.6	1.0	
苜蓿草粉	2.0	2.0		1.0	5.0
糖蜜	3.0	3.0	3.0	2.0	10
鱼粉		2.0			
动物油脂			1.0	1.5	
食盐	0.5	0.5	0.5	0.5	1.0
碳酸钙	0.8	0.8	0.9	0.9	
磷酸钙	1.8	1.7	1.7	1.8	1.0
矿物质混合剂	0.3	0.3	0.3	0.3	
粗蛋白	20	20.1	20	19.7	20
粗脂肪	2.9	3.0	3.8	2.9	
粗纤维	3.4	3.3	3.6	3.0	
粗灰分	6.4	6.5	6.4	6.2	
钙	1.05	1.11	1.06	1.06	
磷	0.70	0.72	0.70	0.69	
可消化粗蛋白	17.4	17.5	17.3	17.2	17.9
可消化总养分	74.2	74.2	75.1	75	75

犊牛饲料配方中如果增加或减少某种原料及其配合比例,可使用"肉牛常用饲料增减比例表"予以适量调整。

三、羊饲料配方的设计与使用

羊是家畜中比较耐粗饲和觅食能力较强的动物,尤其是山羊,在粗饲料品质优良和供给充足的条件下,不补充任何精料也能长肉养膘,所以在我国农村对羊的饲养管理最为粗放。然而,随着人们对羊肉、奶、皮需要量的不断增长,要求养羊业尽快改变传统的饲养方式,改善羊的生活条件,发挥羊的优良特性。根据羊的不同品种、不同用途、不同生长阶段和生产性能的营养需要配制日粮,是养羊业向专业化、效益型发展的重要环节。

羊和牛一样同属于复胃反刍动物,但羊的饲养方式比牛更落后,由于各龄羊混为一群,实行标准化饲养困难很大。只有专业化、工厂化的肉羔生产才能实行按不同体重阶段和不同生产性能的营养标准配合日粮,实行科学化管理。但是,对于混合群牧的羊根据不同情况(如断奶羔羊、妊娠和泌乳母羊、种用公羊等)补充一定量的精料,以及冬春缺草季节视羊群膘情补饲则是十分重要的。尤其是以商品形式生产肉和奶的羊,只有供给更多的营养物质才能满足其需要。试验表明,断奶羔羊日粮的粗蛋白质水平在20%以上比16%的饲喂效果好,可获得较多的日增重。粗纤维含量以控制在10%～20%之间为宜。虽然羊的采食面较广,但设计饲粮时也应根据羊的不同用途和生理特点选择原料,如生长肥育羊、泌乳羊应选择富含能量和粗蛋白质的饲料;母羊产羔初期应供给易消化和具有轻泻作用的饲料;公羊配种期增加适量的动物性饲料;产毛羊日粮中应多用富含硫氨基酸饲料。羊常用饲料成分及营养价值见表5-17。

（一）绵羊饲料配方设计与使用

绵羊分毛用、肉用、羔皮用和裘皮用等品种，要获得大量的优质产品，就要依据它们的营养标准合理调配日粮。从目前的实际饲养水平出发，科学饲养可先从羔羊培育期和母羊泌乳期抓起，使其逐步实现科学管理。

1. 早期断奶羔羊饲料配方设计与使用：由表5-32列出早期断奶羔羊10千克和30千克体重阶段应满足的主要营养指标：

表 5-32　早期断奶羔羊主要营养指标（干物质中）

营养成分 饲养阶段	消化能 （兆卡/千克）	粗蛋白质 （%）	钙 （%）	磷 （%）
10千克体重	3.2	16	0.4	0.27
30千克体重	3.2	14	0.46	0.24

由表5-33列出以能量饲料、蛋白质饲料和粗饲料组成的方程模式，其中配合总量中留出2%～5%的矿物质饲料以及青绿、多汁饲料的补充量。因羊的饲养标准是按干物质计算的，设计方程时应换算（可按90%）成风干物质，即：

消化能 = 3.2×90% = 2.88（兆卡/千克）

粗蛋白质 = 16%×90% = 14.4%

表 5-33　设计羔羊饲料配方方程模式

配合量 营养成分	玉米60% 小麦麸40% x_1	大豆饼70% 酵母粉30% x_2	苜蓿草粉50% 青干草50% x_3	目标值 I 0.98	目标值 II 0.98
消化能 （兆卡/千克）	3.24	3.32	2.1	2.88	2.88
粗蛋白质 （%）	11.62	44.35	11.5	14.4	12.6

可求得"x"值：

$$体重10千克\begin{cases} x_1 = 0.6236 \\ x_2 = 0.0911 \\ x_3 = 0.2653 \end{cases} \quad 体重30千克\begin{cases} x_1 = 0.6824 \\ x_2 = 0.0361 \\ x_3 = 0.2615 \end{cases}$$

根据各组饲料的比例计算出每种原料的配合比例，并计算出钙磷含量，不足部分用碳酸钙等矿物质饲料配平，即获得早期断奶羔羊饲料配方（表5-34）。

表 5-34　早期断奶羔羊饲料配方设计示例

原料	配合比例（%） I	配合比例（%） II	营养水平	配方编号 I	配方编号 II
玉米	37.42	40.94	消化能（兆卡/千克）	2.88	2.88
小麦麸	24.94	27.3	粗蛋白质 （%）	14.4	12.6
大豆饼	6.38	2.53	钙 （%）	0.36	0.41
酵母粉	2.73	1.08	磷 （%）	0.44	0.44
苜蓿草粉	13.27	13.08			
青干草	13.27	13.08			
碳酸钙	0.3	0.3			
食盐	0.4	0.4			
合计	98.71	98.71	注：按日粮风干物质计		

早期断奶羔羊的反刍机能虽然还不成熟,但从其消化生理特点出发,配合饲料原料不可加工太细,籽实类饲料以压扁为好,粗饲料以切短为宜。为调制方便,混合精料的用量须换算成百分比。以配方Ⅰ为例,其中玉米、小麦麸、大豆饼、酵母粉、苜蓿草粉、食盐、碳酸钙的百分比为:

玉米＝37.42％÷85.44％×100％＝43.8％

小麦麸＝24.94％÷85.44％×100％＝29.19％

大豆饼＝6.38％÷85.44％×100％＝7.47％

酵母粉＝2.73％÷85.44％×100％＝3.2％

苜蓿草粉＝13.27％÷85.44％×100％＝15.53％

食盐＝0.4％÷85.44％×100％＝0.47％

碳酸钙＝0.3％÷85.44％×100％＝0.35％

饲料配方的使用:羔羊饲料配方中精粗饲料之比约为3∶1,苜蓿草可粉碎后配入混合精料,以替代部分精饲料。调整配方中的原料时,可使用"常用原料增减比例表"(表5-40)。粗饲料也可用品质基本相同的等量代替,如用三叶草代替苜蓿、刺槐叶等。

配方Ⅰ:适用于体重10千克阶段的断奶羔羊,每只每日饲喂0.67千克,其中混合精料0.58千克、青干草0.09千克,再补充适量富含维生素的多汁饲料即可满足生长需要。粗饲料以青、嫩为宜,任其自由采食。断奶初期可去掉青干草,直接饲喂混合精料,每1千克提供消化能3.08兆卡,粗蛋白质158.8克。因配方中有15％的苜蓿草粉,能提供足够的粗纤维。

如果青干草调整为3.26％,苜蓿草粉调整为23.27％,则调整玉米为34.92％、大豆饼为1.18％、小麦麸为32.64％。

或用甘薯叶粉13.27％等量替代苜蓿草粉,则调整玉米为43.79％、大豆饼为8.24％、小麦麸为16.71％。

精饲料中,如果增加高粱10％,则调整玉米为32.62％、大豆饼为7.68％、小麦麸为18.44％。

如果增加大麦20％,则调整玉米为27.62％、大豆饼为7.38％、小麦麸为13.74％。

如果用米糠饼替代全部小麦麸,需加入米糠饼24.69％,则调整玉米为36.19％、大豆饼为7.86％。

配方Ⅱ:适用于体重30千克阶段的羔羊,每只每日饲喂1.4千克,其中混合精料1.22千克,青干草0.18千克,再补充适量富含维生素的饲料即可满足生长需要。随着羔羊日龄增加,可适当提高日粮的粗纤维含量。如用各种树叶替代青干草;用其它优质牧草替代苜蓿;用谷物副产品替代部分精饲料等。

如果加入葵花饼10％,则调整玉米为56.34％、大豆饼为1.43％、小麦麸为3％。

如果加入米糠10％,则调整玉米为40.44％、大豆饼为3.13％、小麦麸为17.2％。

或同时加入高粱9％、米糠饼9.2％、葵花饼5％,则调整玉米为43.87％、大豆饼为3.69％,小麦麸可全部减去。

2.生产绵羊饲料配方设计与使用:羊的蛋白质指标比较低,许多青、粗饲料的蛋白质含量均能满足成年羊的需要;维生素的需要可从青绿饲料中获得;钙质的不足以无机盐类补充。羊的营养中最显不足的是能量,尤其是生长期、肥育期和繁殖期的羊,必须补充一定量的能量饲料才能满足需要。因此,给羊补充精饲料时,要依据羊的饲养标准和饲草品质而选择所补充精饲料的品种。例如,给哺双羔的母羊和肥育羔羊补充精料,如果以饲喂混合牧草和青干草为主时，则补饲一定量的谷实类和糠麸类饲料即可；如果以饲喂作物秸秆、秋白草为主时，则除补饲较多的能量饲料以外，还要补饲一定量的饼粕类蛋白质饲料，以满足羊对蛋白质的需要。而冬春以保膘为目的的羊群，只要补饲一定量的糠麸类饲料即可满足维持需要。糠麸类饲料是羊的良好能量来源，用量可适当提高。

计算日粮的精粗饲料配比时，可不必考虑每种粗饲料的营养含量，只要了解其大致含量便可。如混合牧草约含羊的消化能 2.0 兆卡/千克左右、粗蛋白质 12% 左右；青干草约含消化能 1.8 兆卡/千克、粗蛋白质 9% 左右；作物秸秆约含消化能 1.6 兆卡/千克左右、粗蛋白质 6% 左右。有些牧草（如苜蓿、三叶草、紫云英等）和树叶类（如刺槐叶、杨树叶等）是羊的良好蛋白质来源，充分利用对降低饲料成本、提高养殖效益十分有益。以泌乳母羊哺育单羔和双羔时的营养需要为依据设计饲料配方，由表 5-35 列出应满足的主要营养指标（折风干物）。

表 5-35 母羊哺乳期主要营养指标

营养成分	消化能（兆卡/千克）	粗蛋白质（%）	钙（%）	磷（%）
哺育单羔	2.61	9.36	0.47	0.37
哺育双羔	2.61	10.35	0.47	0.33

由表 5-36 列出满足以上营养指标的原料组成和方程设计模式。当饲喂的粗饲料以作物秸秆为主时，能量显著不足，需补饲玉米、高粱等谷实类饲料；粗蛋白质不足可补饲棉仁饼、菜籽饼等品质较差的饼粕，糠麸类的粗蛋白质含量明显高于成年羊的指标，可与饼粕混合补饲；矿物质和维生素等饲料的补饲量可从日粮配合总量中留出 5% 作为其机动数。

表 5-36 设计母羊哺乳期饲料配方方程模式

配合量 营养成分	玉米 80% / 高粱 20% x_1	棉仁饼 40% / 小麦麸 60% x_2	作物秸秆 100% x_3	目标值 I 0.95	目标值 II 0.95
消化能（兆卡/千克）	3.458	3.01	1.6	2.61	2.61
粗蛋白质（%）	8.92	25.62	6.0	9.36	10.35

可求得"x"值：

$$\text{配方 I} \begin{cases} x_1 = 0.5017 \\ x_2 = 0.1119 \\ x_3 = 0.3364 \end{cases} \qquad \text{配方 II} \begin{cases} x_1 = 0.4585 \\ x_2 = 0.1688 \\ x_3 = 0.3227 \end{cases}$$

由表 5-37 列出设计的母羊哺乳期饲料配方（其中混合精料部分换算成百分比，即为精饲料配方），使用时还可参照"原料增减表"（表 5-40）作下列调整：

表 5-37 母羊哺乳期饲料配方示例

原料名称	配合比例（%） I	配合比例（%） II	营养水平	配方编号 I	配方编号 II
玉米	40.14	36.68	消化能（兆卡/千克）	2.61	2.61
高粱	10.03	9.17	粗蛋白质 （%）	9.36	10.35
棉仁饼	4.48	6.75	钙 （%）	0.48	0.48
小麦麸	6.71	10.13	磷 （%）	0.38	0.38
磷酸钙	1.1	1.1			
食盐	0.5	0.5			
作物秸秆	33.64	32.27			
合计	96.6	96.6	每采食1千克配合饲料补喂胡萝卜1~2千克		

配方Ⅰ：为哺育单羔母羊饲料配方。混合精料与粗饲料之比为3：1。因饲喂作物秸秆，每只母羊每日需补充胡萝卜等富含胡萝卜素的青饲料2～4千克。或饲喂青干草替代作物秸秆，则调整玉米为24.33%、棉仁饼0.78%、小麦麸为26.22%。

或增加苜蓿干草20%和秸秆减少为22.64%，则减去棉仁饼和小麦麸，调整玉米为42.34%。

如果用葵花饼替代棉仁饼，则调整玉米为45.74%、小麦麸为15.85%，并增加大豆饼3.54%。

如果用米糠饼替代全部小麦麸，需加入米糠饼6.64%，则调整玉米为39.81%，增加大豆饼0.4%。

或用高粱糠替代全部小麦麸，需加入高粱糠14.59%，则调整玉米为31.09%，增加大豆饼1.17%。

配方Ⅱ：为哺育双羔母羊饲料配方。每只每日需补喂富含胡萝卜素的青绿饲料2～4千克。如果用青干草替代作物秸秆，则调整玉米为21.51%、棉仁饼0.93%、小麦麸为28.84%。

如果加入大麦10%，则调整玉米为31.78%、小麦麸为4.53%，增加大豆饼0.5%。

如果用菜籽饼替代棉仁饼，则调整玉米为35.8%、小麦麸为9.59%，增加大豆饼1.42%。

如果用谷糠替代小麦麸，需加入谷糠5.54%，则调整玉米为39.45%，增加大豆饼1.83%。

或同时用青干草替代秸秆、用菜籽饼替代棉仁饼、用谷糠9.93%替代一部分小麦麸，则调整玉米为25.6%，增加大豆饼1.16%。

（二）山羊饲料配方设计与使用

山羊，主要分奶山羊、绒山羊、裘皮山羊、羔皮山羊以及肉用山羊等品种。目前，有关山羊营养需要方面的资料较少，而从补饲方面研究山羊营养的资料较多。山羊比绵羊更耐粗饲，配制日粮时可参考使用绵羊的饲养标准。这里简要介绍奶山羊混合精料组成的大致比例和国内一些饲养奶山羊地区常用的日粮配合方法，以供参考。

1. 奶山羊混合精料组成的大致比例：谷实类约占50%～80%，糠麸类约占20%～30%，饼粕类约占10%～20%，矿物质及各类添加剂约占5%。可根据奶山羊泌乳量高低组成含粗蛋白质14%、16%和18%三种比例的混合精料配方。奶山羊泌乳初期以优质饲草为主，视膘情逐渐增加精料量；泌乳高峰期饲草与精料的比例为1：1，泌乳中期和后期饲草与精料的比例以2：1为宜；干乳期饲草与精料的比例以5～6：1为宜。或参考"典型精料配方借鉴"提供的方法确定精料用量。

2. 奶山羊日粮常用配合方法

（1）体重50千克，日产奶1千克的奶山羊：夏、秋季节每只每日饲喂优质青草7千克；冬、春季节每只每日饲喂花生秧1千克、青贮料2千克和玉米粉0.25千克。

（2）体重50千克，日产奶2千克的奶山羊：夏、秋季节每只每日饲喂优质青草7千克和玉米粉0.3千克；冬、春季节饲喂花生秧或青干草1千克、青贮料3千克和混合精料0.5千克。

（3）体重50千克，日产奶3.5千克的奶山羊：夏、秋季节每只每日饲喂优质青草8千克和混合精料0.75千克；冬、春季节每只每日饲喂花生秧或青干草1千克、青贮料4千克和混合精料1千克。

（三）绵羊、山羊典型精料配方的借鉴

由表 5-38 列出绵羊、山羊典型精料配方。当配方中某种原料需要更换或增减用量时，可应用"原料增减比例表"予以调整。当确定混合精料补充量时，首先要复核其能量和粗蛋白质水平，再根据饲草的能量和粗蛋白质的含量，计算确定精、粗饲料的比例。

表 5-38　绵羊、山羊典型饲料配方示例

配方编号	1	2	3	4	5	6	7	8	9
原料			绵　　羊			乳用山羊		肉用山羊	
（%）	羔	生长	繁母	种公	肥育	泌乳	繁殖	繁殖	肥育
玉米	55	61	47	54	61	53	—	38	57
麦麸	6.0	13	17	5.0	15	30	20	15	10
豆粕	20	8.0	13	22	10			11	25
葵花饼	15	14	19	15	10			—	
磷酸三钙	3.0	3.0	3.0	3.0	3.0		2.0		
复合添加剂	0.1	0.1	0.1	0.1	0.1				
食盐	0.9	0.9	0.9	0.9	0.9	2.0	1.0	1.0	
大麦						10			
高粱						3.0	12	—	8.0
燕麦						—	30	35	
棉籽饼							30		
糖蜜						—	5.0		
骨粉						1.0			
磷酸氢钙						1.0			
消化能（兆卡/千克）	3.2	3.12	3.0	3.2	3.1	3.71			
粗蛋白　（%）	18.5	14.6	17.5	17.1	14.5	12.2	20.42		12
钙　　　（%）	1.25	1.22	1.24	1.25	1.04	0.7			
磷　　　（%）	0.87	0.86	0.85	0.85	0.78	0.93			
粗纤维　（%）	6.2	6.1	6.9	6.0	5.5	5.2			

1. 典型精料配方的原料调整：当借用肥育绵羊的典型精料配方时，原料调整例举如下：

如果用棉仁饼等量替代配方中的葵花饼，则调整玉米为 46.5%、大豆粕为 2.2%、小麦麸为 37.3%。

或用棉仁饼等量替代葵花饼的同时，为减少小麦麸用量再加入米糠 10%，则调整玉米为 52.4%、大豆粕为 5.4%、小麦麸为 18.2%。

如果用花生饼替代 10% 的大豆粕，需加入花生饼 8.77%，则调整玉米为 58.46%、小麦麸为 18.77%。

为减少玉米用量，可加入高粱、大麦、碎米等热能丰富的原料。苜蓿粉、三叶草粉等优质牧草可替代糠麸类饲料配入羊的精料配方，如用苜蓿粉替代配方中 15% 的小麦麸，需加入苜蓿粉 6.85%，则调整玉米为 44.85%、大豆粕为 12.3%。

2. 混合精料补充量的确定：当羊的日粮中以风干粗饲料为主时，最显不足的营养物质是能量。尤其是生长、肥育羊、哺乳母羊和配种公羊的日粮中，补充以典型配方调制的混合精料，如果以满足能量指标确定用量，则补充量大，粗蛋白质水平超标，很不经济；如果以满足粗蛋白质指标确定用量，虽补充少，但能量水平又显著不足，则达不到补饲的目的。所以，当借用精料配方时，要考虑是否需要增加能量饲料。

例如，繁殖母羊的每千克日粮中应含消化能 2.61 兆卡、粗蛋白质 99 克。饲喂以典型配方

调制的混合精料,每千克含消化能 2.94 兆卡、粗蛋白质 179.5 克;每千克饲草含消化能 1.8 兆卡、粗蛋白质 90 克。如果仅以满足能量指标确定精、粗饲料比例,则为 71/29;而以满足粗蛋白质指标确定精、粗饲料比例,则为 10/90。可见,要达到能量和粗蛋白质均满足指标,仍需要增加一定量的能量饲料。由表 5-39 列出确定精、粗饲料比例的方程模式。

表 5-39　确定母羊日粮精、粗饲料比例的方程模式

原料 配合比例 营养成分	玉米 x_1	混合精料 x_2	饲草 x_3	目标值 1
消化能（兆卡/千克）	3.47	2.94	1.8	2.61
粗蛋白质（克）	89	159.5	90	99

$$可求得"x"值\begin{cases} x_1 = 0.3928 \\ x_2 = 0.1351 \\ x_3 = 0.4721 \end{cases}$$

即繁殖母羊日粮中供给饲草 47.21％、混合精料 13.51％,并补充玉米粉 39.28％,可满足对能量和粗蛋白质的需要。但要重新计算矿物质饲料用量,平衡钙磷比例。

表 5-40　羊混合精料配方原料增（＋）减（－）比例（％）

替代原料	基本原料	玉米	大豆饼	大豆粕	小麦麸	合计
大麦	±1	∓0.49	±0.05		∓0.56	0.0
大麦	±1	∓0.47		±0.05	∓0.58	0.0
高粱	±1	∓0.48	±0.13		∓0.65	0.0
高粱	±1	∓0.45		±0.13	∓0.68	0.0
稻谷	±1	∓0.37	±0.21		∓0.84	0.0
稻谷	±1	∓0.32		±0.21	∓0.89	0.0
碎米	±1	∓0.9	∓0.03		∓0.07	0.0
碎米	±1	∓0.91		∓0.03	∓0.06	0.0
花生仁饼	±1	∓0.01	∓1.14		±0.15	0.0
花生仁饼	±1	∓0.29		∓1.14	±0.43	0.0
棉仁饼	±1	±0.29	∓0.9		∓0.39	0.0
棉仁饼	±1	±0.06		∓0.89	∓0.17	0.0
菜籽饼	±1	±0.16	∓0.69		∓0.47	0.0
菜籽饼	±1	∓0.02		∓0.69	∓0.29	0.0
葵花仁饼	±1	±1.54	∓0.11		∓2.43	0.0
葵花仁饼	±1	±1.51		∓0.11	∓2.4	0.0
玉米蛋白粉	±1	±0.09	∓1.46		±0.37	0.0
玉米蛋白粉	±1	∓0.29		∓1.44	±0.73	0.0
米糠	±1	∓0.63	±0.06		∓0.31	0.0
米糠	±1	∓0.92		±0.05	∓0.3	0.0
米糠饼	±1	±0.05	±0.06		∓1.01	0.0
米糠饼	±1	±0.07		±0.06	∓1.13	0.0
高粱糠	±1	∓0.62	±0.08		∓0.46	0.0
高粱糠	±1	∓0.58		±0.07	∓0.49	0.0
谷糠	±1	±0.5	±0.33		∓1.83	0.0
谷糠	±1	±0.59		±0.32	∓1.91	0.0
啤酒糟	±1	∓0.72	∓0.54		±0.26	0.0
啤酒糟	±1	∓0.86		∓0.53	±0.39	0.0
苜蓿草粉	±1	±0.94	±0.2		∓2.14	0.0
苜蓿草粉	±1	±1.0		±0.19	∓2.19	0.0

四、兔饲料配方的设计与使用

兔属单胃草食动物,消化生理与马相似。兔的饲料效率可达3:1,养殖效益比牛高得多。兔对粗纤维的消化率达16%,饲粮中必须保持15%左右的含量,若低于6%则会发生下痢。兔有种用、肉用、毛用、皮用、实验用之分,应根据其不同生理阶段的营养需要,选择相应的原料设计不同营养水平的饲料配方。如生长兔、妊娠兔、泌乳兔、肥育兔的的饲粮中需要含2.5～2.9兆卡/千克的能量和16%～18%的粗蛋白质,要供给较多的谷实类和植物性蛋白质饲料;毛用兔要供给富含硫的萝卜、甘蔗梢等饲料。饲粮中配给适量的鱼粉,对促进幼兔生长、提高皮毛质量均有显著效果。而兔的维持饲粮则以供给青、粗饲料为主,补充少量糠麸类饲料。各种植物的根、茎、叶和种子均是兔的好饲料,可多品种搭配饲用。兔常用饲料成分及营养价值见表5-41。

表 5-41   兔常用饲料成分及营养价值

饲料名称	消化能(兆卡/千克)	粗蛋白质(%)	粗纤维(%)	钙(%)	磷(%)
玉米	3.51	7.8	1.6	0.1	0.26
高粱	3.39	8.5	2.2	0.08	0.29
大麦	3.08	11.0	5.2	0.09	0.35
碎米	3.46	9.3	0.46	0.09	2.2
小麦麸	2.63	13.7	9.1	0.34	1.15
米糠	2.92	10.5	7.3	0.19	0.32
豆渣(鲜)	0.22	2.4	2.2	0.16	0.06
粉渣(鲜)	0.47	1.5	2.9	0.04	0.03
大豆饼	3.23	40.2	4.9	0.25	0.59
花生饼	3.15	38.0	5.8	0.32	0.59
棉仁饼	3.02	35.0	6.0	0.36	1.19
菜籽饼	2.37	31.2	9.8	0.53	0.84
苜蓿草粉	1.38	16.7	25.8	1.48	0.28
苜蓿(鲜)	0.76	5.3	10.7	0.49	0.09
花生秧	1.88	11.9	16.9		
花生秧(鲜)	0.37	3.1	1.1	0.35	0.02
玉米秸	0.46	3.5	37.4	0.36	0.03
野干草	0.63	8.9	33.3	0.54	0.09
野草(鲜)	0.46	3.6	2.54	0.34	0.12
槐叶(鲜)	0.78	7.5	3.1	0.29	0.01
槐叶粉	2.39	17.8	11.17	10	0.17
榆叶(鲜)	0.95	5.7	2.3	0.34	0.08

(一) 饲料配方设计

由表5-42列出家兔生长期、肥育期和母兔妊娠期、泌乳期的主要营养指标;

由表5-43列出家兔生长期、肥育期和母兔妊娠期、泌乳期饲料配方的原料组成及设计方程。配合总量中留出1%的矿物质饲料添加量;如果增喂青绿、多汁饲料,则留出5%左右的机动数。

表 5-42 兔的主要营养指标

营养成分 分 期	消化能 （兆卡/千克）	粗蛋白质 （%）	粗纤维 （%）	钙 （%）	磷 （%）
生长期	2.50	16	10～12	0.4	0.22
肥育期	2.80	18	10～12	0.6	0.4
妊娠期	2.50	15	10～14	0.45	0.4
泌乳期	2.50	17	10～12	0.75	0.5

表 5-43 兔饲料配方方程模式

配合量 营养成分	玉米 50% 小麦麸 50% x_1	大豆饼 50% 棉仁饼 50% x_2	干草粉 100% x_3	目 标 值			
				Ⅰ 0.99	Ⅱ 0.99	Ⅲ 0.99	Ⅳ 0.99
消化能（兆卡/千克）	3.07	3.125	0.63	2.8	2.5	2.5	2.5
粗蛋白质（%）	10.75	37.6	8.9	18	16	15	17

可求得"x"值：

x 值	配方 Ⅰ	配方 Ⅱ	配方 Ⅲ	配方 Ⅳ
x_1	0.6045	0.549	0.5872	0.5109
x_2	0.2811	0.2151	0.1778	0.2524
x_3	0.1044	0.2259	0.225	0.2267

表 5-44 兔饲料配方设计示例

配方编号	Ⅰ	Ⅱ	Ⅲ	Ⅳ
饲料名称	配 合 比 例 （%）			
玉米	30.22	27.45	29.36	25.54
小麦麸	30.23	27.45	29.36	25.55
大豆饼	14.05	10.75	8.89	12.62
棉仁饼	14.06	10.76	8.89	12.62
干草粉	10.44	22.59	22.5	22.67
碳酸钙	0.8	0.25	0.38	1.1
食盐	0.4	0.4	0.4	0.4
合计	100.2	99.65	99.78	100.6
营 养 水 平				
消化能（兆卡/千克）	2.80	2.50	2.50	2.50
粗蛋白质 （%）	18.0	16.0	15.0	17.0
粗纤维 （%）	8.24	11.63	11.6	11.66
钙 （%）	0.6	0.41	0.45	0.75
磷 （%）	0.69	0.6	0.59	0.61

由表 5-44 列出家兔生长期、肥育期和母兔妊娠期、泌乳期饲料配方，除磷的水平偏高外，各项营养指标均满足。使用时还可应用"原料增减比例表"（表 5-46）作以下调整：

配方Ⅰ：为生长肥育兔饲料配方，粗纤维含量应控制在最低值；磷含量偏高，可减少小麦麸和棉仁饼的用量。如果加入米糠 20%，则调整小麦麸为 16.63%、玉米为 23.02%、大豆饼为 14.85%。

或用菜籽饼等量替代棉仁饼，则调整小麦麸为 18.7%、玉米为 38.09%、大豆饼为 17.71%。

如果用花生饼等量替代全部大豆饼，需要加入花生饼15.44％，则调整玉米为30.68％、小麦麸为28.38％。

如果用苜蓿草粉5％替代等量干草粉，则调整干草粉为5.44％、玉米为27.17％、大豆饼为11.95％、小麦麸为35.38％。

或用花生秧等量替代全部干草粉，则调整玉米为7％、大豆饼为11.39％、小麦麸为26.11％。生长肥育兔的饲粮中应尽量减少高纤维粗饲料的用量。

配方Ⅱ：为生长兔饲料配方，如果降低粗纤维水平，可加入米糠30％和花生秧10％，干草粉减少为12.59％，则调整玉米为4.75％、大豆饼为8.25％、小麦麸为22.65％。

或加入槐叶粉10％和苜蓿草粉5％，干草粉减少为12.59％，则调整玉米为18.25％、大豆饼为4.85％、小麦麸为37.55％。

如果降低磷的水平，可加入米糠20％，则调整小麦麸为13.85％、玉米为20.25％、大豆饼为11.55％。

或用花生饼等量替代全部棉仁饼，则调整玉米为26.81％、大豆饼为9.35％、小麦麸为29.49％。

或同时加入米糠20％和用花生饼替代全部棉仁饼，则调整玉米为19.61％、大豆饼为10.15％、小麦麸为15.89％。生长兔的饲粮中亦应控制粗纤维水平。

配方Ⅲ：为妊娠母兔饲料配方，可适量增加粗饲料品种，以减少精饲料的用量。如果加入槐叶粉10％，则调整小麦麸为16.76％、大豆饼为8.09％、玉米为32.66％。

或加入米糠30％，则调整小麦麸为8.96％、玉米为18.56％、大豆饼为10.09％。或增加豆渣、粉渣等食品加工副产品等。

配方Ⅳ：为泌乳母兔饲料配方，使用时除进行必要的原料调整外，要增加青绿，多计饲料的用量。各种青草4～5千克可替代1千克风干粗饲料；各种青菜、茎叶6～7千克、多汁饲料7～8千克可替代1千克糠麸类饲料。

（二）典型饲料配方的借鉴

由表5-45列出借鉴的兔典型饲料配方，使用时应计算其营养水平是否基本符合兔的饲养标准；原料是否需要进行必要的调整或更换。

表5-45　兔典型饲料配方示例

配方编号 原料（％）	1 育成	2 维持	3 妊娠	4 哺乳	5 肥育	6 肥育
苜蓿	60	70	50	40	40	
燕麦		20	44		18	
大麦	15				32	
小麦		10		25		
玉米	22					38
豆粕	3.0		6.0	10	5.0	
高粱					5.0	
小麦麸				25		27
油渣						6.0
大豆饼						19
米糠						8.0
骨粉						2.0
消化能（兆卡/千克）						2.9
粗蛋白（％）						18.1
粗纤维（％）						8.0

1. 育成期配方：经复核含消化能 2.15 兆卡/千克、粗蛋白质 14.68％、粗纤维 16.79％。为减少苜蓿用量，可调整加入干草粉、花生秧等粗饲料。如果苜蓿减少为 30％，需加入干草粉 21.2％，则调整玉米为 20.51％，并增加大豆饼 7.31％。

或用花生秧 30％替代等量苜蓿，则调整玉米为 4.6％，并增加大豆饼 1.5％、小麦麸 15.9％。

2. 维持期配方：经复核含消化能 1.92 兆卡/千克、粗蛋白质 15.1％、粗纤维 20.45％。如果减少苜蓿用量，可直接用其他粗饲料（如槐叶，甘薯茎叶等）等量替代；或借助"原料增减表"作以大致调整，如欲用花生秧和干草粉替代全部苜蓿，需加入花生秧 50％和干草粉 20％，则增加大豆饼 10.9％、小麦麸 5.9％，并减少玉米 16.8％，而配方中无玉米原料，可减少小麦 10％，调整燕麦为 13.2％。

3. 母兔妊娠期配方：经复核含消化能 2.17 兆卡/千克、粗蛋白质 16.25％、粗纤维 17.86％。如果减少苜蓿用量，可直接用其他植物茎叶替代。消化能可提高至 2.5 兆卡/千克左右。

4. 母兔哺乳期配方：经复核含消化能 2.44 兆卡/千克、粗蛋白质 16.86％、粗纤维 13.77％。为提高母兔泌乳量，可减少苜蓿用量、增加多汁饲料。如果用干草粉 20％替代等量苜蓿，则调整小麦麸为 4.4％，并增加玉米 12.2％、大豆饼 8.4％。此外还要注意给泌乳母兔补钙。

如果减去小麦，则调整小麦麸为 19.25％，并增加玉米 22.6％、大豆饼 2％。

5. 肉兔肥育期配方：经复核含消化能 2.39 兆卡/千克、粗蛋白质 14.95％、粗纤维 14％。其中消化能偏低，而粗纤维偏高。可调整苜蓿为 20％、豆粕为 10％，并增加玉米 15％。调整后消化能为 2.80 兆卡/千克、粗纤维为 9.33％。

6. 肉兔肥育期配方：主要以玉米、大豆饼、小麦麸等基本原料组成，不包括油渣提供的养分，仍含消化能 2.89 兆卡/千克、粗蛋白质 15.14％、粗纤维 4.58％，已基本满足肥育需要，可减去油渣，增加苜蓿、青干草等优质粗饲料或青绿饲料。其它原料的调整可参照"原料增减比例表"进行。

表 5-46　兔饲料配方常用原料增（＋）减（一）比例（％）

替代饲料 \ 基本精料		玉米	大豆饼	小麦麸	合计
高粱	±1	∓0.86	±0.0	∓0.14	0.0
大麦	±1	∓0.5	∓0.01	∓0.49	0.0
碎米	±1	∓0.02	∓0.04	∓0.04	0.0
米糠	±1	∓0.36	±0.04	∓0.68	0.0
花生饼	±1	±0.03	∓0.91	∓0.12	0.0
棉仁饼	±1	±0.09	∓0.78	∓0.31	0.0
菜籽饼	±1	±0.65	∓0.52	∓1.13	0.0
苜蓿草粉	±1	±1.3	±0.18	∓2.48	0.0
槐叶粉	±1	±0.34	∓0.08	∓1.26	0.0
花生秧	±1	±0.72	±0.23	∓1.95	0.0
干草粉	±1	±1.91	±0.6	∓3.51	0.0

五、海狸鼠饲料配方的设计与使用

海狸鼠系草食动物，喜食水生植物和多汁的青菜、茎叶及块根、瓜果等。对粗饲料的消化率较低,约为兔的 1/2。日粮中粗纤维含量,成鼠不超过 8%,幼鼠不超过 5% 为宜。夏秋季节饲料来源广,精饲料仅作为营养补充供给,每只每日需补饲谷实类饲料 100 克以上,植物性蛋白质饲料 10 克左右,动物性蛋白质饲料 5～10 克。冬季和早春饲料缺乏,日粮以精饲料为主,占 80% 以上,青干草粉占 5%～10% 或优质牧草粉占 10% 左右。成年鼠每只每日需补饲青绿、多汁饲料 100～200 克,种鼠妊娠前后和哺乳期补饲 200～300 克。青饲料是海狸鼠冬春季节获得维生素需要的主要来源。矿物质饲料约占日粮的 1.5% 左右。动物性饲料对海狸鼠适口性差,但含有全价蛋白质,对幼鼠生长、种鼠繁殖有促进作用,还能提高毛皮品质,可占日粮的 2%～5%。饲料酵母的消化率很高,可替代部分动物性饲料使用,一般幼鼠及成年鼠每日 5～15 克。海狸鼠常用饲料成分及营养价值见表 5-47。

表 5-47 海狸鼠常用饲料成分及营养价值

成分 名称	水分 (%)	代谢能 (千卡/千克)	粗蛋白 (%)	可消化粗蛋白 (%)	粗纤维 (%)	钙 (%)	磷 (%)
黄玉米	12.73	3383	9.51	7.32	1.3	0.08	0.44
红高粱	13.0	3288	8.51	6.89	1.49	0.09	0.36
大麦	10.89	3219	13.05	10.31	4.78	0.14	0.31
豌豆	10.43	3379	23.26	20.0	5.41	0.12	0.38
大豆饼	8.53	3399	47.09	39.55	5.83	0.27	0.63
麸皮	10.62	2786	16.55	13.41	8.72	0.19	1.11
玉米皮	12.14	2683	10.14	5.75	13.77	0.09	0.17
大米糠	10.05	2623	10.77	7.32	11.46	0.21	1.44
甜菜渣	84.8	395	1.34	0.86	2.75	0.11	0.02
苜蓿	72.36	669	5.62	4.1	9.52	0.39	0.11
红三叶	80.34	558	3.34	2.37	5.72	0.26	0.06
大豆全株	64.85	1874	8.38	6.45	6.06	0.36	0.29
玉米全株	73.89	765	0.76	0.45	7.91	0.09	0.1
野青草	65.51	755	3.82	2.14	10.3	0.14	0.11
野干草	14.84	1697	6.77	4.27	27.49	0.41	0.31
槐叶	62.51	1263	10.16	7.42	5.26	0.55	0.06
胡萝卜	90.69	341	0.77	0.56	0.84	0.05	0.03
饲料甜菜	88.81	358	1.47	1.06	1.37	0.05	0.03

(一) 饲料配方设计

以设计成年海狸鼠的配种准备期、妊娠前期、妊娠后期和哺乳期日粮配方为例,由表 5-48 列出种鼠不同时期的日粮标准。

表 5-48 种海狸鼠日粮标准

营养成分 饲养分期	日采食量 (千克)	代谢能 (千卡)	可消化蛋白质 (克)	钙 (克)	磷 (克)
配种准备期	0.26	850	26	1.4	1.1
妊娠前期	0.28	900	27	1.6	1.3
妊娠后期	0.30	950	30	2.2	1.6
哺乳期	0.27	850	28	1.8	1.2

先不考虑青、粗饲料的用量,以精饲料满足能量和可消化蛋白质的需要。由表 5-49 列出以玉米、大豆饼和小麦麸组成的方程模式。

表 5-49　设计种鼠日粮配方方程模式

原料 配合量（千克） 营养成分	玉米	大豆饼	小麦麸	目　标　值			
				Ⅰ	Ⅱ	Ⅲ	Ⅳ
	x_1	x_2	x_3	0.26	0.28	0.30	0.27
代谢能　（千卡）	3383	3399	2786	850	900	950	850
可消化蛋白（克）	73.2	395.5	134.1	26	27	30	28

求得"x"值：

x 值	Ⅰ	Ⅱ	Ⅲ	Ⅳ
x_1	0.198	0.196	0.187	0.159
x_2	0.012	0.005	0.004	0.005
x_3	0.050	0.079	0.109	0.106

依据海狸鼠日粮配合标准（表 5-50），查"常用精、粗饲料增减比例表"（表 5-54）。冬季调整加入干草粉和补充青菜；夏季饲喂青草，按每 4.5 克折合 1 克风干物质计算用量。

表 5-50　海狸鼠日粮配合标准　　　　　　　　　　（单位：克）

饲 养 时 期		月龄	甜菜（冬） 青草（夏）	精料	其　　中			食盐	草粉、干草 （冬）	垫草 （冬）
					禾本科混合 饲　料	豆科籽实 豆饼、酵母	动物性 干饲料			
配种准备期：	育成	6～7	175～200	130～180	120～165	4～8	4～8	1.2	20～25	75
	成年	12～48	250～275	170～220	160～205	4～8	4～8	1.5	30～35	100
配种及妊娠前期：	育成	7～10	200～250	150～200	140～180	5～10	5～10	1.4	25～30	100
	成年	15～48	250～300	180～240	170～220	5～10	5～10	1.6	35～40	100
妊娠后期：	育成	10～12	250～300	180～240	165～210	7～15	7～15	1.7	35～40	120
	成年	17～48	275～325	200～250	185～220	7～15	7～15	1.7	40～45	120
哺乳期：	初产	12～15	200～250	150～210	135～185	7～13	7～13	1.5	25～30	100
	经产	18～48	250～300	170～230	155～205	7～13	7～13	1.5	30～35	100
哺乳仔鼠：	一旬	1	25～30	18～20	16～17	1～1.5	1～1.5	0.1	1～2	3
	二旬	1	40～45	30～35	26～30	2～2.5	2～2.5	0.2	3～4	6
	三旬	1	60～65	45～50	40～44	2.5～3	2.5～3	0.3	5～6	10
	四旬	2	70～75	55～60	49～52	3～4	3.5	0.35	6～7	15
	五旬	2	80～85	65～70	58～61	3.5～4.5	4	0.4	7～8	20
	六旬	2	90～100	70～75	62～65	4～5	4.5	0.45	9～10	25
断乳幼鼠		2～3	100～110	75～90	67～80	4～5	4～5	0.6	10～11	30
		3～4	120～130	95～105	86～93	4.5～6	4.5～6	0.8	12～13	40
		4～5	140～150	110～125	100～111	5～7	5～7	0.9	14～15	50
		5～6	160～170	130～145	119～130	5.5～7.5	5.5～7.5	1	16～18	60
		7～8	180～200	145～175	133～154	6～8	6～8	1.1	20～25	80
		9～10	210～250	170～200	158～184	6～8	6～8	1.2	26～34	100

Ⅰ. 配种准备期日粮调整：

原料及调整情况	玉米	大豆饼	小麦麸	干草粉	青草
调整前比例（克）	198	12	50	—	—
冬季增加干草粉（克）	+20	+11	-48	+17	—
夏季增加青草（克）	-57	-5	+1	—	+275
冬季调整后比例（克）	218	23	2	17	—
夏季调整后比例（克）	141	7	51	—	275

日粮中，冬季补充青菜 275 克，以补充维生素；补充碳酸钙 2.9 克，以平衡钙、磷比例。夏季补充碳酸钙 2 克。

Ⅱ. 母鼠妊娠前期日粮调整：

原料及调整情况	玉米		大豆饼		小麦麸	干草粉	青草
调整前比例（克）	196		5		79	—	—
冬季增加干草粉（克）	+33		+17		−79	+28	—
夏季增加青草（克）		−63		−5	+1		+300
冬季调整后比例（克）	229		23		80	28	—
夏季调整后比例（克）		133		—	80		300

日粮中，冬季补充青菜 300 克，补充碳酸钙 3.1 克；夏季补充碳酸钙 2.3 克。

Ⅲ. 母鼠妊娠后期日粮调整：

原料及调整情况	玉米		大豆饼		小麦麸	干草粉	青草
调整前比例（克）	187		4		109	—	—
冬季增加干草粉（克）	+45		+24		−107	+38	—
夏季增加青草（克）		−47		−4	+1		+225
冬季调整后比例（克）	232		28		2	38	—
夏季调整后比例（克）		140		—	110		225

日粮中，冬季补充青菜 325 克、碳酸钙 4.5 克；夏季补充碳酸钙 3.9 克。

Ⅳ. 母鼠哺乳期日粮调整：

原料及调整情况	玉米		大豆饼		小麦麸	干草粉	青草
调整前比例（克）	159		5		106	—	—
冬季增加干草粉（克）	+44		+23		−104	+37	—
夏季增加青草（克）		−63		−5	+1		+300
冬季调整后比例（克）	203		28		2	37	—
夏季调整后比例（克）		96		—	107		300

日粮中，冬季补充青菜 300 克、碳酸钙 3.5 克；夏季补充碳酸钙 2.8 克。

以上例举了种海狸鼠日粮配方的设计方法。各种配方中还应加入其他原料以减少玉米或小麦麸的用量。尤其是夏季日粮配方中，小麦麸用量普遍偏高，可加入玉米皮、米糠等予以替代。以配方Ⅳ为例：冬季如果用苜蓿草粉等量替代全部干草粉，则调整玉米为 193 克、大豆饼为 7 克、小麦麸为 33 克。

或同时加入苜蓿草粉以替代干草粉、加入大麦 100 克以替代部分玉米，则调整玉米为 125 克、大豆饼为 3 克和小麦麸为 5 克。

夏季日粮中如果减少小麦麸用量，可加入大米糠 40 克，则调整小麦麸为 50.8 克、玉米为 97 克，增加大豆饼 10 克。

或用青割玉米替代青草，300 克青草可折合 233 克青割玉米秸的干物质量。则调整小麦麸为 28 克、玉米为 143 克，并增加大豆饼 32 克。

设计的种海狸鼠日粮配方及营养水平见表 5-51。如果控制粗纤维含量，可参照本章第二节的生长肥育牛日粮配方的设计方法。

海狸鼠的日粮是以每只每日采食量应满足的营养指标而设计的，为调配时方便，可换算成百分比。冬季将精、粗饲料加工调匀后饲喂；夏季以饲喂青饲料为主，精饲料部分则调配成混合精料补饲。

表 5-51　海狸鼠日粮配方设计示例

配方编号	I		II		III		IV	
原料(克)	冬	夏	冬	夏	冬	夏	冬	夏
黄玉米	218	141	229	133	232	140	203	96
大豆饼	23	7	23	—	28	—	28	—
麸皮	2	51	—	80	2	110	2	107
碳酸钙	2.9	2.0	3.1	2.3	4.5	3.9	3.5	2.8
食盐	1.5	1.5	1.6	1.6	1.7	1.7	1.5	1.5
干草粉	17	—	28	—	38	—	37	—
青菜	275	—	300	—	325	—	300	—
青草	—	275	—	300	—	225	—	300
营养水平								
代谢能(千卡)	>850	850	>900	900	>950	950	>850	850
可消化蛋白(克)	>26	26	>27	27	>30	30	>28	28
钙　(克)	>1.4	1.4	>1.6	1.6	>2.2	2.2	>1.8	1.8
磷　(克)	>1.1	1.5	>1.2	1.8	>1.3	2.1	>1.2	1.9
粗纤维(克)	>9	35.0	>12.0	39.6	>15.3	34.6	>14.6	41.5

(二)典型饲料配方的借鉴

1.幼鼠饲料配方的借鉴:由表 5-52 列出借鉴的幼鼠典型饲料配方,每 100 克中约含代谢能 290 千卡、粗蛋白质 15～17 克、可消化蛋白质 12.5～13.5 克、粗纤维 4.7～5.0 克、钙 0.7 克、磷 0.55 克。

如果进行原料调整,则以增加精饲料为主,糠麸类等含粗纤维较高的饲料在 4 月龄以前不宜饲喂,以免影响幼鼠的消化机能。配方中的鱼粉可用饲料酵母代替;饲用白垩可用碳酸钙代替。确定混合精料的补饲量可参照日粮配合标准(表 5-49)。

表 5-52　幼鼠典型饲料配方示例

饲　料	重 量 比(%)
大　麦	45
玉　米	40
向日葵饼	8
鱼　粉	6
饲用白垩	0.5
食　盐	0.5

2.成鼠典型饲料配方的借鉴:由表 5-53 列出借鉴的成年海狸鼠饲料配方,其原料主要由饲草、玉米和豆饼等,组成比较简单。配方中的肉类可用肉骨粉、鱼粉代替;如果用饲料酵母代替时需增加钙质饲料,以平衡钙磷比例。其他饲料品种的调整可参照"常用原料增减表"。

表 5-53　成年海狸鼠典型饲料配方示例

原料(克)	非繁殖期	准备配种期	妊娠前半期	妊娠后半期	泌乳期
青草(夏季)	350	340	360	380	350
蔬菜(冬季)	350	340	—	—	—
干草(冬季)	100	80	100	110	100
玉米粉	140	145	150	155	135
豆饼	—	6	7	11	10
肉类	—	5	6	9	9
食盐	1.4	1.3	1.5	1.7	1.5

表 5-54 海狸鼠日粮常用原料增（＋）减（－）比例（克）

替代原料	基本精料	黄玉米	大豆饼	小麦麸	合计
高粱	±1	干0.88	±0.04	干0.16	0.0
大麦	±1	干0.68	干0.04	干0.28	0.0
豌豆	±1	干0.59	干0.39	干0.02	0.0
玉米皮	±1	干0.11	±0.27	干1.16	0.0
大米糠	±1	±0.03	±0.24	干1.27	0.0
鲜苜蓿	±3	±1.03	±0.27	干2.30	
鲜槐叶	±2.5	干0.34	干0.27	干0.39	
鲜红三叶	±4.5	±0.29	±0.17	干1.46	
鲜玉米全株	±3.5	干0.23	±0.40	干1.17	
鲜大豆全株	±2.5	干2.48	干0.68	±2.16	
野青草	±4.5	干0.94	干0.08	±0.02	
野干草	±1	±1.18	±0.63	干2.81	
苜蓿草粉	±1	±0.91	±0.05	干1.96	

注：青绿饲料为鲜样用量，折合风干物质为1。

第六章 鱼虾类饲料配方的设计与使用

鱼虾类系水生变温动物,不必消耗热能以维持体温,所需能量约为畜禽的 50%～70%。但对脂肪有特殊高的利用能力,其利用率可达 90%。冬前在饲粮中添加适量脂肪,可增强鱼虾的越冬能力,提高成活率。

鱼虾类对饲粮蛋白质的需要很高,可达 50% 左右,所以饲料配方的原料以动、植物蛋白质饲料为主。设计饲料配方时,考虑的营养指标主要为蛋白质、氨基酸、钙和磷,能量指标可不予考虑,粗纤维含量需控制在较适宜的水平。维生素虽需要量很少,但绝不能缺乏。鱼虾类常用饲料成分及营养价值见表 6-1。

表 6-1　鱼虾常用饲料成分及营养价值

原　料	粗蛋白质 (%)	粗脂肪 (%)	钙 (%)	磷 (%)	粗灰分 (%)	粗纤维 (%)	蛋氨酸 (%)	苏氨酸 (%)
鱼粉	52.5	11.6	5.74	3.12	20.4	0.4	0.62	2.13
酵母粉	52.4	0.4	0.16	1.02	4.7	0.6	0.83	2.33
虾糠	32.39	2.24	6.43	1.3	36.89	9.35	1.22	1.16
大豆饼	40.9	5.7	0.3	0.49	5.7	4.7	0.59	1.41
棉仁饼	40.5	7.0	0.21	0.83	6.1	9.7	0.46	1.27
花生饼	44.7	7.2	0.25	0.53	5.1	5.9	0.39	1.05
玉米	8.9	4.0	0.02	0.27	1.3	1.9	0.15	0.3
小麦麸	15.7	3.9	0.11	0.92	4.9	8.9	0.13	0.43
米糠	12.8	16.5	0.07	1.43	7.5	5.7	0.25	0.48
次粉	13.6	2.1	0.08	0.52	1.8	2.8	0.16	0.5
大麦	11.0	1.7	0.03	0.35	4.6	8.2	0.18	0.41
羽毛粉	77.9	2.2	0.2	0.68	5.8	0.7	1.65	3.51
野干草粉	6.82	1.5	0.41	0.15	16.59	31.36	0.04	0.22
稻草粉	5.8	2.32	0.35	0.13	14.1	26.66	0.03	0.19

一、鱼类饲料配方的设计与使用

(一) 鲤鱼饲料配方设计与使用

鲤鱼为杂食性鱼类,对饲粮中的蛋白质需要量在 25%～40% 之间,低于 25% 则生长缓慢。鲤鱼对植物性蛋白质的利用率较高,可增加大豆及其饼粕和饲料酵母的用量,以代替一部分优质鱼粉。除满足对蛋白质的需要,还要注意各种必需氨基酸的平衡。这种平衡可由多种原料中各种氨基酸的互补作用来实现。消化能要求在 3000～3400 千卡/千克,苗鱼料则达 3880 千卡/千克,可添加油脂予以补充。但油脂的用量因水温不同而异,水温高时多加,低时少加;最好现喂现加,以免氧化,脂肪氧化后可产生有害物质。饲粮中粗脂肪含量可控制在 4%～10% 之间。钙、磷比例以 1～2∶1 为宜。

1. 饲料配方设计:由表 6-2 列出设计鲤鱼饲料配方应满足的主要营养指标。

表 6-2　鲤鱼主要营养指标

营养成分 编号	粗蛋白 (%)	蛋氨酸 (%)	苏氨酸 (%)	赖氨酸 (%)	钙 (%)	磷 (≥%)
I	35	0.84	1.40	2.00	0.80	0.70
II	30	0.72	1.20	1.71	0.80	0.70
III	25	0.60	0.95	1.43	0.80	0.70

由表 6-3 列出设计鲤鱼饲料配方的原料组成及方程模式。配合总量中留出 2% 作为矿物质饲料的添加量。

表 6-3　鲤鱼饲料配方原料组成及方程模式

原料组成 配合量 营养成分	玉米 60% 小麦麸 40% x_1	大豆饼 50% 棉仁饼 50% x_2	酵母粉 60% 鱼粉 40% x_3	目标值		
				I 0.98	II 0.98	III 0.98
粗蛋白 (%)	11.62	40.7	52.44	35	30	25
苏氨酸 (%)	0.352	1.34	2.25	1.4	1.2	0.95

可求得"x"值:

配方编号	I	II	III
x_1	0.3677	0.5158	0.6245
x_2	0.1178	0.0286	0.0767
x_3	0.4945	0.4356	0.2788

确定各种原料的配合比例。计算平衡必需氨基酸和钙磷比例,不足部分用添加剂补充,即获得鲤鱼三种不同营养水平的饲料配方(表 6-4)。使用时可参照"原料增减比例表"(表 6-16)进行下例调整:

配方 I:适用于鲤鱼幼苗期,应以优质的动物性饲料和消化率高的植物性蛋白质饲料为主。可加入肉骨粉等量替代全部棉仁饼,则调整鱼粉为 13.48%、大豆饼为 11.66%、小麦麸为 15.24%。

或用花生饼等量替代全部棉仁饼,则调整大豆饼为 6.65%、小麦麸为 13.95%。

配方 II:适用于鲤鱼生长期,可增加适量含促生长因子的饲料。如果加入羽毛粉 5%,则调整鱼粉为 9.52%、小麦麸为 22.18%,增加碳酸钙 0.75%。

或加入青草粉 5%,则调整大豆饼为 3.13%、小麦麸为 13.93%。

如果用米糠或大麦替代全部小麦麸,需加入米糠 18.42%,并调整大豆饼为 3.64%;或加入大麦 16.64%,则调整大豆饼为 5.42%。

如果用菜籽饼等量替代全部棉仁饼,则调整大豆饼为 1.76%、小麦麸为 20.3%。

如果用花生饼替代全部大豆饼,需加入花生饼 1.68%,则调整小麦麸为 20.38%。

配方 III:适用于成年鲤鱼,可适当减少某些优质原料的用量。如果减少鱼粉或酵母粉的用量,可加入虾糠 10%,则调整鱼粉为 6.15%、小麦麸为 19.98%;或调整酵母粉为 6.73%,则大豆饼为 18.44%、小麦麸为 20.38%。

如果减少玉米用量,可直接加入大麦 20%,调整玉米为 17.47%;或加入高粱 10%,则调整玉米为 27.47%。

表 6-4　设计鲤鱼饲料配方示例

配方编号	I	II	III
原料	配 合 比 例 （%）		
玉米	22.06	30.95	37.47
小麦麸	14.71	20.63	24.98
大豆饼	5.89	1.43	3.84
棉仁饼	5.89	1.43	3.83
啤酒酵母粉	29.67	26.14	16.73
国产鱼粉	19.78	17.42	11.15
蛋氨酸	0.4	0.3	0.25
赖氨酸			0.15
复合矿物盐	1.0	1.0	1.0
合　计	99.4	99.3	99.4
营　养　水　平			
粗蛋白质（%）	35	30	25
钙　　（%）	1.23	1.08	0.72
磷　　（%）	1.19	1.10	0.90
蛋氨酸（%）	0.84	0.72	0.60
苏氨酸（%）	1.40	1.20	0.95
赖氨酸（%）	2.05	1.73	1.43

2. 典型饲料配方借鉴：由表 6-5 列出借鉴的鲤鱼典型饲料配方，使用时可根据具体情况进行原料的增加、更换或配合比例的调整。以配方 2 为例：

如果加入棉籽饼 10%，则调整豆饼为 10.2%、麸皮为 49.8%。

如果加入米糠 20%，则调整麸皮为 27.6%、豆饼为 22.4%。

如果减去虾糠，则调整鱼粉为 7.5%、麸皮为 51.95%，并增加碳酸钙 0.55%。

或用肉骨粉等量替代全部虾糠，则调整鱼粉为 2.15%、麸皮为 52.75%，并增加碳酸钙 0.1%。

有关饲料配方营养水平的调整方法见第三章。

表 6-5　鲤鱼典型饲料配方示例

配方编号	1	2	3	4	5	6
原料	配 合 比 例 （%）					
鱼粉	3	5		5	5	20
虾糠	6	5	12			
蚕蛹	3					
石油酵母			60			
豆饼	40	20		30	70	50
棉籽饼						30
麸皮	15	50	13	40	10	
玉米	8	10	15		10	
甘薯	5	10	10			
花生秸粉			5			
稻草粉				8		
蔬菜类	20					
矿物剂				1	1	
维生素	0.06	0.06				
生长素	0.2	0.2	0.02			
食盐				1	1	
粗蛋白（%）	24.6	32.15	30.2	30	32	40.09
饲料系数	4.81	2.4	2.4	3.5	3.2	2.3

（二）草鱼饲料配方的设计与使用

草鱼系草食性鱼类，以采食水生植物为主，如浮萍、苦草、轮叶黑藻、水花生、水葫芦等都是草鱼喜食的饲料。人工配合饲料可以植物性饲料为主，其中植物性蛋白质饲料占很大比例，一般动、植物性蛋白质饲料之比以 1：5～8 为宜。并可使用一定量的糠麸和粗饲料，如各种干草粉、叶粉、作物秸秆等。但在设计配方时要考虑控制粗纤维的含量，一般以 12% 为宜。草鱼能很好地适应低蛋白、高纤维的饲粮，在蛋白质能满足其营养需要的情况下，可适当提高粗纤维含量。草鱼对饲粮中粗蛋白质含量的要求比鲤鱼低，从鱼苗到鱼种阶段约为 32%，鱼种到成鱼阶段约为 25%～27%，成鱼到亲鱼阶段约为 21%～25%。

1. 饲料配方设计：由表 6-6 列出设计草鱼不同水平的饲料配方应满足的营养指标。

表 6-6　草鱼主要营养指标

营养成分 编号	粗蛋白质 （%）	钙 （≤%）	磷 （≥%）	粗纤维 （%）
I	30	0.8	0.8	12
II	25	0.8	0.6	16
III	21	0.8	0.5	19

由表 6-7 列出设计草鱼饲料配方的原料组成及方程模式，配合总量中留出 2% 作为各种添加剂的机动数。

表 6-7　草鱼饲料配方原料组成及方程模式

原料分组 配合量 营养成分	玉米　20% 小麦麸 40% 米糠　40%	大豆饼 50% 棉仁饼 30% 鱼粉　20%	干草粉 100%	目标值		
				I	II	III
	x_1	x_2	x_3	0.98	0.98	0.98
粗蛋白质　（%）	13.18	43.1	6.82	30	25	21
粗纤维　　（%）	6.22	5.34	31.36	12	16	19

可求得"x"值：

配方编号	I	II	III
x_1	0.0976	0.0775	0.0712
x_2	0.6256	0.4913	0.3821
x_3	0.2568	0.4112	0.5267

确定各种原料的配合比例，平衡钙磷比例，加入各种必需的饲料添加剂（如生长素、维生素等），即为草鱼不同营养水平的饲料配方（表 6-8）。使用时还可参照"原料增减比例表"（表 6-16）作下列调整：

配方 I：适用于从鱼苗到鱼种阶段。如果用花生饼 10% 替代等量的棉仁饼，则调整大豆饼为 32.58%、小麦麸为 2.6%。

如果用花生饼 10% 替代大豆饼，则调整大豆饼为 22.78%、小麦麸为 2.4%。

如果加入酵母粉 6%，则调整鱼粉为 6.93%、小麦麸为 2.52%，并增加骨粉 0.96%。

如果减去米糠，则调整大豆饼为 31.75%、小麦麸为 8.27%。

如果调整干草粉为 15.68%，则调整大豆饼为 27.88%、小麦麸为 17.2%、骨粉为 0.1%。

表 6-8 草鱼饲料配方设计示例

配方编号	I	II	III
原　料	配　合　比　例　（%）		
大豆饼	31.28	24.56	19.11
棉仁饼	18.77	14.74	11.46
国产鱼粉	12.51	9.83	7.64
玉　米	1.96	1.55	1.42
小麦麸	3.9	3.1	2.85
米　糠	3.9	3.1	2.85
干草粉	25.68	41.12	52.67
食　盐	0.5	0.5	0.5
生长素	1.0	1.0	1.0
骨　粉			0.2
营　养　水　平			
粗蛋白质(%)	30	25	21
钙　　(%)	0.96	0.84	0.8
磷　　(%)	0.83	0.69	0.6
粗纤维　(%)	12	16	19

配方 II：适用于从鱼种到成鱼阶段。如果加入菜籽饼 10%，则调整大豆饼为 17.06%、小麦麸为 0.6%。

如果加入羽毛粉 5%，则调整鱼粉为 1.93%、小麦麸为 4.7%，增加骨粉 1.35%。

如果加入稻草粉 20% 替代等量干草粉，则调整大豆饼为 25.56%、小麦麸为 2.1%。

如果同时加入菜籽饼 10%、羽毛粉 5%、稻草粉 20% 替代等量干草粉，则调整鱼粉为 1.93%、大豆饼为 18.06%、小麦麸为 1.3%，并增加骨粉 1.2%。

配方 III：适用于成鱼到亲鱼阶段。如果用花生饼替代全部大豆饼，需加入花生饼 22.48%，则减去小麦麸，并调整米糠为 2.35%。

如果用菜籽饼替代全部棉仁饼，则调整大豆饼为 21.74%、小麦麸为 0.33%、骨粉为 0.1%。

如果用血粉替代全部鱼粉，需加入血粉 5.27%，则调整小麦麸为 5.12%、骨粉为 0.3%。

如果用稻草粉替代全部干草粉，则调整大豆饼为 21.74%、小麦麸为 0.22%。

如果同时用花生饼替代大豆饼、菜籽饼替代棉仁饼、血粉替代鱼粉、稻草粉替代干草粉，则调整大豆饼为 4.9%，即组成新的饲料配方，其营养值基本保持原有水平。

2. 典型饲料配方借鉴：由表 6-9 列出借鉴的草鱼典型饲料配方。如果须要调整原料品种或配合比例，可参照配方设计部分。如果须要调整营养水平(如配方 1 和配方 2 的粗蛋白水平高达 55%，可调整到 30%～40% 之间)，可参照第三章介绍的方法。

表 6-9 草鱼典型饲料配方示例

配方编号	1	2	3	4	5	6
原料	配　合　比　例　（%）					
鱼粉	18	14	3	10	1	3
豆饼	14	7	15	30	25	
菜籽饼	12	6	30		20	40
棉籽饼			6	20		8
大麦	16	16				
玉米			15		25	4
四号粉			30	28	25 混合糠	10

配方编号	1	2	3	4	5	6
原料			配 合 比 例 （%）			
稻草粉	20	21				
麸皮	15.5	31.5		40		8
植物油	3	3				
矿物剂	1.5	1.5				
骨粉			1			1
食盐					1	1
粗蛋白（%）	55	55	27.7	27.99	25.5	21.54

二、虾类饲料配方的设计与使用

（一）对虾饲料配方设计与使用

对虾系杂食水生动物，以喜食鲜活饲料为主，如蓝蛤、鸭嘴蛤、小杂鱼虾、蟹类、水蚤等。人工配合饲料的原料以动、植性蛋白质饲料为主，动物性饲料占 50% 以上。对虾要求配合饲料的粗蛋白质含量达 50% 左右；氨基酸含量高，对虾后期幼体对精氨基的需要量为 2.5%；对维生素的需要量亦较高，应注意补充。对虾甲壳含多量钙盐的几丁质，一般添加虾粉，虾糠粉和动物甲壳粉予以满足。配合饲料中要求含较高的磷，钙磷比例以 1:1.28～2.54 为宜。

1. 饲料配方设计：对虾配合饲料含很高的粗蛋白质，优质动物性饲料用量大，设计配方可采取简单方程和原料增减比例表相结合的方法，先以动物性饲料为主，满足粗蛋白质和钙两项指标，然后应用原料增减比例表加入其它原料。以设计含粗蛋白质 45%、42% 和 40% 三种对虾饲料配方为例介绍于下：

由表 6-10 列出以鱼粉、酵母粉、小麦麸和磷酸钙为原料，满足粗蛋白质和钙的指标而设计的求解方程。配合总量中留出 10% 作为某些添加物的机动数。

表 6-10　对虾饲料配方原料组成及方程模式

原料组成 ＼ 配合量	鱼粉 50% 酵母粉 50%	小麦麸 100%	磷酸钙 100%	目 标 值		
				I	II	III
营养成分	x_1	x_2	x_3	0.90	0.90	0.90
粗蛋白质（%）	52.45	15.7	0	45	42	40
钙　（%）	2.95	0.11	27.91	3	3	3

求得各 x 值：

配方编号	I	II	III
x_1	0.8476	0.7693	0.7172
x_2	0.0346	0.1049	0.1517
x_3	0.0178	0.0258	0.0311

配方 I：加入肉骨粉和大豆饼

原料及调整情况	鱼粉	酵母粉	小麦麸	磷酸钙	大豆饼	肉骨粉	合计
调整前配比（%）	42.38	42.38	3.46	1.78	—	—	90
加入肉骨粉时	−5.35	—	+0.8	−0.45	—	+5	
减少鱼粉时	−5	—	−3.6	+0.8	+7.8		
调整后配比（%）	32.03	42.38	0.66	2.13	7.8	5	90

平衡钙磷比例,经计算调整后的钙磷比例为2.98%：2.02%,相差磷1.8%,需补充磷酸钠盐10%左右。

配方Ⅱ:加入虾糠、大豆饼和花生饼

原料及调整情况	鱼粉	酵母粉	小麦麸	磷酸钙	虾糠	花生饼	大豆饼	合计
调整前配比(%)	38.46	38.47	10.49	2.58	—	—	—	90
加入虾糠时	−5	—	−3.9	−1.1	+10	—	—	
加入花生饼时	—	—	−1.5	—	—	+10	−8.5	
减少酵母粉时	—	−10	−4.5	−0.1	—	—	+14.6	
调整后配比(%)	33.46	28.47	0.59	1.38	10	10	6.1	90

平衡钙磷比例,经计算调整后的钙磷比例为3.13%：1.77%,钙多磷少。将磷酸钙更换为磷酸一钠,则钙磷比例为2.74%：1.93%,还相差磷1.58%,需再补充磷酸钠盐6.1%。

配方Ⅲ:加入虾糠、肉骨粉、大豆饼、花生饼、大麦,并减去小麦麸。

原料及调整情况	鱼粉	酵母粉	小麦麸	磷酸钙	虾糠	肉骨粉	大豆饼	花生饼	大麦	合计
调整前配比(%)	35.86	35.86	15.17	3.11	—	—	—	—	—	90
加入虾糠时	−5	—	−3.9	−1.1	+10	—	—	—	—	
加入肉骨粉时	−10.7	—	+1.6	−0.9	—	+10	—	—	—	
减少酵母粉时	—	−10	−4.5	−0.1	—	—	+14.6	—	—	
加入花生饼时	—	—	−1.5	—	—	—	−8.5	+10	—	
加入大麦时	—	—	−6.87	—	—	—	+1.33	—	+5.54	
调整后配比(%)	20.16	25.86	0	1.01	10	10	7.43	10	5.54	90

平衡钙磷比例,经计算调整后的钙磷比例为3.19%：1.77%,钙多磷少。将磷酸钙更换为磷酸一钠,则钙磷比例为2.91%：1.88%,还相差磷1.84%,需补充磷酸钠盐7.1%。

调整后即获得三种不同营养水平的对虾饲料配方(表6-11),配合总量用生长素、维生素等添加满足100%。

表6-11　对虾饲料配方设计示例

配方编号	Ⅰ	Ⅱ	Ⅲ
原　　料	配　合　比　例　(%)		
国产鱼粉	32.03	33.46	20.16
啤酒酵母粉	42.38	28.47	25.86
小麦麸	0.66	0.59	
虾糠		10.0	10.0
肉骨粉	5.0		10.0
大豆饼	7.8	6.1	7.43
花生饼		10.0	10.0
大麦			5.54
磷酸钙	2.13		
磷酸一钠	7.0	7.48	8.01
维生素	3.0	1.0	
活性污泥		2.9	2.9
合　　计	100	100	100
营　　养　　水　　平			
粗蛋白质(%)	45	42	40
钙　　(%)	2.98	2.74	2.91
磷　　(%)	3.81	3.51	3.73

2. 典型配方借鉴:由表6-12列出借鉴的对虾典型饲料配方。调制配合饲料时,根据不同的虾龄选择不同粗蛋白质水平的配方。如果更换原料品种或调整其配合比例时,可参照"常用原料增减比例表"(表6-16)进行。例如配方4,主要原料有大豆饼25.8%、鱼粉12.9%、小麦麸42.2%、肉骨粉4.3%、无机盐3%。如果用虾糠粉等量替代全部肉骨粉,则调整鱼粉为

134

15.35%、小麦麸为 39.83%、无机盐为 2.02%。

　　如果减少小麦麸用量,可加入米糠 20%,则调整小麦麸为 19.8%、大豆饼为 28.2%。

　　或加入大麦 20%,则调整小麦麸为 17.4%、大豆饼为 30.6%。

表 6-12　对虾典型饲料配方示例

原料(%) ＼ 配方	1	2	3	4	5	6
乌贼粉	40					
酵母	10	4.0				
虾粉	10		10			5.0
活性污泥	10	5.0				
大豆饼	14	20		25.8		
无机盐	10			3.0	1.7	
维生素	3.0			1.0	1.0	
粘合剂	3.0				2.0	8.0
鱼粉		30		12.9	42	
肉骨粉		20		4.3		
大豆粉		5.0			40	
菜籽饼		5.0				
海带根		7.8				
生长素		2.0				
食盐		1.0				
碳酸钙		0.2				
小杂鱼			50			
花生饼			30			30
麸皮			7.5			
乌贼骨粉			2.5			
玉米粉				10		
小麦粉				42.2		1.0
赖氨酸				0.2		
蛋氨酸				0.6		
淀粉					8.0	15
甲壳质					3.0	
蔗糖					1.0	
胆固醇					0.3	
复合氨基酸					1.0	
鱼卵干粉						40
贝壳粉						1.0
粗蛋白(%)		42.5	51.5	31.9	45.4	38.0

　　如果减少大豆饼用量,可加入花生饼 10%,则调整大豆饼为 17.3%、小麦麸为 40.7%。

　　或加入酵母粉 10%,则调整大豆饼为 11.2%、小麦麸为 46.7%、无机盐为 3.1%。

　　如果同时减少大豆饼和小麦麸用量,可加入酵母粉 10%和米糠 20%,则调整大豆饼为 13.6%、小麦麸为 24.3%、无机盐为 3.1%。

　　或加入花生饼 20%和大麦 20%,则调整大豆饼为 13.6%、小麦麸为 14.4%。

(二)长臂大虾饲料配方设计与使用

　　长臂大虾又称罗氏沼虾,是一种大型淡水虾类,系杂食水生动物,但偏食动物性饲料,如鱼、虾、贝类及蚯蚓、蚕蛹等;植物性饲料有米糠、麸皮、花生饼粕、大豆及其饼粕、酒糟以及各种水生植物等。据报道,当配合饲料含粗蛋白质 23%时,大虾的生长速度慢,饲料消耗多;而含粗蛋白质 32%～40%时,且动物性蛋白质含量高于植物性蛋白质含量时,大虾生长速度最快,饲

135

料消耗最少。所以设计饲料配方时，幼虾应以动物性原料为主；而成虾则以植物性饲料为主，以降低饲料成本。为平衡钙磷比例，矿物质饲料可选用贝壳粉和磷酸盐类。

1. 饲料配方设计：由表 6-13 列出设计幼虾、中虾和大虾的三种不同营养水平饲料配方的原料组成和方程模式。

表 6-13　长臂大虾饲料配方设计方程模式

配合量　原料组成　营养成分	鱼粉 50% 花生饼 50%	小麦麸 80% 次粉 20%	磷酸氢钙 100%	目　标　值 Ⅰ	Ⅱ	Ⅲ
	x_1	x_2	x_3	1	1	1
粗蛋白质(%)	48.6	15.28	0	32	30	28
钙　(%)	2.995	0.104	23.1	4	4	4

求得"x"值：

配方编号	Ⅰ	Ⅱ	Ⅲ
x_1	0.5479	0.4911	0.4344
x_2	0.3516	0.4012	0.4508
x_3	0.1005	0.1077	0.1148

计算、平衡钙磷比例，另添加生长素和多种维生素适量，即获得三种不同营养水平的长臂大虾饲料配方(表 6-14)。使用时还可应用"常用原料增减比例表"(表 6-16)作下例调整：

配方Ⅰ：为幼虾饲料配方，粗纤维含量为 4.42%，如果降为 3% 以下，可用含能量高的玉米、大麦等替代小麦麸。如用大麦替代需加入 22.68%，并增加大豆饼 5.44%。

配方中的动物性蛋白质和植物性蛋白质之比为 14.38%：17.62%，应增加动物性饲料的用量。如果调整鱼粉为 37%，则小麦麸为 37.67%、花生饼为 9.77%、磷酸氢钙为 8.52%。

或加入酵母粉 10%，则调整花生饼 10.21%、小麦麸 35.2%、磷酸氢钙为 10.15%。

表 6-14　长臂大虾饲料配方设计示例

配方编号 原　料	Ⅰ	Ⅱ	Ⅲ
	配　合　比　例　(%)		
国产鱼粉	27.4	24.56	21.72
花生饼	27.39	24.55	21.72
小麦麸	28.12	32.09	36.06
次　粉	7.04	8.03	9.02
磷酸氢钙	10.05	10.77	11.48
	营　养　水　平		
粗蛋白质(%)	32	30	28
粗脂肪　(%)	6.39	6.04	5.68
粗纤维　(%)	4.42	4.63	4.83
钙　　(%)	4.0	4.0	4.0
磷　　(%)	3.17	3.25	3.12

如果在降低粗纤维含量的同时提高动物性蛋白的比例，可同时增加能量饲料和动物性饲料的用量。如果配方中再增加鱼粉 10%，加入大麦 20%，则调整鱼粉为 37.4%、花生饼为 15.42%、小麦麸为 12.42%、磷酸氢钙为 8.45%。

配方Ⅱ：为中虾饲料配方，含粗纤维 4.63%；动、植物性蛋白之比为 12.89%：17.11%。亦应增加能量饲料和动物性饲料用量，以降低粗纤维水平和提高动物性蛋白质比例。

配方Ⅲ：为成虾饲料配方，可适量增加一些加工副产品，如加入虾糠 10%，则调整鱼粉为 16.72%、小麦麸为 32.16%、磷酸氢钙为 10.38%。

或加入肉骨粉 10%，则调整鱼粉为 11.02%、小麦麸为 37.66%、磷酸氢钙为 10.58%。

如果加入米糠 20%，则调整小麦麸为 13.66%，并增加大豆饼 2.4%。

或加入酒糟 20%，则调整小麦麸为 15.06%、磷酸氢钙为 10.88%，并增加大豆饼 1.6%。

如果减去磷酸氢钙，可用贝壳粉 7.49% 和磷酸一钠 3.99% 代替。

2. 典型配方借鉴：由表 6-15 列出借鉴的长臂大虾幼虾和成虾的饲料配方。以表 6-1 常用原料的营养价值进行复核，粗蛋白质的实际含量：配方 1 为 41%；配方 2 为 34%；配方 3 为 30%；配方 4 为 35%；配方 5 为 31%。使用时应视具体情况调整原料及配合比例。

表 6-15 长臂大虾典型饲料配方示例

原料（%）	幼虾		成虾		
	1	2	3	4	5
鱼粉	60		20	30	20
花生饼	15		27.5	30	27.5
大豆饼		20			
蚕蛹		30			
四号粉		50			
麦麸	22		30	37	50
矿物质	3				
蚌壳粉			2.5	3	2.5
米糠		20	20		
粗蛋白质（%）	50		37	43	40

三、河蟹饲料配方的设计与使用

河蟹系杂食性水生动物，喜食动物性饲料。人工配合饲料中动物性饲料占 30%～40%，植物性饲料占 60%～70%。动物性饲料可以小杂鱼、蚕蛹粉、蚯蚓粉、肉骨粉等为主。植物性蛋白质饲料如大豆及其饼粕、菜籽饼粕、棉仁饼粕等可作为河蟹的主要蛋白质营养来源，麦类、糠麸类可作为河蟹的主要能量营养来源。幼蟹阶段要增加蟹壳粉等钙质饲料，以利于蟹壳的脱换。河蟹常用典型饲料配方示例于下：

1. 鱼肉浆 20%、蛋黄 30%、豆浆 30%、麦粉 20%。投喂幼蟹可促进生长发育。

2. 豆饼 45%、麸皮 27%、小麦粉 10%、蟹壳粉、鱼骨粉 13.1%、海带粉 4.5%、生长素 0.35%、维生素 A、维生素 D 0.05%。

3. 豆饼 25%、芝麻渣粉 25%、鱼粉 5%、蚕蛹粉 8%、酵母粉 5%、菜籽饼 10%、七五面粉 10%、α-淀粉 7.5%、维生素 0.4%、生长素 0.4%、矿物盐 3%、贝壳粉 0.5%、赖氨酸 0.2%。含粗蛋白质 35.75%。

河蟹饲料配方的设计、配方原料的更换和配合比例以及营养水平的调整，可参考鱼虾饲料配方设计一节。

表 6-16 鱼虾类饲料配方常用原料增(＋)减(－)比例(％)

替代原料 \ 基本原料		鱼粉 (CP52.5％)	大豆饼	小麦麸	矿物质 (Ca33％)	合计
肉骨粉	±1	∓1.07		±0.16	∓0.09	0.0
虾 糠	±1	∓0.5		∓0.39	∓0.11	0.0
血 粉	±1	∓1.45		±0.43	±0.02	0.0
羽毛粉	±1	∓1.58		±0.31	±0.27	0.0
皮革粉	±1	∓1.62		±0.47	±0.15	0.0
酵母粉	±1	∓0.93		∓0.23	±0.16	0.0
酵母粉	±1		∓1.46	±0.45	±0.01	0.0
鱼 粉	±1		∓1.56	±0.72	∓0.16	0.0
花生饼	±1		∓0.85	∓0.15		0.0
棉仁饼	±1		∓0.98	∓0.02		0.0
菜籽饼	±1		∓0.75	∓0.24	∓0.01	0.0
米 糠	±1		±0.12	∓1.12		0.0
大 麦	±1		±0.24	∓1.24		0.0
酒 糟	±1		±0.08	∓1.05	∓0.03	0.0
醋 糟	±1		∓0.34	∓0.54	∓0.12	0.0
青干草	±1		±0.34	∓1.33	∓0.01	0.0
稻 草	±1		±0.39	∓1.38	∓0.01	0.0
玉 米	±1					

注:CP 表示粗蛋白质。

附　录

一、畜禽粪便再生饲料及其利用

畜禽粪便经过处理加工以后再次作为畜禽饲料，是人类遵循大自然的食物链现象，进行精心设计、巧妙利用的结果。目前，世界上农牧业发达的国家无不走综合利用、循环饲养的道路。

制作再生饲料的动物粪便主要有禽粪、牛粪、猪粪、蚯蚓粪、蚕粪等。在利用方面，牛粪和猪粪主要用于养鱼，蚯蚓粪和蚕粪用于养鸡和猪；只有鸡粪可作为多种动物的饲料，但最多的是用于养猪、养鸡、养鱼、养牛和养羊。把多种动物的食粪性组合起来，便形成了一个个食物链，如：用鸡粪喂猪、猪粪喂鱼；或猪粪生产沼气、沼液喂鱼；或猪粪饲养蚯蚓等。或用鸡粪喂牛、牛粪养蘑菇、蘑菇培养基养蚯蚓；蚯蚓和蚓粪又可作为鸡的饲料。总之，合理、巧妙地利用畜禽粪便，不但减少了污染，净化了环境，而且节约了饲料，降低了饲养成本，提高了养殖效益。

（一）鸡粪再生饲料

鸡的消化道短，部分饲料和营养物质还未等消化和吸收就被排出体外。因此在干燥的鸡粪中残存12%～13%的纯蛋白质及其它各种养分，尤其是雏鸡粪中残存较多的剩漏饲料。将新鲜的鸡粪收集起来，经干燥、处理后仍可用来喂鸡、喂猪、养鱼。鸡粪中非蛋白氮的含量高于真蛋白的含量，作为反刍动物牛、羊的部分饲料，饲喂效果更为显著。因为鸡粪中的非蛋白氮在鸡、猪体内几乎不能被利用；而反刍动物瘤胃中的微生物可分解利用非蛋白氮合成菌体蛋白质，然后再被畜体消化利用。

1. 鸡粪中的营养成分见下表：

水分	粗蛋白	纯蛋白	脂肪	无氮物	粗纤维	粗灰分	总氨基酸	赖氨酸	蛋氨酸	胱氨酸
3.63	27.75	13.1	2.35	30.76	13.06	22.45	8.1	0.5	0.26	0.2

2. 鸡粪的处理方法。鸡粪处理的方法有干燥法、发酵法、青贮法和氨贮法等，可根据饲喂动物酌情选择。但无论采取哪种方法处理，都要确保鸡粪无菌、无臭，符合饲料要求，具有饲喂价值。

（1）干燥法：每天将收集来的新鲜鸡粪薄薄地摊于水泥地面或苇席上，使其自然风干或晒干。自然干燥的速度越快越好，既可避免粪中营养物质的损失，又可减少粪中有害物质的产生。若达不到经暴晒灭菌的效果，可当水分降到35%左右时加入0.5%的甲醛水溶液，充分拌匀后风干。粪中水分降到12%左右时，经粉碎、过筛去杂后装塑料袋密封，保存备用。

（2）发酵法：有缸（池）发酵、塑料袋发酵和堆积发酵多种方法，适用于垫料平养、笼养和网上养鸡。为便于粪便的清扫和吸湿，地面用水泥抹平或铺以塑料膜，其上再铺一层垫料。使用的垫料应视饲喂动物而定，如鸡粪喂鸡则选用小麦麸、米糠等；喂猪则选用糟糠、草粉等；喂牛羊除上述外还可选用切短的作物秸秆等。方法：每天将收集的鲜鸡粪连同垫料一起加水拌匀，以手捏成团，撒手即散为宜。拣去羽毛等杂物后装缸、池或无毒塑料袋，压实封口发酵；或堆积后用塑料膜盖严发酵。发酵温度应不低于15℃,并要经常检查粪料内温度,当上升到45℃时应立即摊晒降温;若温度恒定则发酵完成,便可层层取用,或取出晒干、装袋贮存备用。

仔鸡粪便和垫料一起喂牛羊,将牛羊可采食的粗饲料、青干草、各种风干的作物秸秆等,切短后用作仔鸡的垫料,待垫料含粪量达25%以上时清除,垫料和鸡粪直接喂牛羊。但为了避免大肠杆菌、沙门氏菌等病原菌的传播,最好将粪草含水量调节到40%左右堆积发酵。

(3)氨化法:选择优质稻草、麦秸切短作仔鸡垫料,清除后连同鸡粪一起用3.5%的尿素溶液泼湿(含水量约30%左右),堆垛密封。待垫草呈烟熏色时倒垛放氨,风干后贮存备用。

(4)青贮法:青贮有窖贮、塑料袋贮和堆贮等多种方法。青贮原料中干鸡粪占30%,切短青玉米秸占70%,混匀后装窖。装窖时要一边装一边踩实,以尽量减少窖内残留空气。装至原料高于地面1米以上后修成蘑菇状,用干草盖顶,塑料膜封口并抹一厚层草泥压顶。待青贮30天左右,打开窖顶后发出酒酸味则表明青贮成功。饲喂家畜时逐层取料,取料后盖严防雨。

建青贮窖要选择地势高燥,排水良好的地址。窖的容积可用一种简易的方法计算,即每0.028立方米大约容纳15千克左右的原料。窖的内壁和底面铺一层塑料膜。封顶后上下塑料膜要严密衔接,使窖内外不透气、不漏水。

堆积青贮最好把青玉米秸用无水打浆机打成浆后混合鸡粪堆贮,一是便于堆积,二是密封严,堆内残留空气少。堆贮和塑料袋贮都便于取用和保存。

(5)鲜喂法:采集当天的鲜鸡粪,按一定比例和其它饲料拌匀后湿喂或调成粥状饲喂家畜。鸡粪鲜喂其粪臭味影响适口性,且易造成传染病的扩散,不可提倡,最好高温处理后再作饲料。

3. 鸡粪再生饲料的利用

(1)鸡粪喂鸡:经灭菌处理的干鸡粪或用前再上锅焙炒后与其它饲料配合喂鸡。其用量一般占育成鸡饲粮的10%～15%;占产蛋鸡饲粮的5%～10%。

(2)鸡粪喂猪:干鸡粪经浸泡后与其它饲料湿拌或调成粥状饲喂,或直接调制成配合饲料。发酵鸡粪可与其它饲料湿拌或调成粥状饲喂。试验表明,育肥猪日粮中添加30%的鸡粪对猪的增重无影响,但添加75%的鸡粪则影响猪的增重速度。后备猪和空怀母猪的日粮中鸡粪用量可达50%左右。

玉米秸鸡粪青贮可打浆后作为粗饲料喂猪,并适量减少精料。

(3)鸡粪喂牛羊:反刍动物对鸡粪的消化利用率高于其它家畜,可代替一定量的精饲料。试验表明,奶山羊日粮中加入16%的风干发酵鸡粪,其泌乳和增重效果同豆饼相似;山羊日粮中鸡粪占15%～30%为宜。经处理的干鸡粪与精饲料一起调制成混合精料,可占20%～40%。用玉米秸和鸡粪青贮以及发酵或氨化仔鸡垫料饲喂牛羊,可减少10%～30%的精料。

(4)鸡粪喂兔:据试验报道,用干鸡粪替代一部分精料喂兔,试验组比对照组的家兔在食欲、母兔繁殖和幼兔生长等方面均无显著差异。但鸡粪的用量必须逐渐增加,初喂可占日粮的10%,以后增加到30%～40%。再增加,家兔则会出现腹泻、食欲减退等。

(二)牛粪再生饲料及其利用

牛粪作为饲料喂猪的效果不如鸡粪,这是因为牛对饲料的消化利用能力很强,并且以草食为主,粪中残留的粗蛋白质仅13%左右,而粗纤维含量达30%以上。据试验报道,用鲜奶牛粪替代粗饲料,与精料按1:1的比例混合喂猪;或用干奶牛粪20%调制配合饲料喂生长猪和育肥猪,均获得了 700～800 克的日增重。而用粗饲料的对照组日增重明显较低。

畜禽粪便经发酵后可直接投喂水生动物。或经发酵除臭、灭菌、干燥后与各种精、粗饲料配合制成饵料投喂。据试验,饲喂 1.1～1.35 千克鸡粪,可长 0.5 千克鱼。

二、饲料去毒简易方法

饲料中所含的有毒有害物质,一方面是饲料本身固有的,如棉仁饼粕含有游离棉酚;菜籽饼粕含有异硫氰酸盐;生大豆及其饼粕含有抗胰蛋白酶等。另一方面是污染造成,如受砷、铅、氟等有害物质污染;受病原微生物污染等。对于被污染的或有毒害作用的饲料若不进行必要的无害处理,饲喂后则对畜禽产生一定的危害。

1. 棉仁饼脱毒方法

(1)水煮法:把棉仁饼粕粉碎后加水高温处理,70℃加热 2 小时;100℃加热 1 小时,可使棉酚失去毒性。但高温也可使部分营养损失。

(2)小苏打去毒法:把棉仁饼粉与 20％的碳酸氢钠溶液按 2∶1 的比例混合,在水泥地面上平摊 15～30 厘米厚,用塑料膜盖严,常温下放置 24 小时即可用作饲料,或晒干后贮存备用。

(3)硫酸亚铁去毒法:把棉仁饼粕粉放置大缸或池中,用 2％的硫酸亚铁水溶液浸泡 24 小时后弃去水分,即可饲用或晒干备用。

或用硫酸亚铁为棉仁饼粕中游离棉酚含量的相同量,生石灰为饼粕量的 1％、水为 20％。先用清水分别溶解硫酸亚铁和生石灰,待沉淀后取两液的上清液混合加入棉仁饼粕粉拌匀,堆积 6 小时以上,再于水泥地面上平摊 3～4 厘米厚,晾晒至含水量为 12％以下即可贮存备用。试验证明,此法简便易行,可使游离棉酚含量为 0.1％的棉仁饼粕脱毒率在 50％以上,即棉酚含量降至 0.05％以下。

2. 菜籽饼粕脱毒方法

(1)清水浸泡法:把菜籽饼粕粉碎,与水按 1∶5 的比例置缸或池中浸泡,每隔 6 小时换水一次,共换水 5 次,浸泡 36 小时。沥干水分,然后风干贮存备用。

(2)坑埋法:选择向阳、干燥、地势较高的地面,挖一个宽 0.8 米、深 0.7～1 米的长坑。底面铺一层草,将饼粕用水泡软后填入坑内,顶部再盖一层草,然后埋土 20 厘米以上。待坑埋两个月以后取用,可使菜籽饼粕中的异硫氰酸酯降为 0.05％以下,恶唑烷硫酮降为 0.02％以下,且蛋白质损失很少。

(3)碱液浸泡法:把菜籽饼粕粉先用 2％、5％、10％三种浓度的碳酸钠溶液浸泡 30、60、90分钟;再用 14％的碳酸钠溶液浸泡 90 分钟,然后滤干水分,风干贮存。

3. 木薯的脱毒处理:木薯的有毒物质为氢氰酸,表皮含量较高。将木薯置锅中不加盖煮沸 3～4 小时,即可达到去毒目的。

4. 马铃薯的脱毒处理:马铃薯的表皮变绿或发芽时含龙葵素增多,饲用时挖掉幼芽和削去绿皮可除去大部分毒物,再煮熟后即破坏残余的龙葵素。

5. 生大豆及其生饼粕的处理:对生大豆及其生饼粕用蒸、煮、炒等加热作用都可破坏其有害物质。

生熟大豆饼粕的鉴别:取尿素 0.1 克放入 250 毫升的玻璃杯中,再加入被检大豆饼粕粉 0.1 克、蒸馏水 100 毫升,搅拌溶解。杯口加盖后置 45℃水中温热 1 小时。取红色石蕊试纸一条浸入此溶液中,若试纸变蓝则表示大豆饼粕是生的;不变色则是熟的。

6. 饲料去霉:饲料发霉不但失去饲用价值,饲喂动物后还可引起中毒死亡。尤其是黄曲霉毒素是目前所知毒素中致病力最强的一种,花生仁饼粕、玉米等较易感染,配合饲料时一定要慎重。对于完整的,大颗粒的大豆、玉米等混有的霉变颗粒,可以人工拣除;而小颗粒的谷物等只要不是严重霉变,脱壳后可基本达到去霉之目的。压制成形的大豆饼、花生仁饼、米糠饼等表面的霉变,可通过刮除、水洗后利用。不能拣除或脱皮的霉变饲料,进行去霉处理后只能作为次级产品,用量宁少勿多。

(1)蒸煮法:将有发霉的饲料置锅中煮沸半小时;或置蒸笼中蒸 1 小时后再适量饲用。

(2)清水浸泡法:取一份发霉饲料,加入三倍清水浸泡 1 昼夜,弃去污水再换上清水;如此反复 3～4 次,沥去水分,晒干备用。

(3)石灰水浸泡法:生石灰 10 千克、清水 90 千克,溶解、沉淀后取上清液置缸或池中,把发霉饲料加入石灰液中浸泡 3 天后再用清水冲洗 2～3 遍,沥去水分,晒干备用。

(4)氨水处理法:把发霉饲料摊晒或晾干,使水分含量降到 12％左右。取普通氨水(约含氢氧化铵 15％左右)1 份、发霉饲料 15 份拌匀,装入塑料袋或缸、池中密封。待 36～48 小时后取出,摊晾在通风处让氨气挥发。再待 10～15 天后晒干备用。

三、饲料掺假的简易识别

(一) 常用识别方法

1. 感官识别法:感官识别是通过人的视觉、味觉和触觉来识别饲料真假、优劣的方法。感官识别要在长期的实践中不断地积累经验,才能提高识别能力。

(1)视觉识别法:是通过眼睛观察饲料原料的形态、颜色和颗粒大小的方法。如观察玉米、大豆有无灰色霉斑或霉变颗粒;棉仁饼是否含有较多的壳、绒;粉状料结块表明受潮。

(2)味觉识别法:利用某些物质具有酸、甜、苦、涩、咸、香、臭的特定味道和气味以识别饲料的真伪的方法。如大豆粕嚼之有炒豆香味;纯蛋氨酸有甜味;发霉饲料有一股霉味;含盐量高的鱼粉咸味大。

(3)触觉识别法:通过用手指捻以感觉饲料原料的软硬程度;用手攥以感觉饲料的温湿度。如颗粒饲料用手指捻变形,或粉状料用手攥成团,则表明含水量高。

2. 物理识别法:物理识别是利用某些物质的容积大小和质量轻重的差异以鉴别饲料中是否掺杂的方法,常用的有比重法和溶解法。

(1)比重法:利用某些物质在容积相同时而重量不同;或置于相同浓度的溶液中,有的漂浮,而有的下沉的特点,以识别饲料真伪、或是否掺杂泥砂、铁屑及矿物质等。

(2)溶解法:利用某些物质易溶于水或某种溶剂,而有的不溶或微溶的特点,通过观察其澄清度,加以识别饲料原料的真伪或掺杂。

3. 化学鉴别法:常用的有燃烧法和简单的试剂法。

(1)燃烧法:利用某些有机物质在燃烧时可产生特殊气味的特点,以鉴别饲料原料中是否掺有无机物。常用于鱼粉、骨粉、氨基酸等是否掺杂或假冒的识别。

(2)试剂法:利用某些饲料经同种药物或化学试剂处理后显示出不同的颜色,以识别原料的掺杂或假冒。如蛋白质饲料与高淀粉饲料混合物的鉴别。

（二）常用饲料掺假的简易识别

1. 饲料掺砂的识别：饲料掺砂常见于鱼粉、大豆饼、骨粉等多种原料，可用沉淀法、漂浮法加以识别。

方法1：在容器中加入清水，把待检饲料样品放入水中，边搅拌边沉淀，边滤出水中漂浮物，这样反复进行，直至把水上面的浮物全部滤出。然后认别水底沉淀物。

方法2：在溶器中加入饱和盐水，把待检饲料样品放入盐水中，稍加搅拌，比重大的物体即沉入水下。然后弃去上浮物质及盐水，识别沉淀物。若被检饲料样品检前称重，还可估算沉淀物的百分率。

2. 鱼粉掺假的识别：鱼粉中常见的掺杂物有血粉、肉骨粉、羽毛粉、棉籽粕、棉籽壳、皮革粉、锯末、花生壳粉、粗糠、酱醋渣、贝壳粉、铁屑、泥沙等，可用以下方法予以识别。

（1）感官检查法：纯正的鱼粉呈淡黄或带褐色，有烤鱼香味和略带鱼腥味，手捻感觉松散，颗粒细度均匀。劣质鱼粉呈深褐色、有糟鱼酱味，腥臭味浓厚。掺杂酱油渣或咸杂鱼的有咸味。掺杂肉骨粉、皮革粉的手捻感觉松软、颗粒细度不均匀。掺杂棉籽壳、棉籽饼粕的手捻有棉绒感觉，并捻成团。

若检查是否掺有尿素，可取一张光滑、深颜色的硬纸，把鱼粉样品薄薄铺上一层，在阳光下观察颜色是否一致，若见有白色结晶颗粒，则表明掺有尿素或盐分。

（2）燃烧法：取鱼粉样品少量放入试管或铁勺内置火上加热，若发出谷物干炒后的芳香味或焦糊味则表明掺有植物性物质；若发出烧毛发的气味则为纯鱼粉或掺有动物性物质。

碱煮法：取一容器，加入鱼粉样品和一定量的10%的氢氧化钾溶液混合，置火上煮沸，溶解的则为鱼粉；不溶解的则为植物性物质等。

（4）石蕊试纸测试法：取一容器，加入少许鱼粉样品，置火上加热，待冒烟后用石蕊试纸测试，若石蕊试纸呈蓝色则表明掺有植物性物质；若试纸呈红色则为纯鱼粉。

（5）测色法：把鱼粉样品放入洁净的玻璃杯中，加入95%的酒精浸泡后再滴加浓盐酸1～2滴，若呈深红色则表明掺有锯末等物质，此物加水后浮于水的表面。

（6）磁棒搅拌法：若怀疑鱼粉中掺有铁屑，可用磁棒搅拌，铁屑即吸附于磁棒表面。

3. 大豆饼粕掺假的识别：大豆饼粕中常见掺假物有玉米粉、玉米胚芽饼、细砂等。掺杂的方式为把杂物直接混合于大豆饼粕中；或大豆粕与玉米胚芽饼混合。玉米胚芽饼是榨取玉米油的副产品，粗蛋白质含量约为玉米的2倍左右，形状呈瓦块或粉末状。也有将其冒充大豆粕销售，识别的方法有以下两种。

（1）浸泡法：取一洁净的玻璃杯，把被检饼粕样品30～50克置于杯中，加入100毫升左右的清水浸泡，待吸水澎胀后用木棒搅拌，是玉米胚芽饼则呈粥状；而大豆粕不呈粥状，稍静止及分离出水分。

（2）碘液辨色法：取碘0.5克、碘化钾1克、水100毫升溶解即为碘液，装入深色玻璃瓶中备用；或直接用2%的医用碘酒。取被检样品饼粕粉少许置于玻璃片上摊平，滴加碘液2～3滴，用肉眼或放大镜观察，豆饼颗粒呈棕黄色；玉米颗粒呈蓝色或蓝褐色。

4. 小麦麸掺假的鉴别：小麦麸中常见的掺杂物有木屑、细稻糠等，这些掺杂物一般用肉眼即可辨别；手捻可感觉硬且粗糙。而小麦麸则软且光滑。

5. 骨粉伪劣的鉴别：市售骨粉主要有脱胶骨粉、蒸骨粉和生骨粉。脱胶骨粉因高温除去了骨髓和脂肪部分，保存期间不易变质，且质量上等。而蒸骨粉和生骨粉因未脱脂脱胶，保存期间极易变质；尤其是生骨粉，因未经高温灭菌处理，往往含有致病微生物，饲喂畜禽易引起疫病传播，不宜饲用。骨粉中的掺杂、冒充物主要有石粉、贝壳粉、细砂等。在伪装手法上，一是制成颗粒状冒充骨粉；二是磨细后掺入骨粉中。骨粉伪劣的识别可用以下方法：

（1）观察法：纯正骨粉呈黄褐色乃至灰白色，颗粒呈蜂窝状；劣质骨粉一般呈土黄色。掺杂骨粉一般粉碎较细，蜂窝状颗粒少；而假骨粉呈灰白色，其中无蜂窝状颗粒。

（2）清水浸泡法：真骨粉颗粒在水中浸泡不分解；而有的假骨粉颗粒能被水分解成粉状，与水混合后，静置又很快沉淀。

蒸骨粉和生骨粉的细粉可漂浮于清水表面，搅拌也不下沉；而脱胶骨粉的漂浮物很少。

（3）饱和盐水漂浮法：纯真骨粉颗粒可漂浮于浓盐水表面；而假骨粉颗粒不能在浓盐水表面漂浮，快速沉入水底。

（4）焚烧法：将少量骨粉样品放入试管或金属容器（如小勺）内，置火焰上焚烧，纯真骨粉先产生蒸汽，然后产生刺鼻的烧毛发气味；而掺杂骨粉所产生的蒸汽和气味相对少；假骨粉则无蒸汽和气味产生；未脱胶的变质骨粉有异臭味。

脱胶骨粉的骨灰呈灰黑色；蒸骨粉和生骨粉的骨灰呈墨黑色；而假骨粉的灰粉呈灰白色。

（5）稀盐酸溶解法：将盐酸溶液和水按1∶1或1∶2稀释后倒入试管或酒杯中，取少量骨粉样品放入稀盐酸溶液中观察。若发出轻微的、短暂的"沙沙"声，颗粒表面不断产生气泡，最后基本全部溶解，液体变混浊，则为真骨粉。蒸骨粉和生骨粉的盐酸溶解液表面漂浮较多的有机物；而脱胶骨粉的不溶性漂浮物极少。

若发出清晰的、较长时间的响声，并产生大量泡沫，则可能掺有贝壳粉、石粉等。若溶解液底层有一定量的不溶物，可能掺有细砂；若是没有以上溶解现象则为假骨粉。可见，在稀盐酸溶液中不溶解或快速溶解的均不是骨粉。

四、饲养标准表

（一）蛋用鸡的饲养标准

（1）我国蛋鸡的饲养标准

附表1　蛋鸡的代谢能、粗蛋白、氨基酸、钙、磷及食盐需要量

项　　目	生长鸡周龄（周）			产蛋鸡及种母鸡的产蛋率（%）		
	0～6	7～14	15～20	大于80	65～80	小于65
代谢能（兆卡/千克）	2.85	2.80	2.70	2.75	2.75	2.75
粗蛋白质（%）	18.0	16.0	12.0	16.5	15.0	14.0
蛋白能量比（克/兆卡）	15	14	11	14	13	12
钙　　　　（%）	0.80	0.70	0.60	3.50	3.40	3.20
总磷　　　（%）	0.70	0.60	0.50	0.60	0.60	0.60
有效磷　　（%）	0.40	0.35	0.30	0.33	0.32	0.30
食盐　　　（%）	0.37	0.37	0.37	0.37	0.37	0.37
蛋氨酸　　（%）	0.30	0.27	0.20	0.36	0.33	0.31
蛋氨酸＋胱氨酸（%）	0.60	0.53	0.40	0.63	0.57	0.53

项　目	生长鸡周龄（周）			产蛋鸡及种母鸡的产蛋率（%）		
	0～6	7～14	15～20	大于 80	65～80	小于 65
赖氨酸　（%）	0.85	0.64	0.45	0.73	0.66	0.62
色氨酸　（%）	0.17	0.15	0.11	0.16	0.14	0.14
精氨酸　（%）	1.00	0.89	0.67	0.77	0.70	0.66

附表 2　京白蛋鸡日粮的建议营养水平

项　目	生长鸡周龄		产　蛋　率　（%）		
	0～8	9～18	18 周龄＜5	5～高峰＞65	＜65
代谢能（兆卡/千克）	2.85	2.80	2.75	2.75	2.75
粗蛋白（%）	19.0	15.0	16.5	17.5	15.5
钙　　（%）	1.0	0.8	2.0	3.5	3.7
有效磷（%）	0.4	0.37	0.37	0.42	0.38
蛋氨酸（%）	0.38	0.33	0.33	0.35	0.32
蛋氨酸＋胱氨酸（%）	0.64	0.53	0.58	0.65	0.60
赖氨酸　（%）	0.95	0.80	0.75	0.83	0.80
精氨酸（%）	1.0	0.89	0.83	0.97	0.92
色氨酸（%）	0.17	0.17	0.16	0.18	0.17

（2）引进蛋鸡的饲养标准

附表 3　伊莎鸡营养需要量

项　目	生长鸡周龄		产蛋期周龄	
	0～8	9～20	19～35	35 以上
代谢能（兆焦/千克）	2.85	2.70～2.75	2.80	2.75
粗蛋白　　（%）	18.0	15.0	19.0	18.0
蛋氨酸　　（%）	0.45	0.30	0.41	0.37
蛋氨酸＋胱氨酸　（%）	0.80	0.53	0.73	0.67
赖氨酸　　（%）	1.05	0.66	0.82	0.76
色氨酸　　（%）			0.19	0.17
苏氨酸　　（%）			0.57	0.53
钙　　　　（%）	1～1.10	1.1～1.20	3.8～4.20	4～4.40
有效磷　　（%）	0.48	0.40	0.42	0.40
钠　　　　（%）	0.20	0.20	0.16	0.16
氯　　　　（%）			0.15	0.15

附表 4　迪卡蛋鸡营养需要

项　目	生长鸡周龄			产蛋鸡			
	1～8	9～18	19～20	19%	18%	17%	16%
代谢能（大卡/千克）	2860	2750	2750	2800	2800	2800	2800
粗蛋白　　（%）	20	15	16	19	18	17	16
能量蛋白比	143	183	171	147	155	165	175
钙　　　　（%）	1.0	0.9	2.5	3.7～4.1	3.5～3.8	3.4～3.7	3.4～3.7
可利用磷　（%）	0.5	0.45	0.45	0.48	0.46	0.44	0.44
钠　　　　（%）	0.2	0.2	0.2	0.18	0.18	0.18	0.18
赖氨酸　　（%）	1.04	0.71	0.75	0.82	0.78	0.73	0.69
蛋氨酸　　（%）	0.44	0.32	0.34	0.40	0.38	0.36	0.34
蛋氨酸＋胱氨酸（%）	0.75	0.56	0.59	0.70	0.67	0.63	0.59
色氨酸　　（%）	0.22	0.17	0.18	0.21	0.20	0.19	0.18

附表5 罗斯蛋鸡(父母代)营养需要饲料营养水平

日粮配方	日　龄	蛋白质(%)	代谢能(兆卡/千克)
育雏用饲料	0～34	18～19	2.772
育成用饲料	35～139	14.5～15	2.725
种鸡用饲料	100日以上	16～17	2.749

饲料营养需要量

配方成分	育雏期 (0～34)	育成期 (35～139)	种鸡 (140～淘汰)
赖氨酸总量　（%）	0.90～0.95	0.60～0.65	0.75～0.80
可利用赖氨酸　（%）	0.80～0.85	0.54～0.58	0.68～0.72
蛋氨酸　（%）	0.36～0.38	0.25	0.31～0.33
蛋氨酸＋胱氨酸　（%）	0.70～0.75	0.45～0.50	0.56～0.60
钙　（%）	0.90～1.00	1.00～1.20	3.00～3.50
总磷　（%）	0.65～0.70	0.50～0.55	0.65～0.70
盐　（%）	0.40～0.45	0.40～0.45	0.40～0.45

附表6 罗曼蛋鸡的营养需要

营养成分	1～8周	9～20周	21～41周	42周以上
代谢能(千卡/千克)	2750	2650～2750	2650～2750	2650～2750
粗蛋白质　（%）	18.5	14.5	16.5	15.0
钙　（%）	1.0	0.9	3.4	3.7
总磷　（%）	0.7	0.55	0.65	0.55
有效磷　（%）	0.45	0.35	0.45	0.35
钠　（%）	0.16	0.16	0.16	0.16
蛋氨酸　（%）	0.38	0.29	0.34	0.31
蛋氨酸＋胱氨酸（%）	0.67	0.52	0.67	0.58
赖氨酸　（%）	0.95	0.65	0.74	0.68
精氨酸　（%）	1.10	0.82	0.94	0.86
色氨酸　（%）	0.20	0.16	0.18	0.17
亚油酸　（%）	1.4	0.8	1.5	1.2

附表7 星杂579蛋鸡营养标准

营养成分	0～6周	6～18周	18周至 50%产蛋	种鸡日粮			
				16%	17%	18%	19%
代谢能(千卡/千克)	2860	2750	2750	2750	2750	2750	2750
粗蛋白　（%）	19	15～16	17～18	16.2	17.2	18.2	19.2
钙　（%）				21～40周		40～72周	
	0.85	0.9	2	3.3～3.5		3.7～3.9	
有效磷　（%）	0.45～0.5	0.35～0.4	0.35～0.4	0.4	0.43	0.46	0.48
钠　（%）	0.2	0.2	0.2	0.2	0.2	0.2	0.2
蛋氨酸　（%）	0.4	0.34	0.38	0.34	0.36	0.38	0.40
赖氨酸　（%）	0.95	0.72	0.75	0.67	0.71	0.76	0.80
蛋氨酸＋胱氨酸（%）	0.70	0.59	0.66	0.60	0.63	0.67	0.71
色氨酸　（%）	0.19	0.16	0.18	0.16	0.17	0.18	0.19
异亮氨酸　（%）	0.76	0.64	0.72	0.66	0.70	0.74	0.78
苏氨酸　（%）	0.67	0.56	0.63	0.53	0.57	0.60	0.63
精氨酸　（%）	0.95	0.72	0.82	0.80	0.85	0.90	0.95

附表 8　海蓝棕壳蛋鸡营养需要（以平衡的粗蛋白质为基础（最低要求））

	18～40 周	41～60 周	60 周以上
蛋白质　（克/只·天）	17～18	16	15.5
蛋氨酸　（克/只·天）	0.36	0.35	0.34
代谢能　（大卡/只）	250～300	250～300	250～300
钙　　　（克/只·天）	3.25	3.50	3.75
总磷　　（克/只·天）	0.65	0.55	0.45

以粗蛋白质为基础的配方以满足上表要求（18～40 周期间）

（克/日）	蛋白质（%）	钙（%）	总磷（%）
91	19.5	3.60	0.69
100	18.0	3.25	0.65
109	16.5	3.00	0.60
118	15.2	2.75	0.55
127	14.1	2.55	0.51

（41～60 周期间）

（克/日）	蛋白质（%）	钙（%）	总磷（%）
100	16.0	3.50	0.55
109	14.7	3.25	0.50
118	13.5	3.00	0.47
127	12.5	2.75	0.44

（60 周以上）

（克/只）	蛋白质（%）	钙（%）	总磷（%）
100	16.0	3.75	0.45
109	14.7	3.50	0.42
118	13.5	3.20	0.38
127	12.5	2.90	0.36

附表 9　海蓝棕壳蛋鸡营养需要（以平衡的氨基酸为基础（最低要求））

	18～40 周	41～60 周	61 周以上
蛋白质　　　　（克/只·天）	14.0	14.0	14.0
蛋氨酸　　　　（克/只·天）	0.36	0.35	0.34
蛋氨酸+胱氨酸（克/只·天）	0.66	0.62	0.58
代谢能　　　　（大卡/只·天）	250～300	250～300	250～300
钙　　　　　　（克/只·天）	3.25	3.50	3.75
总磷　　　　　（克/只·天）	0.65	0.55	0.45
赖氨酸　　　　（克/只·天）	0.79	0.72	0.67
色氨酸　　　　（克/只·天）	0.19	0.17	0.16
钠　　　　　　（克/只·天）	0.18	0.18	0.18

以氨基酸为基础的配方以满足上表要求（18～40 周期间）

（克/天）	蛋氨酸	蛋氨酸+胱氨酸	钙（%）	总磷（%）	赖氨酸（%）	色氨酸（%）	钠（%）
91	0.39	0.73	3.60	0.69	0.870	0.210	0.200
100	0.36	0.66	3.25	0.65	0.790	0.190	0.180
109	0.33	0.61	3.00	0.60	0.725	0.175	0.165
118	0.30	0.56	2.75	0.55	0.670	0.160	0.155
127	0.28	0.52	2.55	0.51	0.625	0.150	0.140

100	0.35	0.64	3.50	0.55	0.770	0.185	0.180
109	0.32	0.59	3.25	0.50	0.705	0.170	0.165
118	0.30	0.54	300	0.47	0.660	0.155	0.155
127	0.28	0.50	2.75	0.44	0.650	0.145	0.140

（61周期间）

100	0.34	0.62	3.75	0.45	0.750	0.180	0.180
109	0.31	0.57	3.50	0.42	0.690	0.165	0.165
118	0.29	0.53	3.20	0.38	0.635	0.155	0.155
127	0.27	0.49	2.90	0.36	0.590	0.140	0.140

（二）肉用鸡的饲料标准

（1）我国肉仔鸡的饲养标准

附表 10　肉用仔鸡的营养需要

项　　　目	国家标准		地方品种肉用黄鸡		
	0～4 周	5 周以上	0～5 周	6～11 周	12 周以上
代谢能 （兆卡/千克）	2.90	3.00	2.80	2.90	3.00
粗蛋白质 （%）	21.0	19.0	20	18	16
蛋白能量比	72	63	71	62	53
钙 （%）	1.00	0.90			
总磷 （%）	0.65	0.65			
有效磷 （%）	0.45	0.40	以下参照其肉仔鸡标准折算		
食盐 （%）	0.37	0.35			
蛋氨酸 （%）	0.45	0.36			
蛋氨酸＋胱氨酸（%）	0.84	0.68			
赖氨酸 （%）	1.09	0.94			
色氨酸 （%）	0.21	0.17			
精氨酸 （%）	1.31	1.13			

（2）国外肉鸡饲养标准

附表 11　美国肉仔鸡的饲养标准

项　　　目	0～3 周	3～6 周	6～8 周
代谢能（兆焦/千克）	13.38	13.38	13.38
（千卡/千克）	3200	3200	3200
粗蛋白质 （%）	23	20	18
钙 （%）	1.0	0.9	0.8
有效磷 （%）	0.45	0.40	0.35
蛋氨酸 （%）	0.50	0.38	0.32
蛋氨酸＋胱氨酸 （%）	0.93	0.72	0.60
赖氨酸 （%）	1.20	1.00	0.85
色氨酸 （%）	0.23	0.18	0.17
精氨酸 （%）	1.44	1.20	1.00
亮氨酸 （%）	1.35	1.18	1.00
异亮氨酸 （%）	0.80	0.70	0.60
苯丙氨酸 （%）	0.72	0.63	0.54
苯丙氨酸＋酪氨酸 （%）	1.34	1.17	1.00
苏氨酸 （%）	0.80	0.74	0.68
缬氨酸 （%）	0.82	0.72	0.62
组氨酸 （%）	0.35	0.30	0.26
甘氨酸＋丝氨酸 （%）	1.50	1.00	0.70
亚油酸 （%）	1.00	1.00	1.00

附表 12　艾维茵肉仔鸡饲养标准

性别	营养成分	0～14 天	15～40 天	41 天～出栏
公	粗蛋白　（%）	24	21	19
	代谢能　（千卡/千克）	3100	3200	3200
	能量蛋白比	129	152	168
	钙　　　（%）	0.95～1.00	0.90～0.95	0.85～0.90
	有效磷　（%）	0.50～0.52	0.48～0.50	0.42～0.46
	赖氨酸　（%）	1.25	1.05	0.80
	蛋氨酸＋胱氨酸（%）	0.96	0.85	0.71
母	粗蛋白　（%）	24	19.5	18
	代谢能　（千卡/千克）	3100	3200	3200
	能量蛋白比	129	164	178
	钙　　　（%）	0.95～1.00	0.85～0.90	0.80～0.90
	有效磷　（%）	0.50～0.52	0.40～0.45	0.35～0.40
	赖氨酸　（%）	1.25	0.90	0.70
	蛋氨酸＋胱氨酸（%）	0.96	0.75	0.65

附表 13　爱拔益加肉仔鸡的饲养标准

营养成分	育雏饲料	中期饲料	后期饲料
代谢能　（千卡/千克）	3080～3300	3135～3355	3190～3410
粗蛋白　　（%）	22～24	20～22	18～20
粗脂肪　　（%）	5～10	6～10	6～10
钙　　　　（%）	0.9～1.1	0.85～1.0	0.8～1.0
磷　　　　（%）	0.65～0.75	0.60～0.70	0.55～0.70
可利用磷　（%）	0.48～0.55	0.43～0.50	0.38～0.50
钠　　　　（%）	0.18～0.25	0.18～0.25	0.18～0.25
盐　　　　（%）	0.30～0.50	0.30～0.50	0.30～0.50
精氨酸　　（%）	0.88	0.81	0.66
赖氨酸　　（%）	0.81	0.70	0.53
蛋氨酸　　（%）	0.33	0.32	0.25
蛋氨酸＋胱氨酸（%）	0.60	0.56	0.46
色氨酸　　（%）	0.16	0.12	0.11

附表 14　推荐的明星肉鸡营养需要量

	0～10 天	10～28 天	28 天以后
代谢能　（千卡/千克）	3100	3100	3200
蛋白质　　（%）	24	22	20.5
赖氨酸　　（%）	1.30	1.20	1.10
蛋氨酸　　（%）	0.60	0.55	0.50
蛋氨酸＋胱氨酸（%）	0.95	0.90	0.85
苏氨酸　　（%）	0.80	0.75	0.72
色氨酸　　（%）	0.25	0.23	0.21
钙　　　　（%）	1.00	0.90	0.90
磷　　　　（%）	0.45	0.45	0.40
钠　　　　（%）	0.17	0.17	0.17
氯　　　　（%）	0.15	0.15	0.15

附表 15　罗曼肉用仔鸡营养标准

饲养阶段	幼雏	中雏	大雏	幼雏	中雏	大雏	幼雏	中雏	大雏	幼雏	中雏	大雏	大雏
代谢能　（兆焦/千克）		12.13			12.55			12.97			13.39		13.81
粗蛋白（%）	22.1	21.0	19.3	22.4	21.7	20.0	23.7	22.5	20.7	24.4	23.2	21.3	22.0
蛋氨酸（%）	0.47	0.45	0.41	0.49	0.47	0.43	0.50	0.48	0.44	0.52	0.50	0.45	0.47
蛋氨酸＋胱氨酸（%）	0.81	0.77	0.75	0.84	0.79	0.73	0.87	0.82	0.76	0.89	0.85	0.78	0.81
赖氨酸（%）	1.16	1.07	0.96	1.20	1.11	0.99	1.24	1.15	1.02	1.28	1.18	1.05	1.09
精氨酸（%）	1.30	1.21	1.08	1.35	1.25	1.12	1.40	1.29	1.16	1.44	1.33	1.19	1.23
色氨酸（%）	0.23	0.22	0.20	0.24	0.23	0.21	0.25	0.24	0.22	0.25	0.23	0.23	0.23
矿物质		幼雏（1～2 周）			中雏（3～6 周）			大雏（6 周以后）					
钙　　　（%）		1.00			0.90			0.80					
总磷　　（%）		0.75			0.70			0.70					
有效磷　（%）		0.50			0.47			0.45					
钠　　　（%）		0.15			0.15			0.15					

代谢能(兆焦/千克)	初期饲料	终期饲料
	粗蛋白质(%)	
11.50	20.8	18.5
11.95	21.7	19.2
12.45	22.5	20.0
12.90	23.3	20.5
13.35	24.2	21.2
13.80	25.0	22.0
钙(低量～高量)(%)	0.90～1.10	0.80～1.00
有效磷　(%)	0.44～0.52	0.45～0.55
钠(低量～高量)(%)	0.18～0.25	0.18～0.25
盐(低量～高量)(%)	0.30～0.42	0.30～0.42

鸡　龄	0～4 周		4～7 周			7～8.5 周			
鸡舍温度　(℃)	27	32	21	27	32	16	21	27	32
精氨酸　　　(%)	0.39	0.40	0.35	0.36	0.37	0.29	0.30	0.31	0.32
赖氨酸　　　(%)	0.36	0.37	0.31	0.32	0.33	0.23	0.23	0.23	0.24
蛋氨酸　　　(%)	0.15	0.15	0.14	0.15	0.15	0.11	0.11	0.12	0.12
含硫氨基酸总量　(%)	0.26	0.27	0.24	0.25	0.26	0.20	0.21	0.21	0.22
色氨酸　　　(%)	0.07	0.05	0.05	0.05	0.05	0.05	0.05	0.05	0.05

附表 17　狄高商品代肉用仔鸡营养标准

营养成分	前　期 (0～3.5周)	后　期 (3.5周以上)
代谢能(千卡/千克)	3000	3050
粗蛋白质　　(%)	22.00	19.50
钙　　　　　(%)	1.00～1.25	1.00～1.30
有效磷　　　(%)	0.50～0.65	0.50～0.70
钠　　　　　(%)	0.16～0.17	0.16～0.17
赖氨酸　　　(%)	1.20	1.05
蛋氨酸　　　(%)	0.46	0.42
蛋氨酸＋胱氨酸(%)	0.86	0.78
色氨酸　　　(%)	0.22	0.20
精氨酸　　　(%)	1.23	1.15
苏氨酸　　　(%)	0.73	0.65
亮氨酸　　　(%)	1.45	1.29

注:海佩科、红波罗肉仔鸡可作参考。

(3) 鹅、鸭的饲养标准

附表 18　雏鸭日粮配合标准（每千克配合饲料）

类　　别	粗蛋白 （%）	粗纤维 （%）	代谢能 （千卡）	钙 （%）	磷 （%）	维生素 A （国际单位）	核黄素 （毫克）	青饲料比例
幼鸭（0～5 日龄）	22	3.2	2600	1.2	0.6	4400	8.8	0.2～0.4∶1
小雏（6～20 日龄）	20	3.4	2600	1.2	0.6	4400	6.6	0.4～0.6∶1
中雏（21～35 日龄）	18	3.6	2400	1.2	0.6	4400	6.6	0.6～0.8∶1
大雏（36～50 日龄）	16	3.8	2400	1.2	0.6	4400	6.6	0.8～1.1∶1

附表 19　种鸭日粮配合标准（每千克配合饲料）

类　　别	粗蛋白 （%）	粗纤维 （%）	代谢能 （千卡）	钙 （%）	磷 （%）	维生素 A （国际单位）	核黄素 （毫克）	青饲料比例
后备种鸭	14	6.0	2400	0.9	0.4	4400	6.6	1∶1
初产期 （30%）	18	3.7	2700	2.2	0.5	6600	6.6	0.8∶1
中产期 （50%）	20	3.6	2700	2.2	0.5	6600	6.6	0.7∶1
盛产期 （70%）	22	3.6	2700	2.2	0.5	6600	6.6	0.6∶1
休产期	14	6.0	2400	0.9	0.4	4400	6.6	1∶1

附表 20　狄高鸭饲养标准

项　　目	肉　鸭		种　鸭	
	雏　鸭 （0～3 周）	生长鸭 （3 周以上）	育成鸭 （5～24 周）	种　鸭 （24 周以上）
代谢能　（千卡/千克）	2950	2950	2600	2600
蛋白质　　　（%）	21～22	16.5～17.5	14.5	15.5
赖氨酸　　　（%）	1.10	0.83	0.53	0.68
蛋氨酸　　　（%）	0.40	0.30	0.20	0.24
蛋氨酸＋胱氨酸 （%）	0.70	0.53	0.46	0.54
色氨酸　　　（%）	0.24	0.18	0.16	0.17
精氨酸　　　（%）	1.21	0.91	—	—
苏氨酸　　　（%）	0.70	0.53	—	—
亮氨酸　　　（%）	1.40	1.05	—	—
异亮氨酸　　（%）	0.70	0.53	—	—
脂肪　　　　（%）	—	—	3.0 以上	4.0 以上
钙　　　　　（%）	0.8～1.0	0.7～0.9	0.8～0.9	2.75～3.0
可利用磷　　（%）	0.4～0.6	0.4～0.6	0.4～0.5	0.45～0.6
盐　　　　　（%）	0.35	0.35	0.35	0.35

附表 21 填鸭日粮配合标准(每千克填料)

粗蛋白质 (%)	粗纤维 (%)	代谢能 (千卡)	钙 (%)	磷 (%)	维生素 A (国际单位)	核黄素 (毫克)
11	3.7	2800	2.0	0.9	2400	6.6

附表 22 康贝尔鸭饲养标准

项　目	幼　雏 (0～28 天)	中　雏 (28～70 天)	大　雏 (70～120 天)	产蛋鸭(产蛋率)	
				60%以下	60%以上
代谢能　(千卡/千克)	2800	2800	2450	2700	2700
粗蛋白　(%)	20～21	15～16	13～14	15～16	17.5
食盐　　(%)	0.37	0.37	0.37	0.37	0.37
钙　　　(%)	0.9	0.9	0.9	2.75	2.75
磷　　　(%)	0.6	0.6	0.4	0.5	0.5

附表 23 鹅的营养需要(每千克料中含量)

营养成分	开　食 (0～6 周)	生　长 (6 周以上)	种　鹅
代谢能　(兆卡/千克)	2.9	2.76	2.9
粗蛋白质　(%)	22	15	15
赖氨酸　(%)	0.9	0.6	0.6
维生素 A　(国际单位)	1500	1500	4000
维生素 D　(国际单位)	200	200	200
核黄素　(毫克)	4	2.5	4
烟酸(可利用)　(毫克)	55	35	20
钙　　(%)	0.8	0.6	2.25
磷　　(%)	0.6	0.4	0.6

附表 24 珍禽饲养标准

类　别		代谢能 (兆卡/千克)	粗蛋白 (%)	钙 (%)	有效磷 (%)	食盐 (%)	蛋氨酸 (%)	蛋＋胱氨酸 (%)	赖氨酸 (%)	色氨酸 (%)
轻型 鹌鹑	生长期	2.80	28	0.65	0.55	0.22	0.50	0.90	1.40	0.22
	种用期	2.80	24	2.30	0.50	0.38	0.45	0.60	0.70	0.19
日本 鹌鹑	生长期	3.00	24	0.80	0.45	0.38	0.50	0.75	1.30	0.22
	产蛋期	3.00	20	2.50	0.55	0.38	0.45	0.76	1.15	0.19
	种用期	2.80	24	2.50	0.55	0.38	0.45	0.80	1.10	0.17
雉	0～5 周	2.80	30	1.00	0.55	0.26		1.00	1.50	
	6～20 周	2.70	16	0.70	0.45	0.26		0.80	0.80	
	种用期	2.80	18	2.50	0.40	0.38		0.60		
火 鸡	0～8 周	2.80	28	1.00	0.60	0.38	0.45	0.87	1.50	0.26
	9～16 周	2.85	22	1.00	0.42	0.38	0.33	0.70	1.17	0.20
	17～26 周	2.70	14.5	0.70	0.35	0.38	0.20	0.45	0.77	0.13
	种用期	2.60	16	2.50	0.35	0.38	0.20	0.56	0.80	0.13

（三）猪的饲养标准

附表25　仔猪的饲养标准（草案）

体　重　（千克）	1～5	5～10	10～20
预期日增重　（克）	160	280	420
增重/饲料（克/千克）	800	600	462
消化能（兆卡/千克）	4.00	3.62	3.31
代谢能（兆卡/千克）	3.62	3.31	3.05
粗蛋白　　（%）	27	22	19
赖氨酸　　（%）	1.40	1.00	0.78
蛋氨酸＋胱氨酸（%）	0.80	0.59	0.51
苏氨酸　　（%）	0.80	0.59	0.51
异亮氨酸　（%）	0.90	0.67	0.55
钙　　　　（%）	1.00	0.83	0.64
磷　　　　（%）	0.80	0.63	0.54
食盐　　　（%）	0.25	0.26	0.23
胡萝卜素　（毫克）	7.2	10.5	13.5

附表26　生长肥育猪的饲养标准

体　重　（千克）	20～35	35～60	60～90
消化能　（兆卡/千克）	3.10	3.10	3.10
代谢能　（兆卡/千克）	2.88	2.89	2.89
粗蛋白质　（%）	16	14	13
赖氨酸　　（%）	0.64	0.56	0.52
蛋氨酸＋胱氨酸（%）	0.42	0.37	0.28
苏氨酸　　（%）	0.41	0.36	0.34
异亮氨酸　（%）	0.46	0.41	0.38
钙　　　　（%）	0.55	0.50	0.46
磷　　　　（%）	0.46	0.41	0.37
食盐　　　（%）	0.3	0.3	0.3
胡萝卜素　（毫克）	4.8	4.8	4.8

附表27　后备母猪的饲养标准

体　重	小　型			大　型		
（千克）	10～20	20～35	35～60	20～35	35～60	60～90
消化能（兆卡/千克）	3.00	3.00	2.90	3.00	2.95	2.90
代谢能（兆卡/千克）	2.78	2.80	2.71	2.78	2.75	2.71
粗蛋白质　（%）	16	14	13	16	14	13
赖氨酸　　（%）	0.70	0.62	0.52	0.62	0.53	0.48
蛋氨酸＋胱氨酸（%）	0.45	0.40	0.34	0.40	0.35	0.30
苏氨酸　（%）	0.45	0.40	0.34	0.40	0.34	0.31
异亮氨酸　（%）	0.50	0.45	0.38	0.45	0.38	0.34
粗纤维　　（%）	6	6	8	6	7	8
钙　　　　（%）	0.6	0.6	0.6	0.6	0.6	0.6
磷　　　　（%）	0.5	0.5	0.5	0.5	0.5	0.5
食盐　　　（%）	0.4	0.4	0.4	0.4	0.4	0.4
胡萝卜素　（毫克）	6.2	4.6	4.5	4.6	4.5	4.4

附表 28　生产母猪的饲养标准

阶　　段	妊娠前期	妊娠期	哺乳期
消化能　（兆卡/千克）	2.80	2.80	2.90
代谢能　（兆卡/千克）	2.65	2.65	2.80
粗蛋白质　　（％）	11	12	14
赖氨酸　　　（％）	0.35	0.36	0.50
蛋氨酸＋胱氨酸（％）	0.19	0.19	0.31
苏氨酸　　　（％）	0.28	0.28	0.37
异亮氨酸　　（％）	0.31	0.31	0.33
钙　　　　　（％）	0.61	0.61	0.64
磷　　　　　（％）	0.49	0.49	0.44
食盐　　　　（％）	0.32	0.32	0.44
胡萝卜素　（毫克）	13	13.2	7

附表 29　瘦肉型生长肥育猪的饲养标准

体重(千克)	1～5	5～10	10～20	20～60	60～90
消化能(兆卡/千克)	4.00	3.62	3.31	3.10	3.10
代谢能(兆卡/千克)	3.62	3.31	3.05	2.98	2.98
粗蛋白质　　（％）	27	22	19	16	14
赖氨酸　　　（％）	1.40	1.00	0.78	0.75	0.63
蛋氨酸＋胱氨酸（％）	0.80	0.59	0.51	0.38	0.32
苏氨酸　　　（％）	0.80	0.59	0.51	0.45	0.38
异亮氨酸　　（％）	0.90	0.67	0.55	0.41	0.34
精氨酸　　　（％）	0.36	0.26	0.23	0.23	0.18
钙　　　　　（％）	1.00	0.83	0.64	0.60	0.50
磷　　　　　（％）	0.80	0.63	0.54	0.50	0.40
食盐　　　　（％）	0.25	0.26	0.23	0.23	0.25

附表 30　种公猪的饲养标准

体　　重(千克)	＜90	90～150	＞150	风干饲粮中
采食风干料量(千克)	1.42	1.93	2.30	1
消化能　　（兆卡）	4.30	5.80	6.90	3.00
代谢能　　（兆卡）	4.10	5.60	6.62	2.88
粗蛋白质　　（克）	196	228	276	140～120
赖氨酸　　　（克）	5.4	7.3	8.7	3.8
蛋氨酸＋胱氨酸（克）	2.8	3.9	4.6	2.0
苏氨酸　　　（克）	4.3	5.8	6.9	3.0
异亮氨酸　　（克）	4.7	6.3	7.6	3.3
钙　　　　　（克）	9.4	12.7	15.2	6.6
磷　　　　　（克）	7.5	10.2	12.2	5.3
食盐　　　　（克）	5.0	6.8	8.1	3.5
胡萝卜素　（毫克）	20.3	27.0	32.2	14

注：①配种前1个月,标准增加20％～25％；②冬季严寒期,标准增加10％～20％。

（四）奶牛、肉牛的饲养标准

附表 31　成年母牛维持的营养需要

体重 （千克）	日粮 干物质 （千克）	奶牛能 量单位 （NND）	产奶 净能 （兆卡）	可消化 粗蛋白 （克）	粗蛋白 （克）	钙 （克）	磷 （克）	胡萝 卜素 （毫克）	维生 素 A （千单位）
350	5.02	9.17	6.88	243	374	21	16	37	15
400	5.55	10.13	7.60	268	413	24	18	42	17
450	6.06	11.07	8.30	293	451	27	20	48	19
500	6.56	11.97	8.98	317	488	30	22	53	21
550	7.04	12.88	9.65	341	524	33	25	58	23
600	7.52	13.73	10.30	364	559	36	27	64	26
650	7.98	14.59	10.94	386	594	39	30	69	28
700	8.44	15.43	11.57	408	628	42	32	74	30
750	8.89	16.24	12.18	430	661	45	34	79	32

注：① 为简便起见,对第一个泌乳期的维持需要按上表基础增加 20%,第二个泌乳期增加 10%。

② 如第一个泌乳期的年龄和体重过小,应按生长牛的需要计算实际增重的营养需要。

③ 放牧运动时,需在上表基础上增加能量需要量。

行走 1 千米增加 2.4%,行走 2 千米增加 4.1%,

行走 3 千米增加 8.2%,行走 4 千米增加 11.8%,

行走 5 千米增加 16.5%。

④ 在环境温度高或低的情况下,维持能量消耗增加,须在上表基础上增加需要量。

25℃时增加 10%	0℃时增加 12%
30℃时增加 22%	－5℃时增加 18%
32℃时增加 29%	－10℃时增加 22%
35℃时增加 34%	－15℃时增加 27%
5℃时增加 7%	－20℃时增加 32%

⑤ 日粮中粗纤维含量按日粮干物质的 15%～24%考虑。

⑥ 泌乳期每增重 1 千克体重需增加 8NND 和 325 克可消化粗蛋白,每减少 1 千克体重需扣除 6.56NND 和 250 克可消化粗蛋白。

附表 32　每产 1 千克奶的营养需要

乳脂率 （%）	日粮干物质 （千克）	奶牛能 量单位 （NND）	产奶 净能 （兆卡）	可消化 粗蛋白 （克）	粗蛋 白质 （克）	钙 （克）	磷 （克）
2.5	0.31～0.35	0.80	0.60	44	68	3.6	2.4
3.0	0.34～0.38	0.87	0.65	48	74	3.9	2.6
3.5	0.37～0.41	0.93	0.70	52	80	4.2	2.8
4.0	0.40～0.45	1.00	0.75	55	85	4.5	3.0
4.5	0.43～0.49	1.06	0.80	58	89	4.8	3.2
5.0	0.46～0.52	1.13	0.84	63	97	5.1	3.4
5.5	0.49～0.55	1.19	0.89	66	102	5.4	3.6

注：① 日产奶 25 千克以下,按上表的蛋白质需要供应；② 日产奶 25～30 千克,按上表增加 8%的蛋白质；③ 日产奶 31～40 千克,按上表增加 12%的蛋白质。

附表33 犊牛、育成及肥育牛饲养标准

体重 （千克）	日增重 （千克）	干物日 采食量 （千克）	蛋白质 摄取量 （千克）	蛋白质 （%）	代谢能 （兆卡/千克）	增重净能		可消化 总养分 （%）	钙 （%）	磷 （%）
						（维持） （兆卡/千克）	（增重） （兆卡/千克）			
中型种去势犊牛之育成—肥育										
300	1.5	8.7	1.14	13.2	1.04	0.64	0.38	63.0	0.58	0.28
400	1.5	10.8	1.24	11.5	1.04	0.64	0.38	63.0	0.47	0.25
500	2.0	13.1	1.49	11.4	1.11	0.70	0.44	67.5	0.47	0.24
600	2.0	13.1	1.49	11.4	1.21	0.79	0.51	73.5	0.46	0.24
700	2.5	16.7	1.75	10.4	1.21	0.79	0.51	73.5	0.40	0.22
800	2.5	18.5	1.81	9.8	1.21	0.79	0.51	73.5	0.35	0.21
900	2.5	20.2	1.87	9.3	1.21	0.79	0.51	73.5	0.31	0.20
1000	2.5	21.9	1.92	8.8	1.21	0.79	0.51	73.5	0.27	0.19
中型种母犊牛之育成——肥育										
300	1.5	8.2	1.08	13.1	1.13	0.72	0.44	68.5	0.59	0.27
400	1.5	10.2	1.17	11.4	1.13	0.72	0.44	68.5	0.45	0.24
500	2.0	11.8	1.35	11.4	1.26	0.84	0.55	77.0	0.45	0.24
600	2.0	13.5	1.41	10.4	1.26	0.84	0.55	77.0	0.38	0.23
700	2.0	15.2	1.46	9.6	1.26	0.84	0.55	77.0	0.32	0.22
800	2.0	16.8	1.51	9.0	1.26	0.84	0.55	77.0	0.28	0.20
900	2.0	18.3	1.56	8.5	1.26	0.84	0.55	77.0	0.25	0.19
1000	2.0	19.8	1.61	8.1	1.26	0.84	0.55	77.0	0.22	0.19

附表34 绵羊每千克饲粮应含养分（干物质中）

类　别	消化能 （兆卡）	粗蛋白质 （%）	钙 （%）	磷 （%）	采食量 （千克/头·日）
母羊（维持）	2.4	8.9	0.25～0.3	0.24～0.28	1～1.3
妊娠（前15周）	2.4	9.0	0.22～0.27	0.21～0.25	1.1～1.5
（后6周）及	2.6	9.3	0.21～0.24	0.20～0.23	1.7～2.2
泌乳（单羔,后8周）					
泌乳（单羔,前8周）	2.9	10.4	0.48～0.52	0.34～0.37	2.1～2.6
（双羔,后8周）					
（双羔,前8周）	2.9	11.5	0.48～0.52	0.34～0.37	2.4～3.0
后备和一岁母羔	2.4～2.7	8.9～10	0.42～0.45	0.23～0.25	1.3～1.5
后备和一岁公羔	2.4～2.9	8.9～10.2	0.28～0.35	0.16～0.19	1.8～2.8
肥育羔	2.8～3.1	11	0.26～0.37	0.16～0.23	1.3～1.9
早期断奶羔	3.2	14～16	0.36～0.4	0.24～0.27	0.6～1.4

肥育天数	体重(千克)	总能(兆焦)	消化能(兆焦)	可消化粗蛋白(克)	粗蛋白质(克)	能肮比 DE千焦/CP克	干物质采食量(千克)	能量浓度 DE兆焦/Dmkg	能量水平 DE/DEm	蛋白质 DCP/DCPm	钙(克)	磷(克)	食盐(克)	粗纤维(%) CF/DM
1—10	25	17.46	13.10	95	146	88	1.10	11.93	1.75	2.83	8	6	6	22
11—20	28	19.72	14.73	110	196	88	1.20	12.31	1.81	3.01	8	6	7	20
21—30	31	22.73	17.04	131	202	84	1.25	13.40	1.91	3.32	8	7	8	18
31—40	34	26.37	19.80	140	215	92	1.40	14.15	2.10	3.31	7	7	8	16
41—50	36	27.59	20.68	147	226	92	1.50	13.77	2.10	3.33	7	7	9	15
51—60	39	27.88	20.89	156	228	92	1.50	13.94	2.0	3.33	7	7	9	14
61—70	41	28.55	21.39	140	215	100	1.40	14.27	1.94	2.83	7	6	10	13
71—80	43	28.59	21.43	128	197	109	1.40	15.32	1.87	2.50	6	6	10	12
81—90	45	28.59	21.43	124	191	113	1.40	15.32	1.81	2.34	5	6	10	11

DE——消化能	DCP——可消化粗蛋白质	DM——干物质
DEm——维持消化能	GE——总能	CF——粗纤维
CP——粗蛋白质	DCPm——维持可消化粗蛋白质	

注:① GE、DE、DCP、CP 并列为适应各地饲料化学成分的差异而设。

② 本标准草案已考虑到冬季低温的影响。

类　别	能量(兆卡)	粗蛋白质(%)	钙(%)	磷(%)	粗纤维(%)	脂肪(%)	食盐(%)
兔	消化能						
生长	2.5	16	0.4	0.22	10～12	2	0.4
维持	2.1	12	0.4	0.20	14	2	0.4
妊娠	2.5	15	0.45	0.37	10～12	2	0.4
泌乳	2.5	17	0.75	0.50	10～12	2	0.4
狗(干物质中)	代谢能						
	3.5～4.0	22	1.1	0.9		5	1.1
貂(干物质中)	总能						
生长与妊娠	5.3	25	0.4	0.3		22～30	0.5
维持	4.25		0.4	0.3		18～22	0.5
狐狸(干物质中)	总能						
7～23 周龄		25	0.6	0.6			0.5
23 周龄以上		19	0.6	0.6			0.5
维持	3.23		0.6	0.4			0.5

饲养时期		月龄	体重 （千克）	代谢能 （千卡）	可消化蛋白 （克）	磷 （克）	钙 （克）	食盐 （克）	胡萝卜素 （毫克）
配种准备期：	育成	6～7	3.5～4	550～700	18～23	0.8～0.9	1.2～1.5	1.2	1.2
	成年	12～48	5.5～6.5	750～850	23～26	0.9～1.1	1.1～1.4	1.5	1.8
配种及妊娠前期：	育成	7～10	4～5	650～750	21～25	0.8～1.1	1.4～1.7	1.4	2.1
	成年	15～48	6～7	800～900	24～27	1.1～1.3	1.3～1.6	1.6	2.1
妊娠后期：	育成	10～12	5～6	800～900	27～30	1.3～1.6	1.8～2.2	1.7	3.0
	成年	17～48	6～7	850～950	27～30	1.3～1.6	1.8～2.2	1.7	3.0
哺乳期：	初产	12～15	5～6	650～800	23～2.8	1.0～1.2	1.5～1.8	1.5	2.4
	经产	18～48	6～7	700～850	2.3～2.8	1.0～1.2	1.5～1.8	1.5	2.4
哺乳仔鼠：	一旬	1	0.3	80	2.5～3.0	0.12	0.18	0.10	0.25
	二旬	1	0.5	140	4.0～5.0	0.20	0.30	0.20	0.40
	三旬	1	0.7	190	6.0～7.0	0.30	0.40	0.30	0.60
	四旬	2	0.9	230	7.0～8.0	0.35	0.50	0.35	0.70
	五旬	2	1.1	260	8.0～9.0	0.40	0.60	0.40	0.80
	六旬	2	1.3	290	9.0～10	0.45	0.65	0.45	0.85
断乳幼鼠：		2～3	1.5～1.7	330	10～11	0.50	0.75	0.6	0.95
		3～4	2.0～2.3	400	13～14	0.60	0.90	0.8	1.20
		4～5	2.6～3.0	480	15～16	0.65	1.00	0.9	1.40
		5～6	3.2～3.6	550	17～18	0.70	1.05	1.0	1.50
		7～8	4.0～4.5	600～650	19～20	0.75	1.10	1.1	1.70
		9～10	4.5～5.5	700～750	22～23	0.80	1.20	1.2	1.80

附表 38　鱼虾鳖地方饲养标准

类别＼营养成分	粗蛋白 （≥%）	粗脂肪 （≥%）	磷 （≥%）	钙 （≤%）	粗灰分 （≤%）	粗纤维 （≤%）	蛋氨酸 （%）	苏氨酸 （%）
草鱼,团头鲂 颗粒1号	25.0	3.0	0.6	0.8	16.0	16.0		
2号	22.0	3.0	0.5	0.8	16.0	19.0		
鲤鱼、青鱼 颗粒1号	30.0	5.0	0.7	0.8	15.0	8.0		
2号	28.0	4.0	0.7	0.8	15.0	12.0		
鳗鱼： 线鳗	47.0	6.5	2.2	4.3	17.0	1.2		
幼鳗	45.0	6.0	2.2	4.3	16.3	1.2		
成鳗	44.0	6.0	2.2	4.3	16.3	1.2		
非洲鲫鱼	23.0	3.0	0.5	1.4	12.0	6.5		
虾:草虾	35.0	2.8	3.5	3.0	17.0	3.0		
斑节虾	45.0	2.0	4.0	6.0	17.0	3.0		
长臂大虾	23.0	2.0	3.0	4.5	17.0	3.0		
对虾:苗虾	45.0	6.0	0.5	3.0	10.0	5.0		
幼虾	42.0	5.0	0.6	3.0	10.0	5.0		
种虾	40.0	4.0	0.5	3.0	10.0	6.0		
鳖:幼鳖	43.0	3.2	2.0	4.0		1.5		
成鳖	40.0	2.8	2.0	4.5		2.0		

五、畜禽常用饲料成分及营养价值表

附表 39　畜禽常用饲料成分及营养价值　　　　　　（猪、鸡、牛、羊通用）

饲料名称	干物质(%)	粗蛋白(%)	粗纤维(%)	钙(%)	磷(%)	有效磷(%)	赖氨酸(%)	蛋氨酸(%)	胱氨酸(%)	色氨酸(%)	消化能(猪)(兆卡/千克)	代谢能(鸡)(兆卡/千克)	净能(奶牛)(兆卡/千克)	净能(肉牛)(兆卡/千克)	消化能(羊)(兆卡/千克)
① 能量饲料															
玉米	86.0	8.9	1.9	0.02	0.27	0.12	0.24	0.15	0.14	0.07	3.44	3.28	1.81	1.35	3.47
高粱	85.0	9.0	1.4	0.13	0.36	0.17	0.18	0.17	0.12	0.08	3.15	2.94	1.58	1.11	3.12
小麦	87.0	13.9	1.9	0.17	0.41	0.22	0.30	0.25	0.24	0.15	3.39	3.04	1.79	1.32	3.40
大麦(裸)	87.0	13.0	2.0	0.04	0.39	0.21	0.44	0.14	0.25	0.16	3.24	2.68	1.69	1.22	3.21
大麦(皮)	87.0	11.0	4.8	0.09	0.33	0.17	0.42	0.18	0.18	0.12	3.02	2.70	1.76	1.20	3.16
稻谷	86.0	7.8	8.2	0.03	0.36	0.20	0.29	0.19	0.16	0.10	2.89	2.63	1.54	1.05	3.02
糙米	87.0	8.8	0.7	0.03	0.35	0.15	0.32	0.20	0.14	0.12	3.44	3.36	1.93	1.46	3.41
碎米	88.0	10.4	1.1	0.06	0.35	0.15	0.42	0.22	0.17	0.12	3.60	3.40	1.98	1.51	3.43
粟(谷子)	86.5	9.7	6.8	0.12	0.30	0.11	0.15	0.25	0.20	0.17	3.09	2.84	1.65	1.17	3.00
木薯干	87.0	2.5	2.5	0.27	0.09	—	0.40	0.05	0.04	0.03	3.13	2.96	1.65	1.18	2.99
甘薯干	87.0	4.0	2.8	0.19	0.02	—	0.16	0.06	0.08	0.05	2.82	2.34	1.58	1.10	3.27
次粉	88.0	14.2	3.5	0.05	0.32	—	0.71	0.15	0.30	0.15	3.53	2.90	1.79	1.32	3.41
② 植物性蛋白质饲料															
大豆	87.0	35.1	4.4	0.27	0.48	0.30	2.47	0.49	0.55	0.55	4.05	3.50	2.22	1.74	3.91
大豆饼	87.0	40.9	4.7	0.30	0.49	0.24	2.38	0.59	0.61	0.63	3.23	2.52	1.88	1.41	3.37
大豆粕	87.0	43.0	5.1	0.32	0.61	0.17	2.45	0.64	0.66	0.68	3.15	2.30	1.74	1.27	3.23
棉籽饼	88.0	40.5	9.7	0.21	0.83	0.28	1.56	0.46	0.78	0.43	2.37	2.16	2.00	1.52	3.14
棉籽粕	88.0	42.5	10.1	0.24	0.97	0.33	1.59	0.45	0.82	0.44	2.26	1.75	1.63	1.15	2.98
菜籽饼	88.0	34.3	11.6	0.62	0.96	0.33	1.28	0.58	0.79	0.40	2.88	1.95	1.75	1.27	3.14
菜籽粕	88.0	38.6	11.8	0.65	1.07	0.42	1.30	0.63	0.87	0.43	2.53	1.77	1.54	1.06	2.88
花生仁饼	88.0	44.7	5.9	0.25	0.53	0.31	1.32	0.39	0.38	0.42	3.08	2.78	2.14	1.65	3.44
花生仁粕	88.0	47.8	6.2	0.27	0.56	0.33	1.40	0.41	0.40	0.45	2.97	2.60	1.82	1.34	3.24
葵花仁饼	88.0	29.0	20.4	0.24	0.87	0.13	0.96	0.59	0.43	0.28	1.89	1.59	1.33	0.81	2.10
葵花仁粕	88.0	33.6	14.8	0.26	1.03	0.17	1.13	0.69	0.50	0.37	2.49	2.03	1.50	1.00	2.04
葵花仁粕	88.0	36.5	10.5	0.27	1.13	0.16	1.22	0.72	0.62	0.47	2.78	2.32	1.51	1.01	2.54
亚麻仁饼	88.0	32.2	7.8	0.39	0.88	0.38	0.73	0.46	0.48	0.48	2.90	2.34	1.60	1.12	3.20
亚麻仁粕	88.0	34.8	8.2	0.42	0.95	0.42	1.16	0.55	0.55	0.70	2.37	1.90	1.69	1.21	2.99
玉米蛋白粉	89.3	66.9	0.3	0.07	0.44	—	1.17	1.87	1.22	0.36	4.12	3.58	1.96	1.47	3.79
玉米蛋白粉	91.6	53.2	1.1	0.06	0.42	—	1.54	1.30	0.73	0.31	3.56	3.25	1.88	1.30	3.53

饲料名称	干物质(%)	粗蛋白(%)	粗纤维(%)	钙(%)	磷(%)	有效磷(%)	赖氨酸(%)	蛋氨酸(%)	胱氨酸(%)	色氨酸(%)	消化能(猪)(兆卡/千克)	代谢能(鸡)(兆卡/千克)	净能(奶牛)(兆卡/千克)	净能(肉牛)(兆卡/千克)	消化能(羊)(兆卡/千克)
玉米蛋白饲料	88.0	19.3	7.8	0.15	0.70	—	0.63	0.29	0.33	0.14	2.48	2.02	1.68	1.16	3.20
麦芽根	89.7	28.3	12.5	0.22	0.73	—	1.30	0.37	0.26	0.42	2.31	1.41	1.42	0.90	2.73
③ 动物性蛋白质饲料															
鱼粉(浙江)	88.0	52.5	0.4	5.74	3.12	3.12	3.41	0.62	0.38	0.67	3.12	2.74	1.65	1.11	3.08
鱼粉(秘鲁)	88.0	62.9	1.0	3.87	2.76	2.76	4.90	1.84	0.58	0.73	2.98	2.79	1.62	1.14	3.10
血粉	88.0	83.3	0.0	0.29	0.31	0.31	6.37	0.77	0.98	1.11	2.73	2.46	1.36	0.73	2.40
羽毛粉	88.0	77.9	0.7	0.20	0.68	0.68	0.89	0.59	2.93	0.40	2.77	2.73	—	—	2.54
皮革粉	88.0	77.6	1.7	4.40	0.15	0.15	2.27	0.80	0.16	0.50	2.75	1.48			2.64
④ 糠麸类饲料															
小麦麸	87.0	15.7	8.9	0.11	0.92	0.24	0.58	0.13	0.26	0.20	2.24	1.63	1.49	1.00	2.91
米糠	87.0	12.8	5.7	0.07	0.10	0.10	0.74	0.25	0.19	0.14	3.02	2.68	1.82	1.35	3.29
米糠饼	88.0	14.7	7.4	0.14	1.69	0.22	0.66	0.26	0.30	0.15	2.99	2.43	1.59	1.11	2.85
米糠粕	87.0	15.1	7.5	0.15	1.82	0.24	0.72	0.28	0.32	0.17	2.76	1.98	1.22	0.69	2.39
⑤优质牧草类饲料															
甘薯叶粉	87.0	16.7	12.6	1.41	0.28	—	0.61	0.17	0.29	0.21	1.19	1.01	1.30	0.66	1.96
苜蓿草粉	87.0	19.1	22.7	1.40	—	0.51	0.82	0.21	0.22	0.43	1.66	0.97	1.28	0.76	2.36
苜蓿草粉	87.0	17.2	25.6	1.52	0.22	—	0.81	0.20	0.16	0.37	1.46	0.87	1.12	0.56	2.29
⑥ 矿物质饲料															
骨粉(脱胶)	96.0			36.4	16.4										
骨粉	99.0			30.12	13.46										
磷酸钙	80.0			27.91	14.38										
磷酸氢钙	79.6			23.1	18.7										
磷酸钙	99.0			40.0	0.0										
石粉	99.0			35.0	0.0										
贝壳粉	99.0			33.4	0.14										
蛋壳粉	99.0			37.0	0.15										
⑦ 氨基酸添加剂及油脂															
赖氨酸	98.0					76.8									
蛋氨酸	98.0						98.0								
蛋(代胱用)	98.0							98.0							
植物油	99.0										8.80				
动物油	99.0										7.70				

附表 40 猪、鸡常用饲料成分及营养价值

饲料名称	干物质（%）	消化能（猪）（兆卡/千克）	代谢能（猪）（兆卡/千克）	代谢能（鸡）（兆卡/千克）	粗蛋白（%）	粗纤维（%）	钙（%）	磷（%）	有效磷（%）	赖氨酸（%）	蛋氨酸（%）	蛋+胱氨酸（%）	色氨酸（%）
① 能量、粗蛋白质饲料													
黑豆	88.0	3.16	2.80	3.14	36.1	6.7	0.24	0.48	0.14	2.18	0.37	0.92	0.43
芝麻饼	92.0	3.38	2.98	2.14	39.2	7.2	2.24	1.19	0.36	0.93	0.81	1.31	0.40
胡麻仁饼	92.0	2.99	2.67	1.86	33.1	9.8	0.58	0.77	0.23	1.18	0.44	0.75	0.40
胡麻仁粕	89.0	2.86	2.54	1.70	36.2	9.2	0.58	0.77	0.23	1.20	0.50	1.00	0.48
玉米胚芽饼	90.0	3.22	2.98	2.28	16.8	5.7	0.03	0.85	0.23	0.69	0.23	0.57	0.17
肉骨粉	94.0	2.92	2.49	2.72	53.4	0.0	9.20	4.7	4.7	2.6	0.67	1.00	0.26
蚕蛹	91.0	4.57	3.89	3.41	53.9	0.0	0.25	0.58	0.58	3.66	2.21	2.74	1.25
酵母粉	91.9	2.89	2.53	2.19	41.3	0.0	2.20	2.92	—	2.32	1.73	2.51	0.44
小虾糠	89.9	2.27	1.96	1.98	46.9	11.1	7.34	1.59	—	2.00		1.17	0.39
蟹粉	92.3	1.80	1.61	1.56	31.4	0.50	14.99	1.57	—	1.40		0.92	0.32
② 植物茎叶、秕壳饲料													
槐叶粉	90.3	2.39	2.21	0.95	18.1	11.0	2.21	0.21		0.84		0.34	0.14
紫穗槐叶粉	90.6	2.52	2.30		23.0	12.9	1.40	0.40		1.45		0.82	
松针粉	86.6	1.88	1.78	1.05	7.4	24.1	0.59	0.04		0.43		0.17	
紫云英	88.0	1.64	1.50	1.41	22.3	19.5	1.42	0.43		0.85		0.34	
苕子	86.4	1.72	1.59	0.68	18.3	29.5	0.97	0.30		0.63		0.49	0.26
花生秧	90.0	1.65	1.54	1.31	12.2	21.8	2.80	0.10		0.40		0.27	
甘薯蔓	88.0	1.22	1.15		8.1	28.5	1.55	0.11		0.26		0.16	
谷糠	91.1	1.13	1.06		8.6	28.1	0.17	0.47		0.21		0.25	
统糠	90.6	0.51	0.48		4.4	34.7	0.39	0.32		0.18		0.26	
③ 植物根块、瓜果饲料													
胡萝卜	10.0	0.32	0.31	0.22	0.9	0.9	0.03	0.01		0.04		0.06	0.01
甘薯	24.6	0.92	0.88	0.70	1.1	0.8	0.06	0.07		0.05		0.08	0.02
萝卜	8.2	0.25	0.24	0.18	0.6	0.8	0.05	0.03		0.02		0.02	
南瓜	10.0	0.31	0.30	0.22	1.7	0.9	0.02	0.01		0.07		0.08	0.03
甜菜	15.0	0.43	0.41	0.28	2.7	1.8	0.02	0.01		0.02		0.05	0.01
西瓜皮	6.6	0.14	0.13	0.07	0.6	1.3	0.02	0.02		0.01		0.01	
④ 青绿、青贮饲料													
苜蓿	29.2	0.69	0.65	0.34	5.3	10.7	0.49	0.09		0.20		0.08	0.10
苜蓿青贮	33.7				5.3	12.8	0.50	0.10					
三叶草	17.7	0.48	0.46		3.6	3.5	0.25	0.08		0.16		0.15	0.07
苕子	15.6	0.41	0.39		4.2	4.1	0.12	0.02		0.21		0.13	
紫云英	13.4	0.39	0.37		3.2	2.2	0.17	0.06		0.17		0.11	
大白菜	6.4	0.19	0.18	0.16	1.4	0.5	0.03	0.04		0.04		0.04	0.01
小白菜	7.9	0.22	0.21	0.18	1.6	1.7	0.04	0.06		0.08		0.03	0.01
甘薯蔓	13.9	0.39	0.37		2.2	2.6	0.22	0.07		0.08		0.04	
甘薯蔓青贮	24.4	0.49	0.47		2.2	5.10	0.46	0.15		0.05		0.05	
花菜叶	14.9	0.43	0.41	0.35	4.4	1.5	0.91	0.01					

161

饲料名称	干物质（%）	消化能（猪）（兆卡/千克）	代谢能（猪）（兆卡/千克）	代谢能（鸡）（兆卡/千克）	粗蛋白（%）	粗纤维（%）	钙（%）	磷（%）	有效磷（%）	赖氨酸（%）	蛋氨酸（%）	蛋+胱氨酸（%）	色氨酸（%）
胡萝卜秧	20.0	0.40	0.38		3.0	3.6	0.40	0.08		0.14		0.08	0.05
萝卜叶	9.5	0.21	0.20	0.19	2.1	1.1	0.11	0.03					
苋 菜	12.1	0.35	0.33	0.26	2.8	1.8	0.29	0.04		0.10		0.10	0.04
聚合草	12.9	0.40	0.38		3.2	1.3	0.16	0.12		0.13		0.12	0.06
水浮莲	4.1	0.13	0.12		0.9	0.7	0.03	0.01		0.04		0.03	
水葫芦	5.1	0.14	0.13		0.9	1.2	0.04	0.02		0.04		0.04	
水花生	10.0	0.28	0.27		1.3	2.2	0.04	0.03		0.07		0.03	
甜菜叶	7.8	0.27	0.26	0.21	1.9	1.0	0.08	0.03		0.09		0.05	0.02
莴苣叶	7.7	0.21	0.20	0.18	1.7	1.3	0.10	0.03					
⑤ 糟渣饲料													
豆腐渣	15.0	0.33	0.31	0.19	3.9	2.8	0.02	0.04		0.26		0.12	0.05
豆粉渣	14.0	0.29	0.28		2.1	2.8	0.06	0.03					
薯粉渣	11.8	0.30	0.29		2.0	1.8	0.08	0.04		0.14		0.12	
玉米粉渣	15.0				1.8	1.4	0.02	0.02					
啤酒糟	13.6	0.33	0.31		3.6	2.3	0.06	0.08		0.14		0.19	
葡萄酒糟	37.3	0.77	0.73		3.4	7.1	0.10	0.03		0.19		0.09	0.05
甘薯酒糟	47.1	0.56	0.53		2.6	14.8	0.36	0.07					
醋 糟	35.2	0.88	0.83		8.5	3.0	0.73	0.28		0.27		0.55	
糖渣	22.6	0.69	0.65		6.3	2.1	0.04	0.10					
甜菜渣	15.2	0.35	0.33		1.3	2.8	0.11	0.02		0.34		0.18	
酱 渣	35.0	0.91	0.85		11.4	3.3	0.07	0.03		0.53		1.41	0.33

附表41 奶牛、肉牛常用饲料成分及营养价值

饲料名称	样品说明(平均值)	样中 干物质(%)	样中 粗蛋白(%)	样中 粗纤维(%)	样中 钙(%)	样中 磷(%)	样中 增重净能(肉牛)(兆卡/千克)	样中 产奶净能(奶牛)(兆卡/千克)	样中 可消化粗蛋白(克/千克)	干物质中 增重净能(肉牛)(兆卡/千克)	干物质中 产奶净能(奶牛)(兆卡/千克)	干物质中 粗蛋白(%)	干物质中 粗纤维(%)	干物质中 钙(%)	干物质中 磷(%)	干物质中 可消化粗蛋白(克/千克)
① 能量、粗蛋白、糠麸类饲料																
黑豆	河北黄粹	94.7	40.7	6.9	0.27	0.60	1.50	2.47	366	1.58	2.61	43.0	7.3	0.29	0.63	387
玉米皮	6省市6样	88.2	9.7	9.1	0.28	0.35	0.91	1.55	55	1.03	1.76	11.0	10.3	0.32	0.40	63
高粱糠	2省8样	91.1	9.6	4.0	0.07	0.81	1.20	1.97	55	1.32	2.16	10.5	4.4	0.08	0.89	60
胡麻饼	8省11样	92.0	33.1	9.8	0.58	0.77	1.17	1.92	291	1.27	2.08	36.0	10.7	0.63	0.84	317
芝麻饼	10省13样	92.0	39.2	7.2	2.24	1.19	1.19	1.96	314	1.30	2.16	42.6	7.8	2.3	1.29	341
② 植物茎叶、栽培类饲料																
玉米秸	河北博爱	91.3	8.5	23.9	0.39	0.23	0.69	1.32	29	0.75	1.45	9.3	26.2	0.43	0.25	32
甘薯蔓	7省市31样	88.0	8.1	28.5	1.55	0.11	0.34	0.97	32	0.39	1.10	9.2	32.4	1.76	0.13	36
野干草	河南杂草	90.8	5.8	33.5	0.41	0.19	0.16	0.84	33	0.17	0.92	6.4	36.9	0.45	0.21	36
紫云英	江苏、盛花全株	88.0	22.3	19.5	0.53	0.80	0.80	1.43	181	0.91	1.62	25.3	22.2	4.13	0.60	205
雀麦草叶	湖南	90.9	14.9	22.7	0.64	0.13	0.64	1.27	89	0.70	1.39	16.4	25.0	0.70	0.14	98
③ 植物块根、瓜、果类饲料																
胡萝卜	12省市13样	12.0	1.1	1.2	0.15	0.09	0.16	0.27	8	1.37	2.24	9.2	10.0	1.25	0.75	67
马铃薯	10省市10样	22.0	1.6	0.7	0.02	0.03	0.28	0.46	9	1.27	2.09	7.3	3.2	0.09	0.14	40
南瓜	9省市9样	10.0	1.0	1.2	0.04	0.02	0.13	0.21	7	1.28	2.10	10.0	12.0	0.40	0.20	70
甜菜	8省市9样	15.0	2.0	1.7	0.06	0.04	0.10	0.21	—	0.69	1.38	13.3		0.40	0.27	—
④ 青绿、青贮类饲料																
青割大豆	北京,全株	35.2	3.4	10.1	0.36	0.29	0.19	0.43	26	0.53	1.23	9.7		1.02	0.83	73
甘薯蔓	11省市15样	13.0	2.1	2.5	0.20	0.05	0.07	0.16	14	0.56	1.26	16.2		1.53	0.38	105
胡萝卜秧	4省市4样	12.0	2.2	2.2	0.38	0.05	0.08	0.16	15	0.67	1.37	18.3		3.17	0.42	123
紫云英	8省市8样	13.0	2.9	2.5	0.18	0.07	0.12	0.22	21	0.94	1.66	22.3		1.38	0.53	158
紫花苜蓿	陕西	20.2	3.6	6.5	0.47	0.06	0.11	0.25	28	0.55	1.25	17.8		2.33	0.30	139
苕子	广州	14.4	3.9	3.4	0.12	0.02	0.13	0.23	29	0.88	1.58	27.1		0.83	0.14	200
沙打旺	北京	14.9	3.5	2.3	0.20	0.05	0.12	0.22	26	0.79	1.48	23.5		1.34	0.34	174
玉米青贮	4省市5样	22.7	1.6	6.9	0.10	0.06	0.11	0.27	8	0.48	1.19	7.1		0.44	0.26	35
⑤ 糟渣类饲料																
豆腐渣	2省市4样	11.0	3.3	2.1	0.05	0.03	0.16	0.26	28	1.42	2.32	30.0		0.45	0.27	255
啤酒糟	2省市3样	23.4	6.8	3.9	0.09	0.18	0.22	0.39	50	0.95	1.66	29.0		0.38	0.77	212

附表42 羊常用饲料成分及营养价值

饲料名称	原样中							干物质中					
	干物质(%)	消化能(兆卡/千克)	粗蛋白(%)	粗纤维(%)	钙(%)	磷(%)	可消化粗蛋白(克/千克)	消化能(兆卡/千克)	粗蛋白(%)	粗纤维(%)	钙(%)	磷(%)	可消化粗蛋白(克/千克)
①能量、蛋白质、糠麸饲料													
黑豆饼	88.5	3.22	39.3	7.1	0.52	0.31	309	3.64	44.4	8.0	0.59	0.35	350
芝麻饼	92.0	3.51	39.2	7.2	2.24	1.19	357	3.81	42.6	7.8	2.43	1.29	388
胡麻饼	92.0	3.46	33.1	9.8	0.58	0.77	285	3.76	36.0	10.7	0.63	0.84	309
谷 糠	91.4	2.48	6.5	26.3	0.71	0.21	57	2.72	7.1	28.8	0.78	0.23	62
高粱糠	87.5	3.22	10.9	3.2	0.10	0.84	62	3.68	12.5	3.7	0.11	0.96	71
②植物茎叶、秕壳饲料													
甘薯秧	92.2	2.11	8.5	30.2	1.69	0.06	33	2.29	9.2	32.8	1.83	0.06	36
谷 草	90.7	1.75	4.5	32.6	0.34	0.03	17	1.98	5.0	35.9	0.37	0.03	19
小麦秕壳	90.7	1.73	7.3	28.2	0.50	0.71	28	1.91	8.0	31.1	0.55	0.78	31
狗尾草	91.5	2.64	17.1	24.3	0.69	0.25	130	2.89	18.7	26.5	0.75	0.27	142
羊 草	88.3	1.56	3.2	32.5	0.25	0.18	16	1.77	3.6	36.8	0.28	0.20	18
沙打旺	92.4	2.50	15.7	25.8	0.36	0.18	118	2.70	17.0	27.9	0.39	0.19	127
野干草	90.6	1.91	8.9	33.7	0.54	0.09	53	2.11	9.8	37.2	0.60	0.10	59
槐 叶	88.0	2.59	21.4	10.9	—	0.26	141	2.94	24.3	12.3	—	0.29	161
柳 叶	86.5	1.82	16.4	16.2	—	—	64	2.11	19.0	18.7	—	—	74
杨树叶	92.6	1.68	23.3	22.8	—	—	92	1.82	25.4	24.6	—	—	99
榆树叶	88.0	2.05	15.3	9.7	2.24	0.19	96	2.33	17.4	11.0	2.55	0.22	110
③青绿、青贮、块根饲料													
狗尾草	30.0	0.66	4.4	8.0	0.54	0.17	35	2.18	14.66	26.7	1.80	0.60	112
鸡眼草	25.0	—	4.0	6.0	0.47	0.03	—		16.0	24.0	1.90	0.12	—
苜 蓿	25.0	0.64	5.2	7.9	0.52	0.06	37	2.56	20.8	31.6	2.08	0.24	148
紫云英	13.0	0.42	2.9	2.5	0.18	0.07	21	3.19	22.3	19.2	1.38	0.54	161
甘薯秧青贮	31.0	0.60	2.7	11.6	0.63	0.07	11	1.94	8.7	37.4	2.03	0.23	35
胡萝卜秧青贮	19.7	0.49	3.1	5.7	0.35	0.03	20	2.48	15.7	28.9	1.78	0.15	104
玉米青贮	22.7	0.54	1.6	6.9	0.10	0.06	8	2.26	8.1	35.4	0.44	0.26	47
胡萝卜	10.3	0.39	1.4	1.1	0.08	0.06	8	3.78	13.6	10.7	0.78	0.58	109

六、行列式解线性方程的数学原理

1. 行列式：将 n^2 个数 a_1、a_2……a_n；b_1、b_2……b_n；c_1、c_2……c_n 排成几列（指竖排）及几行（指横排）的正方形，并在两旁各加一条竖线，称做 n 阶行列式（如图），其中每一个数叫做行列式的一个元素。

（1）当 $n=2$ 时，称为二阶行列式，即：

$$\begin{vmatrix} a_1 & b_1 \\ a_2 & b_2 \end{vmatrix} = a_1 b_2 - a_2 b_1$$

（2）当 $n=3$ 时，称为三阶行列式。三阶行列式可应用对角线法则展开，即：

$$\begin{vmatrix} a_1 & b_1 & c_1 \\ a_2 & b_2 & c_2 \\ a_3 & b_3 & c_3 \end{vmatrix} = [a_1 b_2 c_3 + a_2 b_3 c_1 + a_3 b_1 c_2] - [a_3 b_2 c_1 - a_2 b_1 c_3 - a_1 b_3 c_2]$$

164

（3）当 $n=4$ 时，称为四阶行列式，可化成代数余子式或用消元法化成三阶行列式求解。四阶以上的行列式计算比较麻烦，不适宜手算，只有应用线性规化法借助电子计算机运算。

2. 应用行列式解线性方程组的方法：设线性方程组为：

$$\begin{cases} a_{11}x_1 + a_{12}x_2 + \cdots\cdots + a_{1n}x_n = b_1 \\ a_{21}x_1 + a_{22}x_2 + \cdots\cdots + a_{2n}x_n = b_2 \\ \cdots\cdots\cdots\cdots\cdots\cdots\cdots\cdots\cdots \\ a_nx_1 + a_{n2}x_2 + \cdots\cdots + a_{nn}x_n = b_n \end{cases}$$

如果它的系数行列式：

$$D = \begin{vmatrix} a_{11} & a_{12} & \cdots\cdots & a_{1n} \\ a_{21} & a_{22} & \cdots\cdots & a_{2n} \\ \vdots & & & \\ \vdots & & & \\ a_{n1} & a_{n2} & \cdots\cdots & a_{nn} \end{vmatrix} \neq 0$$

且 $D_j(j=1,2,\cdots\cdots n)$ 是把 D 的第 j 列 $a_{1j}, a_{2j}, \cdots\cdots a_{nj}$ 换成常数项列：$b_1, b_2, \cdots\cdots b_n$ 得到的行列式。则有：

$$x_1 = \frac{D_1}{D}, \ x_2 = \frac{D_2}{D}, \cdots\cdots, x_n = \frac{D_n}{D}$$

3. 计算饲料配方的数学模型：将以上数学原理应用于饲料配方的手算，增加限制条件：

$$x_1 + x_2 + \cdots\cdots x_n = 1$$

当用 4 种原料配方时，将 4 种原料中的 3 种营养成分的含量分别设 a_{11}、a_{12}、a_{13}、a_{14}；a_{21}、a_{22}、a_{23}、a_{24}；a_{31}、a_{32}、a_{33}、a_{34}，设计的饲料配方中的 3 种营养成分的含量分别满足目标值 b_1、b_2、b_3。求四种原料的配合率(%) x_1、x_2、x_3 和 x_4。可设计四元线性方程组：

$$\begin{cases} x_1 & + & x_2 & + & x_3 & + & x_4 & = & 1 \\ a_{11}x_1 & + & a_{12}x_2 & + & a_{13}x_3 & + & a_{14}x_4 & = & b_1 \\ a_{21}x_1 & + & a_{22}x_2 & + & a_{23}x_3 & + & a_{24}x_4 & = & b_2 \\ a_{31}x_1 & + & a_{32}x_2 & + & a_{33}x_3 & + & a_{34}x_4 & = & b_3 \end{cases}$$

参 考 文 献

1. 丁晓明:《畜禽饲料配方手算和电脑运算手册》,江苏科学技术出版社,1986
2. 叶南:《肉用鸡饲养手册》,上海科技文献出版社,1987
3. 周勤宣主编:《当代引进鸡种手册》,江苏省家禽科学研究所情报资料研究室,1990
4. 徐运生主编:《配合饲料的制作与使用技术》,湖南科学技术出版社,1991
5. 王生雨主编:《蛋鸡生产新技术》,山东科学技术出版社,1992
6. 王生雨主编:《肉鸡生产新技术》,山东科学技术出版社,1992
7. 吴开宪:《肉鸡肉鸭肉鹅快速饲养法》,金盾出版社,1992
8. 刘德芳主编:《配合饲料学》,北京农业大学出版社,1993
9. 杨宁主编:《现代养鸡生产》,北京农业大学出版社,1994
10. 杜荣:《鸡饲料配方500例》,金盾出版社,1995
11. 李文英:《猪饲料配方550例》,金盾出版社,1995
12. 罗正玮、傅佑初:《实用养猪技术》,湖南科学技术出版社,1992
13. 李晓光、孙鸿云:《养奶牛技术》,辽宁科学技术出版社,1986
14. 林诚王、陈幼春:《奶牛肉牛高产技术》,金盾出版社,1992
15. 蒋英:《羔羊肉生产》,农业出版社,1990
16. 蒋英、张冀汉:《山羊》,农业出版社,1985
17. 童合一、邢湘臣:《鱼虾蟹饲料配制及饲喂》,农业出版社,1992
18. 张南奎、李学俊:《海狸鼠饲养技术》,农业出版社,1992
19. 夏先林:鸡日粮配合简捷计算法,《饲料研究》,5期,1985
20. 崔保维等:饲料配方的简便准确计算方法的探讨,《中国畜牧杂志》,6期,1993
21. 赵昌廷:家禽饲料配方技术的改进(解线性方程法),《山东家禽》,2期,1993
22. 赵昌廷:典型饲料配方的适时调整技术,《饲料研究》,8期,1994
23. 中国饲料数据库(92版):中国常用饲料成分及营养价值表,《饲料研究》,1期,1993